AF341919

LA PHYSIQVE

OV SCIENCE NA-
TVRELLE DIVISEE
en huiɥ liures.

Par M. Scipion du Pleix Conseiller
du Roy & Aduocat pour sa
Majesté en la Seneschaucée de
Gascoigne, & siege Presidial de
Condom.

A PARIS,

Chez la vefue Dominique SALIS,
prés Saint Iean de Latran,
au Lys blanc.

M. DCIII.
AVEC PRIVILEGE DV ROY.

A MONSEIGNEVR

DE VIENE, CONSEIL-
ler du Roy en son Conseil
d'Estat & Priué, Côtrerool-
leur & intendant general
des finances de France, &
President en la chambredes
Comptes.

ONSEIGNEVR,

*I'ay esté aussi heureux à publier quel-
ques petits labeurs de mes estudes,
que certains Milesiens furent jadis
à pescher le trepié d'or. Car comme
céte bonne fortune leur arriua contre toute apparence & esperance,
d'enlasser en leurs rets & tirer vn
trepié d'or: de mesme ie ne me pro-
mettois pas ce bon-heur & honneur*

ã ij

d'attirer la faueur & les bonnes
graces des ames d'or : (ainſi appelle
Platon les belles ames :) entre-leſ-
quelles la voſtre eſt des plus rele-
uées & ſur-eminentes. Cela pou-
uois-ie bien attendre des perſonnes
priuées & qui ſont à loiſir : non pas
d'vn perſonnage qui ſouſtient des
plus onereuſes & honnorables charges de l'Eſtat, qui eſt aſſiduellement
bandé à tant & tant d'afaires ſe-
rieuſes qu'il y en a aſſez pour ſur-
charger & affaiſſer les plus forts &
plus roides eſprits. Mais le voſtre
ſe monſtre tout celeſte en ce qu'il eſt
infatigable & en perpetuelle action
comme les Cieux en perpetuel mouuement : de ſorte que i'ay ſouuent
admiré que vous ne vous donnez
pas ſeulement relaſche pour prendre
à loiſir ny repos ny repas : & comme
ſi vous eſtiez refraiſchi par vn nouueau labeur & ne pouuiez aſſouuir
le deſir ardant des choſes belles &

loüables , encore vous delectez
vous pendant voſtre repas aux diſcours Philoſophiques , & vous
meſme dites fort ſainement voſtre
opinion ſur les queſtions propoſées.
En quoy m'ayant ſouuent fauoriſé
de voſtre attention & meſmes ac-
couragé à eſcrire, i'ay grand beſoign,
Monſeigneur, que vous ſoyez le fau-
teur de ce dont il vous a pleu eſtre
l'auteur: ſçachant bien qu'il eſt im-
poſſible ſelon le ſort humain de plai-
re à tout le monde. Car Dieu meſme (comme dit Homere) ne le peut
pas:

Que Dieu face plouuoir ou
ne le face pas
Il ne peut contenter tous les
hommes ça bas.

Mais encore particulierement le
ſubjet de cét œuure & la reſolution
de tant de queſtions naturelles &
ſur-naturelles, qui y ſont traictées,
eſtant fort incertaine , il eſt mal-

á iij

aiſé de contenter les eſprits de ce ſie-
cle, curieux la pluſpart d'opiniõs nouuelles: & meſmement ceux leſquels
tiennent toutes choſes pour indiffe-
rentes ou pluſtot, comme les Pyrrho-
niens, ſeulement apparentes: les eſcri-
tures ſaintes pour inuentions feintes,
& les raiſons humaines pour des ſon-
ges ou menſonges. En la ſcience naturelle cela eſt plein d'erreur, en la
ſurnaturelle, d'horreur: par ce que celle-ci nous fait apprendre pluſieurs
grands myſteres par la ſeule foy ſans
raiſon naturelle, & l'autre nous fait
comprendre par la ſeule raiſon pluſieurs beaux & rares ſecrets de la nature eſloignés de nos ſens exterieurs:
tellement que ceux qui n'employent
la foy és ſacrés-ſaints myſteres de la
religion ſont irreligieux, & ceux qui
ne cedent à la raiſon és choſes naturelles ſont deſnaturés: les vns ſont
coulpables d'atheiſme enuers Dieu,
les autres incapables de raiſon entre

les hommes : auec les vns il ne faut
point cõuerser, ny auec les autres con-
trouerser. Or sçachãt, Monseigneur,
qu'il n'y a rien de si odieux à vostre
integrité, perfection, & candeur que
tels monstres, desquels ce mien œuure
peut estre mal-receu & mal conceu:
c'est à vous que ie l'offre, consacre &
appends, cõme à vn puissant & genereux Hercule domteur des monstres : & ce-pendant ie priray
Dieu qu'il luy plaise multiplier en
vous ses graces, & vous de receuoir
de bon œil ce resmoignage de la deuo-
tieuse seruitude que vous rend publiquement celuy qui est à perpetuité

Vostre tres-humble
seruiteur.

Sc. du Pleix.

ã iiij

ANAGRAMME.

Iean de Vienne.
Ænée né diuin.

SONET.

CE Phrygien heros lequel apres la ruine
  Et sac de son païs par le destin des Cieux
Emporta quant & soy les domestiques Dieux
Et l'tstat des Troyens à la riue Latine :
Qui rengea soubs ses loix la nation Latine
  Et les peuples voisins de son sort enuieux,
  Qui estendant le bruit de son nom glorieux,
  Fut creu, pour sa vertu, de naissance diuine.
Toy parmy les faueurs & Martiaux abois,
  Comme Atlas porte-Ciel, as soustenu le poids
Des afaires d'Estat, & les soustiens encore :
Ta vertu sur-humaine & ton heureux destin,
  Tant de faueurs des Cieux sont que ie te decore
  Du tiltre sur-humain d'Ænée né diuin.

Δίστιχον.

Πλέξις ἀνδρόμυκος φύσεως μωζή-
εια Φρασκοῖς
Φρασκία δ'εῖ ἀπείρη τ'ὔνομα σῦ φύ-
σῖ.

HEXASTICHON.

Qvem Natura priùs dîas emisit in
    auras
Ingenij vires ingeniosa ferens :
Hic modò Naturam dîas educit in auras
    Atque eadem vt Gallis clareat, arte
    facit.
Iure igitur dubites Naturâ vt Pleixius edit,
    Sitne hic Naturæ filius, ánne parens.

SONET.

CE grand Esprit infus dãs la masse du Monde
Qui nourrit de son air les membres de ce
   corps
Ce n'est pas vn esprit c'est vn nombre d'accors
Qui meus font esmouuoir céte machine ronde.

Mais l'esprit souuerain dont l'halene seconde
Agite ce grand tout par des plus grans effors
C'est du Pleix ton esprit qui nous met au dehors
Ce qu'ont de plus caché le Ciel, la Terre, & l'Onde.

Tes escrits qui de terre au Ciel vont s'esleuans
Butinent le plus beau de tous les Elemens
& guignans d'ici bas la plus haute cambrure:

Aussi tant que viura la France que tu sers
Nature te dira l'esprit de l'Vniuers,
L'vniuers te dira l'esprit de la Nature.

QVATRAIN.

Du Pleix si tes escrits disers
  Ouurent l'Vniuers à la France,
  La France doibt en recompense
  Ouurir ton nom à l'vniuers.

F. S. Germ. Agenois.

HEXASTICHON.

Cælorū conuexa docens, atque inuia
    monſtrans
Sydera, mirandus diceris Archimedes.
Aſt ipſos homines, mentéſque elementá-
    que pandens
Archimedis laudes laude tua ſuperas.
Archimedes vitreo cœlos concluſit in
    orbe,
At liber hic cœlos claudit & Archi-
    medem.

QVATRAIN.

Ce liure docte & hauts du Pleix teſmoigne bien
Que quelque trait diuin accompaigne ta plume,
Car d'vn rien Dieu fit tout, tu fais de tout vn rien
Captiuant ce grand tout dans ſi petit volume.

Autre Quatrain.

Enfançon des neuf ſœurs, à qui i'appends ces
    vers,
Liuret, galope, cour, d'vne plante legere :
Que doibs tu craindre ayant pour lice l'Vniuers,
Viene pour parrain, & du Pleix pour ton pere?

I. de Viene Bordelois.
ã vj

TETRASTICHON.

Omnia priscorum cedant monumen-
ta virorum,
Quælibet & sæclis edita charta
nouis:
Scilicet hæ partes Mundi argumenta
fuêre,
Mundum verò ipsum continet
iste liber.

S. D. C.

TABLE DES MA-
TIERES CONTENVES
és huict liures de cét œuure.

LIVRE PREMIER.
chap. 1. fol. 5

'Ordre & sommaire de ce qui est côtenu és huict liures de cét œuure.

Si le Monde a esté creé en vn instant, ou en six diuerses iournées.
Chap. II.   fol. 2.

Sommaire.

I. Les erreurs des anciens Philosophes touchāt l'origine du Monde. II. Aucuns tiennent que le Monde est creé en six diuerses iournées, d'autres en vn instant. III. Autoritès sur lesquelles est fondée la seconde opinion. IV. Argument 1 pour la confirmer. V. Argument 2. VI. Argument 3. VII. Argument. 4. IIX. De la lumiere qui est dite auoir esté creé.

Si le Monde pouuoit estre creé plustot ou plus tard qu'il ne l'a esté,
En quelle saison de l'année il fut
creé : & qu'est-ce que Dieu faisoit auant la creation du Monde.
chap. 3. fol. 19.

Sommaire.

I. *Vanité des Grecs & Egyptiens touchãt leur ancienneté.* II. *Vanité des Chal-
deens.* III. *Combien il y a de la creation
du Monde.* IV. *Que nostre ame s'imagine vne infinité au monde si ses conceptions
ne sont reglées & retenues par la raison.*
V. *Que la premiere des questions proposées
est absurde & conduit a l'infinité, & que
deuant la creation du Monde il n'y auoit
ny plustot ny plus tard.* VI. *Que le Monde ne pouuoit estre ny plustot ny plus tard
creé.* VII. *Qu'il a esté creé au milieu de
l'eternité.* IIX. *Qu'il est vray-semblable que le Monde a esté creé en Automne.*
IX. *Que Dieu n'a jamais fait & ne fera
que se contempler soy-mesme.*

Si le Monde est corruptible, & s'il
doibt estre embrasé & consumé
par le feu, ou seulement purgé &
renouuellé.
Chap. iv. fol. 23.

Sommaire.

I. *Quatre diuerses opinions touchant la
fin du Monde : la 1. que le Monde est du
tout incorruptible : la 2. qu'il retournera
à son premier chaos : la 3 qu'il sera embrasé & anneanti par le feu : la 4 qu'il
sera seulement renouuellé & purgé.*
II. *En combien de façons se prenent ces
deux mots Eternel & Corruptible.*
III. *Les autorités & raisons de la premiere opinion.* IV. *Celles de la seconde.*
V. *Celles de la troisiesme.* VI. *Celles de la quatriesme.* VII. *Response à la
1 raison.* IIX. *Response à la 2.* IX.
Response à la 3. X. *Autorités pour
fonder la quatriesme opinion.* XI. *Raisons
pour la confirmation d'icelle.*

Sommaire.

I. Où est-ce que se fera le grand iugement ? II. De quelle nature sera ce feu duquel le monde sera embrasé ou purgé ? III. Pourquoy est-ce que le Monde doibt estre embrasé ou purgé par le feu ? IV. Erreur des payens touchant céte question. V. Erreur de Berose. VI. Faulse & supposée prophetie d'Elie. VII. Erreur de Leouice. IIX. Qu'il n'y a que Dieu seul qui puisse sçauoir combien durera le Mõde.

De l'homonymie de ce mot *Nature*, & qu'est-ce que Physique ? chap. VI.   fol. 35.

Sommaire:

I. Par l'etymologie des mots on apprend quelquefois la definition des choses. II. Nature prise pour Dieu. III. Pour l'ordre generalement establi au Monde. IV. Pour le Monde. V. Pour vne puissance & faculté, ou impuissance & foiblesse naturelle. VI. Pour naturel. VII. Pour le temperament des quatre premieres qualités. IIX. Pour le prin-

Diuision des corps naturels, & en quoy ils different des artificiels.
Chap. IX.   fol. 45

Sommaire.

Si les Anges ont des corps naturels,
& si les Magiciens se peuuent
transformer.
Chap. x.   fol. 49.

Sommaire.

I. Céte proposition n'est point article de foy. II. Auteurs signalés qui tiennent que les esprits sont corporels. III. Autres graues auteurs qui tiennent le contraire. IV. Opinion tierce qui tient comme l'entre-deux. V. Opinion des premiers touchant les corps des mauuais Anges. VI. Opinion des mesmes auteurs touchant les corps des bons Anges. VII. Que les apparitions des bons & mauuais Anges se font auec des corps empruntés. IIX. Le Diable ne se peut representer en forme humaine sans quelque deformité. IX. Incubes & Succubes. X. Apparitions des malins Esprits aux peuples infidelles. XI. Les Magiciens & sorciers ne se peuuent vrayement transformer. XII. Il n'y peut auoir de metempsycose & traduction de l'ame d'vn corps en autre. XIII. Les charmes ont plus de force à

l'endroit de ceux qui ont foible foy, que
de ceux qui l'ont ferme & asseurée.

Sommaire.

I. Qu'il n'y a point d'esprits ou dæmons
qui soyent mortels. II. Erreurs de Plutarque & de Cardan. III. Les dæmons
n'engendrent point, & de quelle semence
ils accomplissent l'acte Veneréen auec les
femmes. IV. Erreur de Lactance &
autres touchant la generation des Geans.
V. Refutation de cét erreur. VI. Des
Genies. VII. Des Lutins. IIX. Pourquoy les dæmons qui sont sur la terre &
dans les mines sont plus dangereux que
ceux qui sont en l'air & au dessus de nous.
IX. Tous les mauuais Anges sont damnés à eternité, mais non pas egalement
tourmentés. X. Les mauuais Anges
en quelque part qu'ils soyent portent tousiours leur enfer auec eux. XI. Les Anges sont en quelque lieu definitiuement
non pas circonscriptiuement.

LIVRE II.

Les diuerses opinions des anciens
Philosophes touchant les prin-
cipes des choses naturelles.
Chap. 1.   fol. 6t

Des trois principes des choses
naturelles, Matiere, For-
me, & Priuation.
Chap. 11.   fol. 64

Sommaire.

I. *Quels doiuent estre les principes des
choses naturelles.* II. *Pourquoy les principes ne peuuent estre faits d'ailleurs.*
III. *Pourquoy ils ne peuuent estre faits
l'vn de l'autre.* IV. *Que toutes choses
sont faites de ces trois principes.* V. *Comment on peut colliger le nombre de ces trois
principes.* VI. *La matiere & la forme
sont principes & causes essentielles, & la
priuation seulement accidentaire.* VII.
*En quoy consiste la contrarieté des princi-
pes naturels.*

Des diuerses significations de
ce mot *Matiere.*
Chap. 111.   fol. 67.

Sommaire.

I. *Diſtinction* 1 *de la matiere en trois diuerſes ſignifications, en laquelle, de laquelle, & enuers laquelle.* II. *Diſtinction* 2 *de la matiere, en mediate & immediate.* III. *Diſtinction* 3 *de la matiere, en premiere & ſeconde.*

De la matiere premiere, premier principe des choſes naturelles. Chap. IV. fol. 69

Sommaire.

I. *La matiere premiere eſt d'vne conſideration fort abſtruſe & mal-aiſée.* II. *Sa definition.* III. *Similitude* 1 *pour exprimer la matiere premiere.* IV. *Similitude* 2. V. *Similitude* 3. VI. *Comment eſt-ce qu'vne meſme matiere s'accommode à diuerſes formes.* VII. *Raiſon* 1 *pour monſtrer l'eſtre de la matiere premiere: & comment eſt-ce que la forme reſulte de la puiſſance d'icelle matiere.* IIX. *Raiſon* 2. IX. *Raiſon* 3. X. *Raiſon* 4.

n'y a aussi bien vne forme premiere comme vne matiere premiere?

Sommaire.

I. *Qu'est-ce que Priuation.* II. *Que la Priuation est le principe de l'estre, encore qu'elle signifie non estre.* III. *La Priuation en qualité de principe est quelque chose, par ce qu'elle est considerée en la Matiere, non pas nuëment en soy-mesme.*

Sommaire.

I. *La cognoissance des causes est fort necessaire à toutes sciences & sur tout à la Physique.* II. *Comment est-ce qu'on collige le nombre des quatre causes.* III. *La fin de la generation est vniuerselle ou particuliere.* IV. *Qu'il y peut auoir plu-*
sieurs

De la Fortune, cas fortuit, hazard,
rencontre ou auenture, & deſtin ou deſtinée.

Sommaire.

ē

Sommaire.

Sommaire.

I. *Que le destin ce n'est pas Dieu, comme Seneque l'a estimé.* II. *Que le destin ne peut estre la nature.* III. *Que le destin ne peut apporter necessité aux actions humaines.* IV. *Les deuins & prognostiqueurs chassés de toutes communautés bien policées.* V. *Les choses necessaires ne peuuent arriuer que tousiours d'vne façon.* VI. *Le seul homme a ses actions libres, les bons Anges sont du tout enclins au bien, les mauuais du tout obstinés au mal, & les bestes sont subiectes à leur appetit naturel.* VII. *Les choses contingentes peuuent arriuer diuersement.* IIX. *Les Astrologues peuuent predire les choses necessaires, non*

Que la deſtinée eſt l'execution de la prouidence diuine.

Chap. XII.   fol. 98

Sommaire.

I. Les Chreſtiens ne doiuent point vſer
de ce mot deſtin ou deſtinée à la façon
des payens. II. La prouidence diuine
& la deſtinée ſont relatifs, comme la cauſe & l'effect. III. Difference 1 entre la
prouidence diuine & la deſtinée. IV.
Difference 2. V. Difference 3. VI.
Dieu a ſoign egal de toutes choſes. VII.
Dieu fait tout pour le mieux, quoy qu'il
ſemble quelquefois autrement ſelon le
monde. IIX. Les hommes ne doiuent
point rechercher les ſecrets particuliers de
Dieu.

Sommaire.

I. *La fortune, cas fortuit, hazard, rencontre ou auenture se raportent à la cause efficiente naturelle.* II. *La destinée est plustot effect que cause.* III. *La destinée peut estre appellée cause instrumentaire.* IV. *La prouidence de Dieu est vne cause efficiente vniuerselle.*

LIVRE III.

I. *Estranges opinions d'Heraclite touchant le changement des choses naturelles.* II. *Le mouuement respond à quatre categories.* III. *Le mouuement est d'vne consideration fort longue & difficile.*

Sommaire.

I. *Objection contre la fuf-dité definition de Nature, prife du mouuement des chofes artificielles.* II. *Autre objection prife de ce que les cieux font en perpetuel mouuement, & la terre eft immobile.* III. *Refponfe à la 1 objection.* IV. *Refponfe à la 2 objection : & fi les cieux peuuent eftre dits fe repofer en quelque façon.* V. *Diftinction notable pour la refolution de la feconde objection* VI. *Le vray fens de la fuf-dité definition fuiuant céte diftinction.* VII. *Opinion d'aucuns fouftenans que la terre eft mobile à caufe qu'elle peut eftre meuë en fes parties.*

Queft-ce que mouuement?
Chap. IV. fol. 15

Sommaire.

I. *Definition du mouuement.* II. *Autre definition.* III. *Diuifion des chofes en celles qui font des actes purs, & celles qui font des actes meflés auec la matiere.* IV. *Tout mobile eft actuellement quel-*

é iiij

que chose, & vne autre chose par puissance : & le mouuement tend tousiours à ce
qui n'est pas, mais qui peut estre. V. il
y a deux sortes d'acte, de la chose en tant
qu'elle est, ou en tant qu'elle est faite ce
qu'elle n'estoit pas au precedent. VI. L'a-
cte ou action & la passion en ce subiect re-
uiennẽt à vne mesme chose, comme le chemin pour aller & retourner. VII. Le
mouuement est imparfait tendant à perfection. IIX. Qu'est-ce qu'il faut ici entendre par perfection.

En combien de predicamens ou categories se trouue le mouuement.

Chap. v.   fo. 114

Sommaire.

I. Le mouuement estant chose incomplete n'est pas proprement en aucun predicament, bien qu'il se raporte à quatre diuers predicamens. II. La generation &
corruption à la Substance. III. L'accroissement & decroissement à la Quantité.
IV. L'alteration à la Qualité, dont il y a
quatre sortes. V. Le transport ou changement de lieu au predicament Où.

Comm̃ẽt eſt. ce que le mouuement
eſt dict eſtre en certains predicamens ou categories.

Sommaire.

I. *Que le mouuement n'eſt point en cer-*
tains predicamens comme l'eſpece ſoubs ſõ
genre. II. Qu'il y eſt raporté à cauſe de
l'affinité qu'il a auec eux. III. Comment
la generation & corruption ſe raportent à
la ſubſtance. IV. Comment eſt-ce que
l'accroiſſement & decroiſſement ſe rapor-
tent à la quãtité. V. Comment eſt-ce
que l'alteration ſe raporte à la qualité.
VI. Obiection fondée ſur ce qu'és contraires
mediats le mouuement ne procede pas tõſ-
iours d'vne extremité à l'autre. VII. Re-
ſponſe à céte objection. IIX. Comment eſt-
ce que le tranſport ou changement de lieu
ſe raporte à la categorie Ou.

Quelles choſes ſont requiſes au
Mouuement,

é v

Sommaire.

I. Cinq choses sont requises au mouuement, le moteur, le mobile, les deux extremités, & le temps. II. La generation &
corruption seules de tous les mouuemens, se
font en vn instant, & sont plustot changemens que mouuemens. III. Que la generation & la corruption ne sont pas proprement contraires, ains opposites priuatifs.
IV. Que l'accroissement & decroissement
égalent vne iuste contrarieté en ce qui regarde le mouuement.

Si le mouuement enclost en
soy du temps.
Chap. IIX.   fol. 121

Sommaire.

I. La durée du mouuement est mesurée
par le temps, sans que pourtant le temps
soit enclos au mouuement. II. Pourquoy
est-ce que la generation & corruption seules se font tout en vn instant? III. Pourquoy tous les autres mouuemens se font
auec quelque espace de temps? IV. Au-

De l'vnité & conuenence du mouuement.

Sommaire.

ĕ vj

Sommaire.

I. *Parties homogenées & semblables.*
II. *Parties heterogenées & dissembla-*
*bles.*III. *Les parties heterogenées & dis-*
semblables croissent par le moyen des par-
ties homogenées & semblables. IV. *Que*
l'accroissement se fait par le moyen de l'ali-
ment, & comment est-ce que la chaleur
naturelle est entretenuë par l'humide ra-
dical. V. *Qu'on digere plus en la ieu-*
nesse par ce que la chaleur naturelle est
*plus feruente & actiue.*VI. *Le corps ayât*
atteint son periode, l'accroissement cesse &
l'aliment ne sert qu'à l'entretenir. VII.
Sur le declin de l'age l'aliment ne pouuant
reparer ce qui se perd de l'humide radical,
le subiect est conduit à sa fin. IIX. *Les*
animaux reçoiuent leur aliment au re-
bours des plantes. IX. *Qu'est ce que con-*
coction ou cuison. X. *La 1 concoction*
se fait dans l'estomach, & qu'est-ce que
l'appetit. XI. *Le ruminer est propre aux*
animaux cornus. XII. *La 2 concoction*
se fait és veines meseraïques. XIII. *La*
3 concoction se fait au foye. XIIII. *Com-*
ment apres les trois concoctions l'aliment se
change en la substance du corps.

Sommaire.

I. Quelque chose se dit estre en certain lieu en trois sortes, de soy, pour le respect de ses parties, ou pour estre en quelque autre chose. II. Quelque chose se dit estre en lieu circonscriptiuement ou definitiuement. III. Dieu n'est pas en certain lieu, ains est par tout: & comment il est dit estre particulierement au ciel. IV. Il y a six differences du Lieu, deuant & derriere, haut & bas, à droict & à gauche. V. Le lieu est commun ou particulier.

Qu'est-ce que Lieu.
Chap. III.　　　　　fol. 149

Sommaire.

I. Que le Lieu n'est ny forme, ny matiere. II. Que le Lieu n'est point espace. III. Qu'est-ce que Lieu selon Aristote. IV. Qu'est-ce qu'il faut ici entendre par surface. V. Que la surface contenante est egale au corps contenu. VI. Objection de laquelle la resolution est remise ailleurs.

Sommaire.

I. *Qu'il semble que le Lieu soit plus muable que le corps mesme.* II. *Opinion 1 touchant l'immobilité du Lieu.* III. *Autre opinion plus saine.* IV. *Opinion imaginaire de S. Thomas d'Aquin.* V. *Resolution des obiections qui se font ordinairement contre l'immobilité du Lieu.* VI. *Autre resolution ordinaire non receuable ny probable.*

Sommaire.

I. *Le doubte de la premiere des deux questions proposées.* II. *Opinion 1 touchant la resolution d'icelle.* III. *Opinion 2.* IV. *Opinion 3 & plus saine, que le premier Mobile est contenu de sa propre*

Qu'il ny a point de Vuide
en la nature.

Chap. ix.   fol. 166

Sommaire.

De l'Infini.
Chap. XI. fol. 170

Sommaire.

Que nulle des susdites sortes d'infini n'est propre que la premiere.
Chap. XII. fol. 174

Du Temps.
Chap. XIV.   fol. 180

Sommaire.

faut entendre par ces mots de la definition du Temps, selon ce qui va deuant & apres. XI. *Que le temps & le mouue-ment sont reciproquement mesurés l'vn par l'autre.* XII. *Le mouuement peut estre acceleré ou retardé, le Temps non.*

Des parties du Temps. Chap. xv.   fol. 185

Sommaire.

I. *Argument concluant qu'il n'y a ny parties de temps, ny temps par consequente attendu que le present passe à l'instant, le passé n'est plus, & le futur n'est pas encore.* II. *Que les parties du temps sont conjointes par l'instant, bien qu'elles ne soyent pas permanentes.* III. *Que le temps present se prend auec extension.* IV. *Belle remarque de S. Augustin sur l'establisse-ment des parties du temps.* V. *Que le temps est de soy tousiours present, mais au respect des choses corruptibles il est appellé passé, present, & futur.* VI. *Le temps a commencé auec le mouuement des cieux, & finira auec iceluy.* VII. *Nous mesurõs toute sorte de tẽps par celuy de 24. heures.*

I

Qu'il n'y a que les choses mortelles
& corruptibles qui soyent en
Temps, & subjectes au Temps.
Chap. XVI.   fol. 188.

Sommaire.

I. Il y a trois rangs de choses qui ont chascune particulieremēt sa mesure. II. Dieu est mesuré par l'Eternité. III. Les Anges ou nos ames par vn iamais ou perpetuité. IV. Les choses mortelles & corruptibles par le Temps. V. Autoritez de l'escriture saincte & autres pour confirmer ce dessus. VI. Que Dieu ne peut estre mesuré par le Temps. VII. Ny les Anges ny nos ames. IIX. Ny nos corps apres la resurrection.

LIVRE V.

CHAP. I.   fol. 191.

Sommaire.

I. Nous sommes naturellement desireux d'apprendre, & mesmement les choses ce-

Sommaire.

I. *Trois diuerfes opinions touchant ce fubject: la 1 que les Cieux font exempts de matiere : la 2 qu'ils font d'autre matiere que les corps inferieurs. La 3 qu'ils font de mefme matiere que les corps inferieurs.* II. *Refutation de la 1 opinion.* III. *La 3 opinion eft la plus faine.* IV. *Les Cieux n'ont ny legereté ny pefanteur.* V. *Sote opinion d'Empedocles difant que le Ciel tõberoit à bas fans qu'il eft arrefté par la rapidité de fon mouuement.* VI. *Les Cieux n'ont point des qualités contraires comme les elemens.* VII. *Comment eft ce que les Cieux & les elemens font appellés corps fimples.*

De la figure des Cieux. Chap. iv. f.200

Sommaire.

I. *Raifon 1 pour monftrer que la figure des Cieux eft ronde, tirée de la capacité de céte figure.* II. *Raifon 2 tirée de ce que c'eft la figure la plus propre au mouuemẽt.*

De la matiere & figure des Estoilles.

Chap. v.   fol. 202

Sommaire.

I. *Les anciens se persuadoient que les Cieux estoient ignées à cause de leur couleur & chaleur: & pourquoy nous voions briller les estoiles non pas les Cieux.* II. *Raison 1 pour refuter la susdite opinion.* III. *Raison 2.* IV. *Que les corps celestes ne se nourrissent point de vapeurs.* V. *Que plusieurs choses eschaufent sans qu'elles soyent ignées.* VI. *Les corps celestes eschaufent par la reflexion de leurs rayons.* VII. *Que les corps celestes eschaufent plus lors qu'ils dardent directement leurs rayons sur la face de la terre.* IIX. *Que les estoiles sont rondes, & comment cela se fait.*

ĩ   iij

I iiij.

Du ciel Empyrée.
Chap. x.   fol. 214

Sommaire.

I. *Que le Ciel empyrée estant le sejour de la beatitude eternelle ne doibt point estre mobile.* II. *Qu'à céte cause il est dict estre le throsne de Dieu.* III. *Que pour mesme raison il est appellé repos.* IV. *Pourquoy le Ciel Empyrée est appellé le Ciel des Cieux.*

Des diuerses signification de ce mot Firmament, & s'il y a des eaux au dessus des Cieux.
Chap. xi.   fol. 216

Sommaire.

I. *Moyse en vn mesme chapitre semble*

Que les corps celestes agissent sur les corps inferieurs non seulement par leur mouuement & lumiere mais aussi par certaine vertu occulte & influence secrete. Chap. XII.　　　　f. 219

Sommaire.

I. Trois diuerses opinions touchant ce subjet : la 1 que les corps celestes agissent sur tous les corps inferieurs & mesmes sur nos ames : la 2 qu'ils n'agissent point du tout sur les choses inferieures : la 3 qu'ils agissent directement & premierement sur les corps, & secondairement sur nos ames.

II. *Que la 3 opinion est la plus saine : & que la 1 est trop absoluë & fondement d'idolatrie.* III. *contre la seconde opinion: & que le Soleil agit sur les corps inferieurs.* IV. *Que la Lune agit aussi sur les corps inferieurs.* V. *L'opinion de ceux qui ont tenu que les corps celestes n'agissent sur les corps inferieurs que par leur mouuement & lumiere.* VI. *Raison 1 contre icelle opinion.* VII. *Raison 2.* IIX. *Raison 3.* IX. *Raison 4.*

LIVRE VI.

Du nom d'Element, & qu'est-ce qu'Element.
Chap. 1.   fol. 224

Sommaire.

I. *Element signifie & le principe ou cõmencement de quelque chose & la matiere dont elle est faite.* II. *L'usage commun porte que ce mot element se prend pour le feu, l'air, & l'eau, & la terre.* III. *La definition d'Element.* IV. *Explication de la definition d'Element.*

Sommaire.

I. *Tous les grands personnages sont d'ac-*
cord qu'il y a quatre elemens, non plus ny
moins : le premier qui l'a remarqué ç'a esté
Empedocles. II. *Raison 1 pour confirmer*
le nombre des Elemens du nombre des qua-
tre premieres qualités. III. *Raison 1 pri-*
se des quatre diuers mouuemens directes.
IV. *Raison 3 prise du nombre des qualités*
mouuantes. V. *Raison 4 prise de la dis-*
solution des corps mixtes. VI. *Que trois*
des elemens sont du tout manifestes.

Sommaire.

I. *L'opinion de ceux qui nient qu'il y*
ait aucun feu elementaire au deſſus de l'air
est fondée sur deux raisons : l'une qu'on le
verroit, l'autre qu'il brusleroit les Cieux
et les corps inferieurs. II. *Reſponse à la*
premiere des ſusdites raisons. III. *Reſpose*

Si les elemens ſont purs en leur lieu naturel.
Chap. iv.   f. 232

Sommaire.

Des qualités premieres ou agentes des quatre elemens, à ſçauoir, chaud, froid, humide, & ſec.
Chap. v.   Fol. 234

Sommaire.

I. *Pourquoy* le chaud, le froid, le sec, & l'humide *sont appellés qualités premieres des elemens ?* II. *Pourquoy agentes ou actiues ?* III. *Qu'est ce que chaud ?* IV. *Qu'est-ce que Froid ?* V. *Qu'est ce qu'Humide ?* VI. *Qu'est-ce que Sec ?* VII. *Doubte sur ce qu'Aristote appelle le chaud & le Froid* actiues *qualités, & l'Humide & le sec* passiues. IIX. *Impertinente resolution d'aucuns.* IX. *La vraye resolution de ce doubte.*

Du bel ordre & disposition des Elemens à cause de la contrarieté
de leurs qualités.
Chap. vi.   236

Sommaire.

I. *Qu'il y a en chasque element deux des sus-dites qualités premieres l'vne en l'extremité, l'autre moderée.* II. *La disposition des elemens bien reglée en ce que les contraires sont esloignés.* III. *Les*

Sommaire.

I. *Pourquoy la legereté & pesanteur sont appellées qualités mouuantes.* II. *Comment ces qualités mouuantes dependent és elemens & en tous les corps naturels, des qualités agentes.* III. *La definition des choses legeres & pesantes.* IV. *Que la legereté ou pesanteur des corps mixtes depend de l'element predominant en eux : & que tout element, excepté le feu, est pesant en son lieu naturel.*

Si l'air & l'eau sont plus pesans que legers en leur lieu naturel. Chap. IX.   fol. 243

Sommaire.

I. *Que l'air & l'eau pesent en leur lieu naturel, & comment est-ce qu'ils descendent promptement en bas.* II. *Que l'eau ne monte qu'à force, & moins viste qu'elle ne descend.* III. *Raisons au contraire pour monstrer que l'eau ne pese point en son lieu naturel.* IV. *Resolution des raisons contraires, & pourquoy est-ce que les plon-*

geons nageans entre-deux eaux, & ceux
qui puisent de l'eau dans vn seau tandis
que le seau est dans l'eau ne la sentent pas
peser.

LIVRE VII.

Que signifie ce mot *Meteore*: & quelle est la matiere & cause efficiente des meteores.

Sommaire.

I. L'etymologie de ce mot meteore, qui signifie sublime ou haut esleué. II. Pourquoy les meteores sont ainsi appellés. III. La matiere des meteores sont les exhalaisons & vapeurs. IV. Diuers meteores s'engendrent des exhalaisons & vapeurs. V. Les vapeurs, comme estant plus grossieres sont visibles, les exhalaisons non. VI. Pourquoy du feu ny de l'air ne s'engendrent aucuns meteores. VII. Que le Soleil, la Lune, & les autres astres sont les causes efficientes des meteores.

De la diuision de l'air en trois regions ou estages.

Chap. II.   fol.259

Sommaire.

I. L'air diuisé en trois regions ou estages. II. L'estenduë de la premiere & basse region de l'air. III. L'estenduë de la seconde ou moyenne region de l'air. IV. L'estenduë de la troisiesme region de l'air. V. Les qualités des sus-dites trois regions de l'air: & qu'est-ce qu'antiperistase. VI. Effects de l'antiperistase.

Diuision & distinction des meteores.

Sommaire.

Les meteores s'engendrent d'exhalaisons ou vapeurs. Ces exhalaisons quelquefois s'embrasent, soit en la moyenne region de l'air, soit en l'inferieure : & de là naissent les Cometes, foudres, le feu Saint Elme, &c. Quelquefois ne s'embrasent pas la matiere n'y estant pas disposée, & de là viennent les vens. Des vapeurs s'engendrent les impressions aqueuses, comme la pluye, la gresle, la neige, la rosée, la gelée, &c.

Des Cometes.

Sommaire.

I. La matiere des Cometes. II. Erreur de Seneque & autres qui ont estimé que les Cometes fussent des vrayes estoiles. III. Comete en Grec signifie cheuelure : & pourquoy ce nom est attribué aux Cometes. IV. Que la durée des cometes est indeterminée & incertaine. V. Que les Cometes presagent des mal-heurs. VI. Pourquoy les Cometes presagent la mort des grands personnages & autres malheurs. VII. Pourquoy encore particulierement la mort des grands Rois plustost que du populaire.

De l'Iris ou arc-en Ciel.
Chap. IX.   fol. 279
Sommaire.

Du tremblement de terre & boüil-
lonnement des eaux.
Chap. XIII.   f. 291
Sommaire.

Fin de la Table.

LE PREMIER LIVRE DE LA PHYSIQVE OV Science naturelle.

Par M. Scipion du Pleix Conseiller du Roy & Aduocat pour sa Majesté en la Seneschaucée de Gascoigne, & siege Presidial de Condom.

PREFACE.

LES anciens Poëtes, qui cachoient les plus profonds secrets & sacrés mysteres de la Philosophie soubs le voile des fables, ont feint fort ingenieusement & bien à propos que l'Iris estoit fille de Thaumas, c'est

Plato in Theæteto.

A

à dire, de l'admiration : fignifiant
par céte fiction que l'admiratió des
chofes qui nous font fecretes nous
induit à la recerche , & par vne
exacte recherche nous conduit à
la cognoiffance d'icelles. Auffi ne
fommes nous pas eftablis en ce
monde que pour admirer, cognoiftre, & recognoiftre : admirer les
œuures merueilleufes de Dieu, les
cognoiftre en les admirant, & en les
cognoifsāt, en recognoiftre loüan-
ger & glorifier l'auteur & conferua-
teur. A quoy faire (fi nous eftions
bié nés)il ne nous feroit pas befoign
d'autres precepteurs que la Nature
mefine, laquelle nous enfante &
produit continuellement vne infinité de chofes diuerfes pour nous
feruir de certains & affeurés preceptes : point d'autres orateurs pour
nous perfuader que le Monde mefme, lequel eft tout rempli des merueilles de Dieu qui nous inftruifent
fans ceffe par leur eloquéce muette.

Le Monde, riche ornement de la
Nature, c'eft vn beau & grand liure
qui fournit la matiere de tous les

autres liures : qui n'enseigne point
par des termes impropres ou ambigus, ains par des causes certaines
& infallibles nous expose la naissance, l'accroissement, diminution,
changement & la fin de toutes les
choses mortelles & perissables. Ses
characteres ne sont point de petites
notes ni de petits traits de plume ou
de pinceau, ains to⁹ les corps du Mõde arrãgés auec vn si bel ordre, ordõ-
nés si bien en leurs rangs, composés
& disposés auec vne telle symmetrie
que les plus grossiers y peuuent lire,
prendre plaisir, & apprendre du
bien. C'est ce qu'a chanté Bartas:

Le Monde est vn grand liure, ou du sou- En la 1.
   uerain maistre *sepm.*

L'admirable artifice on lit en grosse lettre:
Chasque œuure est vne page, & chasque
   sien effect
Est vn beau charactere en tous ses traits
   parfait.

La Physique ou science naturelle
c'est celle qui nous donne vne claire & parfaite intelligèce de ce liure-
là, c'est l'interprete & le truchement
de la Nature: c'est vn tableau auquel

tous ses effects sont naïfuement de-
peincts, ou pluftoft vn miroüer auquel ils sõt viuemét represẽtés. Car
comme envn miroüer plaqué en son
lieu dans vne sale, on void tout ce
qui eft à defcouuert en icelle: de mefme dans les preceptes de la Physique on peut voir, diftinguer & dif-
cerner toutes les chofes corporelles
qui font en la Nature, auec leurs
mouuemens, changemens, qualités
& proprietés remarquables : le tout
auec vn profit ineftimable, vn plaifir
indicible, & vne facilité non efperée:
qui font les trois chofes lefquelles
nous rendent le plus ardemment
amoureux & ftudieux de quelque
honnefte difcipline.

La premiere, qui regarde l'vtilité,
confifte en la cognoiffance de Dieu,
à laquelle nous fommes conduits &
attirés, comme par degrés, par la
confidération & contemplation de
l'origine, progrés, grandeur, varieté,
perfection & merueilles de fes œuures. Car fi on ne doibt point def-
rober à vn excellent peintre, fculpteur, architecte, ou tel autre artifte

la loüange de ſes beaux oúúrages:
comment eſt-ce que nous en vſe-
rons à l'endroit de Dieu , les œuures duquel peuuent contraindre
les plus meſcreãs de croire,aduoüër,
& glorifier ſon infinie puiſſance,bõ-
té,grandeur,& ſapience?

La ſeconde giſt au ſingulier contentement & plaiſir qu'on reçoit de
la cognoiſſance des cauſes de tant &
tant de choſes diuerſes qui naiſſent
& meurent, qui croiſſent & dimi-
nuent, qui vont & viennent, qui ſe
forment & transformét, qui paroiſſent & diſparoiſſent apres ſ'eſtre pre-
ſentées chaſcune à ſon tour ſur le
grand & ample theatre de ce vaſte
vniuers : & ceux qui les ignorét ſont
ſemblables aux beſtes brutes, leſquelles apperçoiuent bien l'eſtre des
choſes , & n'en conçoiuent pas la
cauſe.

La troiſieſme, c'eſt la facilité qu'il
y a en céte ſcience : laquelle ne nous
propoſe rien eſtrangé ny eſloigné de
nous : ains ſeulement les obiects de
nos propres ſens exterieurs, ce que
nous voyons,oyons,touchons,gou-

A iij.

stons, & flairons ordinairement : ce
dequoy tous les iours nous nous en-
tretenons en nos discours familiers,
voire nous mesmes, comme estant la
plus riche piece des choses naturelles, & pour l'amour de laquelle toutes les autres ont esté basties par ce
grand & tout-puissant architecte du
Monde : Auquel soit donnée la gloire de tout ce que ie pourray dire bien
à propos sur le subiect de céte science : ne m'ayant proposé autre but de
mon labeur que celuy-là, & en pro-
fitant au public faire voir à nos François ce que plusieurs ont desiré de
moy depuis que i'eus publié ma Logique : laquelle ayant n'agueres corrigée, augmentée & illustrée, de plusieurs termes, preceptes, & remarques tres-vtiles, i'ay voulu qu'elle
vist derechef le jour, plus-belle, plus
parfaite & accomplie. Et pour satisfaire au desir de ces esprits studieux,
afin qu'ils en puissent pratiquer l'artifice sur quelque riche matiere, i'ay
choisi celle-ci, laquelle contiët toutes les richesses du Monde : & d'icelle basti cet œuure sur le modele de la

Physique d'Aristote, & de ses interpretes les plus signalés, tout ainsi
que ma Logique : sans toutesfois
l'embroüiller de questions inutiles,
côme ont fait plusieurs Grecs, Latins,
& Arabes: & moins encore oublier
celles qui sont necessaires, ou passer
legeremēt par dessus les poincts ob-
scurs & difficiles, au contraire c'est
là où ce que ie veux principalement
arrester.

D'ailleurs pour contenter aussi
les esprits curieux (dont nostre siecle est composé) i'estendray quelquefois mon discours lors que le
subjet m'y portera, iusques à la Metaphysique ou Theologie, non pas
que i'approuue l'opiniō de céux lesquels (vrayement athées) veulent
naturalizer sur la Theologie, & theo-
logizer sur la Nature (car leurs principes sont trop esloignés les vns des
autres) & par leurs Physiques diffor-
mes monstrent la deformité de leur
religion : mais par ce qu'il y a des
questions si connexes en l'encyclo-
pedie des sciences que mal-gré nous
l'vne nous entraine à l'autre, comme

ie laiſſe à iuger aux plus capables, &
les apprentifs le pourront veoir en
la tiſſeure & liaiſon de cet œuure, laquelle ie veux repreſenter en vn bref
& ſommaire rapport, auant qu'en-
tre-prendre ce long diſcours de tout
le Monde & de la Nature: à l'imitation de ceux leſquels ayant projetté
de faire vn long voyage tracent dans
quelques lignes le cours & la route
de tout leur chemin, marquant ſeulement les noms des regions, villes
capitales, & lieux de leurs eſtapes,
afin que le deſir de les voir ſoulage
d'autant les ennuyeux trauaux &
incommodités d'vn ſi loingtain &
laborieux voyage.

L'ORDRE ET

Sommaire de ce qui est con-
tenu és huict liures de
cét œuure.

CHAP. I.

N magnifique & super-
be edifice n'est pas fort
prisé pour estre basti de
materiaux de grand prix,
enrichi de marbre & de jaspe, &
diapré de rares sculptures, marque-
teries & peintures, si d'ailleurs il
n'est bien symmetrizé, bien entēdu
& ordonné en toutes ses propor-
tions. Vn orateur est estimé peu ju-
dicieux si raportant des riches inuentions des choses rares auec vne
elegance & triage de belles paroles,
il les entasse confusément les vnes
sur les autres sans y garder l'ordre

A v

qui luy est prescrit par les preceptes
de la Rhethorique. Vn chef d'ar-
mée, quand il seroit aussi genereux
& valeureux qu'Alexãdre ou Cæsar,
s'il ne sçait ranger ses trouppes à vn
jour de bataille, sera pris pour vn
bon soldat, non pas prisé pour vn
bon capitaine : tant le bel ordre &
la dispositiõ est requise à la perfectiõ
&l'accõplissement de toutes choses.

Mais encore sur tous autres doiuent recercher vne exacte methode,
vne tisseure bien liée, & vne liaison
bien tissue ceux qui traictent des
sciences : par ce que les preceptes
d'icelles estant assez mal-aisés mesmes auec l'obseruation d'vn bel
ordre, il seroit impossible que les
estalant confusement on en peut
conceuoir l'intelligence. C'est pourquoy ie me suis principalemét estu-
dié à estayer & dresser cet œuure de
la science naturelle sur le modele
de la Nature mesme, laquelle ayant
son ordre estably de la diuinité, ie
ne sçaurois faillir en l'imitant veu
mesmes que plusieurs grands personnages des siecles passés m'ont

frayé le chemin, & entre tous les autresl'inimitable & incomparable Aristote.

Ie diuiseray donc ce mien œuure en huict liures : au premier desquels ie resoudray certaines questions à la verité plus curieuses que necessaires au precepte de l'art, mais en cela i'ay voulu imiter les joüeurs d'instrumens de Musique, lesquels auant que commencer vn jeu harmonizé à certains tons & cadences, pour capter l'attention des escoutans font quelques preludes & tirades auec des accords curieusement recherchés sur diuers tons : ou plustost ceux lesquels voulans dresser vn pont sur vn fleuue profond & rapide jettent des grosses pierres dans l'eau pour puis asseoir vn bastiment solide sur ces pierres perduës. Car de mesme ayant entrepris d'escrire les preceptes de la science naturelle, qui sont d'vne profonde consideration, je veux jetter à l'auenture quelques auant-propos pour disposer les ames curieusemét studieuses à l'object reglé de céte discipline: non pas pourtant que le discours de ce premier liure soit trop esloigné de ce mesme obiect: Car la Nature ayant esté establie par la creation du Monde, il n'est pas mal à propos de rechercher quelle a esté céte creation, & si toutes choses ont esté creées ensemble en vn momét, ou en six diuerses journées: si le Monde pouuoit estre plustost, ou plus tard creé: en quelle saison il a esté creé: qu'est-ce que Dieu faisoit auant la creation d'iceluy. D'ailleurs ayāt monstré que le Mōde a eu commencement, il faudra voir s'il doibt prendre fin, & s'il doibt estre du tout embrasé ou seulement renouuellé & purgé par le feu. Cela ainsi resolu, puis qu'il est question de traiter de la Physique ou science naturelle, ie diray qu'est-ce que Physique, en combien de sortes se prend ce mot *Nature*, & que céte science a pour son object tous les corps naturels du Monde tant simples que meslés. Et d'autant que plusieurs auteurs de rare doctrine ont tenu que les Anges ont certains

corps, il faudra vn peu agiter céte
queſtion pour icelle vuidée, ſçauoir,
s'ils ſont de l'object de la Phyſique:
ce qui ne ſe pourra faire ſans mouuoir quelques autres doubtes touchant les bons & mauuais Anges.

Cela fait au ſecond liure nous eſta- *Au 2.*
blirons trois principes & cauſes des
choſes naturelles, la matiere, la Forme, & la Priuation, & diſcourrons
par meſme moien des cauſes eſſen-
tielles & accidentaires. Et par ce
que pluſieurs attribuent ſouuent
des effects à la Fortune, cas fortuit
ou auenture, à la deſtinée, & con-
ſtellations ou rencontre des Aſtres,
comme à des vraies & propres cauſes ſeparées de la prouidence diuine,
il en faudra donner la diſtinction &
vne entiere intelligence tant ſelon
la Philoſophie payenne que Chre-
ſtienne.

Au troiſieſme nous expoſerons la *Au 3.*
definition de Nature: comment eſt-
ce qu'elle eſt le principe du mouuement & repos des corps naturels:
qu'eſt-ce que mouuement: à combien de predicamens ou categories,

il se raporte : quelles choses sont requises au mouuement : s'il se fait
auec quelque espace de temps : de
l'vnité, contrarieté, egalité ou inegalité d'iceluy : auec d'autres obseruations generales & particulieres
sur les quatre sortes de mouuemét,
& notamment sur l'accroissement:
où ce qu'il sera monstré comment
est-ce que la viande ou aliment se
change en la substance des corps des
animaux & des plantes.

Au 4.

Or d'autant que touchant le
mouuemét local, c'est à dire, remuement de lieu, il y a plusieurs notables recherches, nous le reprédrons
encore au quatriesme liure : où ce
que nous enseignerõs qu'est-ce que
lieu, s'il est immobile, si le plus haut
des Cieux est en certain lieu : si vn
corps peut estre en diuers lieux en
mesme temps, ou au contraire si
plusieurs corps peuuent estre en vn
mesme lieu ensemble : s'il y a rien
de vuide au dedans ny au dehors du
Monde : comment est-ce que tout
ce qui semble vuide est remply de
quelque corps, & combien la Na-

ture abhorre le vuide. Et parce qu'il
fera monftré que le lieu eft là furface interieure d'vn autre corps, &
que cela fembleroit induire vne infinité de corps, joinct que plufieurs
ont fouftenu qu'il y auoit des chofes infinies en diuerfes façons, il fera bien à propos de rechercher s'il
y a ou peut auoir quelque chofe infinie en la Nature, & fi c'eft vne chofe repugnante à la toute puiffance
diuine. Et parce auffi qu'il femble *Ariftot.*
que le temps foit vne chofe infinie, *cap.* 4.
ainfi qu'Ariftote mefme l'a efcrit, *lib.* 3.
que d'ailleurs il aura efté fouuent *Phyfic.*
fait mention du temps aux traités
precedens, & que la confideration
du temps eft fort vtile à la fcience
naturelle, nous expliqueró s qu'eft-
ce que temps, quelle eft la connexité & liaifon de fes parties, quelles
chofes font en temps, & quelles en
font tout à fait exemptes.

Apres auoir ainfi amplement *Au 5.*
difcouru des chofes fufdites nous
monterons au plus haut des cieux
& parcourrons tous les orbes cele-
leftes pour de là defcendre aux ele-

mens & reuenir à nous-mesmes.
Ce sera donc au cinquiesme liure
que nous enseignerós que les Cieux
sont des corps simples fort differens
des elemens, sans pesanteur ny legereté quelconque: là mesme nous
traicterons de leur matiere & de
celle des estoilles : de la difference
des estoilles fixes d'auec les planetes
ou estoilles errantes:du nombre des
Cieux & dés estoilès:s'il y a des eaux
au dessus des cieux : des diuerses significations de ce mot *Firmament*:
de l'ordre dés planetes, de leur
cours, mouuement, influences &
vertu sur les choses inferieures.

Au 6.   Au sixiesme liure nous descendrons des Cieux aux quatre elemens qui sont le Feu, l'Air, l'Eau, &
la Terre : & comment leur nombre
se prouue par raison naturelle: nous
recher cherons s'ils sont en la nature auec leur pureté elementaire:
& en suite discourrons de leurs quatre qualités premieres chaud, sec,
froid, & humide: de leurs qualités
mouuantes: s'ils pesent tous, excep-
pté le feu, en leur lieu naturel: com-

ment ils s'engendrent les vns des
autres: de la proportion qu'il y a
entr'eux: & fi leurs formes entrent
en la compofition des corps mixtes, auec d'autres confiderations af-
fairantes à ce fubjet.

Apres auoir traicté des corps *Au 7.*
fimples il euft efté bien à propos de
difcourir des corps mixtes, comme
font les animaux & les plantes: toutefois par ce que plufieurs autres en
ont efcrit des gros volumes, lefquels on peut lire & entendre comme vne hiftoire, ie n'en toucheray
rien à ce coup: ains remettant cela,
Dieu aydant, à vne feconde edition
ou quelque autre œuure particulier, ie m'arrefteray à la defcription
des meteores qui s'engendrent en
l'air & fur la face de l'eau & de la
terre, comme les cometes, les foudres, efclairs, & tonnerres: les vens,
leurs tourbillons, & les tremble-
més de terre par eux excités, l'Echo:
la pluye, la grefle, la neige, l'Iris ou
arc-au-ciel, la voye de laict, les parelies & faulfes apparences de plufieurs Soleils, les verges & couron-

nes , le feu de certaines montagnes qui semblent tousiours embrasées : la rosée, la gelée, la broüée,
les sources des fontaines, la saleure
de la mer, le flux & reflux d'icelle. Et
puis nous descendrons plus bas
pour fouiller dans les entrailles de
la terre, pour y considerer les mineraux, comme les metaux, les pierres, le verre, l'alum, le salpestre, &
autres choses semblables. Et d'autát que les meteores sont des corps
imparfaicts ie prendray de là occasion de discourir des monstres, comme estant aussi des corps imparfaits
en leurs especes.

Au 8.

Apres que nous aurons ainsi
parcourru tout l'vniuers d'vn bout
à l'autre roulant depuis le plus haut
des cieux iusques au centre de la terre par les corps simples & meslés,
parfaits & imparfaits, il sera téps de
reuenir à nous-mesmes, & à la contemplation de nostre ame : non pas
qu'elle soit proprement & de soy
obiect de la science naturelle : mais
d'autant que les choses animées ex-
cellét beaucoup sur les autres corps

naturels, & que leurs principales fonctions, actions & mouuemens dependent des facultés de leur ame, il n'est pas possible de bien entendre quelle est leur nature si on ne sçait au precedent la difference de l'ame vegetante, sensitiue, & intellectuelle: & si és animaux il y a deux ames, & és hõmes trois, ou si soubs la plus noble les autres sont comprises seulement comme facultés. Ce que ie monstreray methodiquement : & par mesme moien ie deduiray particulierement quelles sont les facultés de chasque sorte d'ame : à sçauoir que l'ame vegetante a trois facultés, nourrir, accroistre & produire son semblable : l'ame sensitiue deux, la vertu ou faculté motrice, c'est à dire par laquelle tous les animaux se remuent d'euxmesmes, & la faculté de cognoistre, qui est subdiuisée és sens exterieurs & interieurs : les exterieurs sont cinq, la veuë, l'ouie, l'odorat, le goust, & l'attouchement : les interieurs trois, le sens commun, la phátasie ou imagination, & la memoi-

re. Les facultés de l'ame intellectuelle sont l'intellect & la volonté.
Et pour enrichir d'auantage ce dis.
cours nous y raporterons les plus
belles & curieuses recherches des
Theologiens, Medecins, & Philosophes.

    Voilà le sommaire de tout ce
qui sera contenu & traicté amplement és huict liures de cét œuure.
Commençons maintenant par ce
que nous auons proposé de traicter
au premier, qui est le commencement & l'establissement de la Nature à la creation du Monde.

Si le monde a esté creé en vn instant ou en six diuerses journées.

CHAP. II.

Sommaire.

I. *Les erreurs des anciens Philosophes touchant l'origine du Monde.* II. *Au-cuns tiennent que le Monde a esté creé en six diuerses iournées, d'autres en vn instãt.* III. *Autorités sur lesquelles est fondée la seconde opinion.* IV. *Argument* 1. *pour la confirmer.* V. *Argument* 2. VI. *Argument.* 3. VII. *Argument.* 4. 11X. *De la lumiere qui est dite auoir esté creée auãt toutes choses.* IX. *Argument.* 5. X. *Argument* 6. XI. *Argument* 7. XII. *Pourquoy Moyse a vsé de distin-ction de iournées descriuant la creation du Monde.* XIII. *Pourquoy il s'est serui plu-stost du nombre senaire que de nul autre.*

VAN D l'homme mesco-gnoissant la foiblesse de son entendement & la grandeur infinie de Dieu s'efforce de sonder & profonder les

inefpuifables fecrets de fes œuures
merueilleufes fans y eftre guidé par
la lumiere de fa grace, ny guindé par
les æles de la foy, ains emporté d'v-
ne prefomption volage & s'eflan-
çant par vne curiofité dereglée; il eft
de neceffité que ne le pouuant abor-
der il tombe en des horribles abyf-
mes d'erreur : d'autant qu'à la recherche des chofes qui font au deffus de nous le trenchant de noftre
entendement fe reboufche, & les
fubtiles poinctes de noftre efprit
s'ofmouffent. C'eft pourquoy il ne
faut pas trouuer eftrange fi les efprits les plus fublimes de toute l'an-
tiquité payenne s'y font efgarés &
fouruoyés n'y allant qu'à taftons, &
notâment en ce qui regarde la naiffance de ce grand Tout que nous ap-
pellôs *l'Vniuers ou le Monde.* Car n'ayant point la cognoiffance de la creation d'iceluy ils en ont conceu des
diuerfes opinions toutes erronnées:
les vns, comme Democrite, le fai-
fans naiftre du rencontre & ramas
fortuit des atomes, c'eft à dire, de petis corps inuifibles & indiuifibles:

les autres, cóme Platon, d'vne hylę
ou matiere increée; d'autres encore
auec Ariſtote le croyant eternel &
increé tant pour n'auoir point eu de
commencement que pour eſtre incorruptible. Bref les plus ſuffiſans
d'entr'eux y ont máqué de ſuffiſan-
ce, & les plus ſçauans y ont deſcou-
uert leur ignorance, la raiſon humaine n'y pouuant raiſonner, ny
l'entendement humain rien entendre ny comprendre ſi ce n'eſt en
tant qu'il plait à Dieu par la grace de
ſon ſaint Eſprit, comme par quelque defluxion diuinement infuſe
par le moien de la foy, nous en inſpirer la cognoiſſance. Auquel propos Bartas diſoit ſagement,

Tout beau, Muſe, tout beau, d'vn ſi pro-
   fond Neptune,

Ne ſonde point le fond, garde toy d'appro-   En la I.
   cher   ſepm.

Ce Charybde glouton, ce Cepharé ro-
   cher

Où mainte nef ſuiuant la raiſon pour ſon
   Ourſe

A fait triſte naufrage au milieu de ſa
   courſe.

Qui voudra seurement par ce gouffre ra-
mer

Sage n'aille iamais cinglant en haute
mer

Ains costoye la riue, ayant la foy pour
voile,

L'esprit saint pour nocher, la Bible pour
estoile.

Combien d'esprits subtils ont le monde a-
busé,

Pour auoir cét esprit pour patron refu-
sé,

Et quittant le saint fil d'vne vierge
loyale

Se sont, perdans autruy , perdus dans ce
Dædale?

Or puis que les opinions des anciens Philosophes payens touchant
l'origine & naissance du Monde sõt
condamnées , ie n'ay que faire de
m'arrester à restablir les fondemens
d'icelles, qui seroient tout aussi tost
abbatus par l'effort de la foy Chrestienne.

II.   Estant donc tref-certain & de nostre croyance que le Monde a esté
creé de rien par l'infinie puissance
de Dieu: neantmoins c'est vne question

ftion irrefoluë iufques à prefent entre les Theologiens (auffi n'eſt-ce
pas vn article de foy) à ſçauoir ſi
Dieu crea le Monde & les choſes
contenues en iceluy tout en vn inſtant, ou bien en ſix diuerſes journées. La commune opinion & la
plus ſuiuie eſt celle qui eſt côforme
au ſens literal de l'eſcriture ſainte,
que Dieu crea toutes choſes en ſix   Gen. 1.
iours, & qu'au ſeptieſme il ſe repoſa,
c'eſt à dire, ceſſa de trauailler au baſtiment du Monde l'ayant parfaiꞓt
& accompli en gros & en toutes
ſes parties : toutesfois i'aime mieux
approuuer l'autre.

I'accorderay volontiers qu'il y a   **III.**
moins d'auteurs qui tiennent que
le Monde ait eſté creé en vn inſtant,
tout enſemble, & ſans aucune di-
ſtinꞓtion de temps : mais ce ſont
pourtant des plus ſubtils & releués
eſprits qui furent oncques, & par-   *Aug. ca.*
ticulierement S. Auguſtin, Philon   *6.l.11.*
Iuif, Procope, Caietan & pluſieurs   *de Ciuit.*
des Rabins qui ont le mieux enten-   *Dei. &*
du & le plus ſubtilement allegorizé   *c. 25. l. 9*
la Bible, en ayant acquis l'intelligen-   *de Geneſ.*
                                        ad lite-

B

ce par vne cabale & tradition à eux laiſſée de main en main par leurs anceſtres. D'ailleurs ceſte opinion n'eſt pas imaginaire ou coniectanée ains fondée auſſi en la ſaincte eſcriture. *Celuy qui vit eternellement* (dict l'Eccleſiaſte) *a creé toutes choſes enſemble.* Et en Iob il eſt eſcrit que Dieu crea l'Ange auec l'homme, & toutesfois ſelon la lettre de la Geneſe l'homme a eſté fait le dernier de toutes les creatures, & l'Ange, ſelon la commune opinion des Theologiens le premier : laquelle repugnance monſtre aſſez qu'il y faut apporter quelque intellect autre que celuy qui peut eſtre tiré de la letre. Ce qui ſe peut encore confirmer par pluſieurs raiſons tresfortes & inuincibles, deſquelles ie choiſiray ſept des plus preſſantes.

IV. La premiere : ſi Dieu a creé le Monde en ſix diuers jours il l'a creé auec diſtinction de temps : car les iours ſignifient temps. Or c'eſt vne abſurdité & impieté de dire que Dieu l'ait creé auec diſtinction de temps : Partant Dieu n'a pas creé le

Móde en fix diuerfes journées. L'abfurdité & impieté qui s'enfuiuiroit
de là fe monftre par deux raifons.
L'vne que ce ne feroit pas proprement créer, ains faire : d'autant
que *créer* & *faire* ne different pas feulement en ce que *créer* eft produire
& faire naiftre quelque chofe de
rien: & *faire* c'eft befoigner auec de
la matiere preparée à certain ouurage: mais la difference eft auffi en
ce que la creation fe fait fans aucun
temps , & n'appartient qu'à Dieu
feul, lequel par fon infinie puiffance, qui ne peut eftre bornée d'aucun
temps, agit en vn inftant , ainfi que
remarque doctement Iules de l'Ef-
cale contre Cardan. L'autre abfurdité c'eft qu'il s'enfuiuiroit que le
temps auroit efté auant le temps
mefme. Car le temps n'a commencé qu'auec le mouuement du Ciel,
du Soleil & des Eftoiles. Or felon
la lettre le Ciel n'a efté creé que le
fecond jour, le Soleil & les Eftoiles
le quatriefme: comment eft-ce dóc
qu'il y pouuoit auoir des iours &
des nuicts, qui ne font autre chofe

Scaliger exerc. 6.fect.4.

B ij

que temps, auant le temps mesme?
Oyons raisonner Philon à ce pro-
pos: *C'est vne simplesse* (dit-il) *trop rustique & grossiere de croire que le Monde
ait esté fait en six jours, ou en certain têps:
d'autant que tout le temps n'est autre chose qu'vne vicissitude & entre-suite de
sours & de nuicts causée par le mouuemêt
du Soleil roulant au dessus & au dessoubs
de la Terre.*

    La seconde raison c'est qu'il est es-
crit que tout au commencement
Dieu crea le Ciel & la Terre, & puis
apres qu'il crea le Ciel, la seconde
journée : qui monstre qu'à la verité
tout l'vniuers (qui est entendu par
le Ciel & la Terre) fut creé tout à
coup : mais le Prophete en fait en
suite vne description particuliere
pour s'accommoder aux ignorans,
le representant à ces fins ainsi auec
quelque ordre naturel, comme ie
diray ci-aprés.

    La troisiesme, si Dieu a creé de sa
seule parole vne chose vn iour , &
vn autre iour vn autre (con me
quand il commanda que la lumiere fut faite le premier iour) il faut

croire que tout cela se faisoit en vn
instant, & s'il se faisoit tout à l'instant, qu'elle apparence y a il qu'il
attendit puis apres aux iours sui-
uans pour faire vne autre piece de
son ouurage ? Ne seroit-ce pas le
faire reposer & prendre quelque
relasche, comme à vn architecte
humain las & recreu du labeur de
quelques heures ?

La quatriesme: Il est escrit que la
lumiere fut creée le premier iour, &
le Soleil auec les estoiles le quatriesme : Or ny le iour ny la lumiere ne
pouuoient estre sans le Soleil & les
estoiles : car le jour n'est autre chose
que la presence du Soleil, & la lumiere vient aussi du Soleil & des
estoiles : Partant il faut entédre que
tout fut fait en mesme temps.

Macrob.
li. 2. cap.
10. in
somn.
Scip.

VII.

IIX.

A ceci respondent ceux de l'autre opinion que ces six iours dont
fait mention l'escriture, & notamment ceux qui precedent la creation du Soleil, n'estoient pas proprement jours tels que ceux qui depuis succederent par la presence du
Soleil : & que la lumiere creée au

premier jour n'eſtoit pas auſſi vne
lumiere cauſée par le Soleil & les
eſtoiles, qui n'eſtoient pas encore
creées : ains que c'eſtoit vne claire
& brillante nuée que Dieu crea dez
la premiere journée, laquelle par ſa
preſence apportoit le iour, par ſon
abſence la nuict en l'vn & l'autre
hemiſphere de la Terre, comme a
fait deſpuis le Soleil, & qu'à la creation du Soleil, elle fut diſſipée. Mais
qui eſt ſi aueugle qu'il ne voye bien
que céte nuée eſt imaginée dans le
nuage de leur entendomēt? Car (outre ce que l'eſcriture n'en dict rien) à
quoy eſtoit bonne céte nuée ? Dieu
n'euſt-il ſceu trauailler ſans icelle?
n'eſt-il pas aſſés clair-voiant ? Elle
ne ſeruoit non plus aux animaux:
car ils ne furent créez (ſelon la letre)
qu'aprés le Soleil : Et par ainſi voila
vne nuée fort inutile auec ſa clarté,
veu qu'elle ne ſeruoit ny à l'architecte ny à l'ouurage : & toutefois
Dieu n'a rien fait en vain. D'ailleurs
Geneſ. I. puis que Dieu auoit veu (comme il
eſt eſcrit) que la lumiere eſtoit bonne, pourquoy eſt-ce qu'il l'āneantit

à la creation du Soleil? comment se
peut-il faire qu'elle fuſt bône eſtant
inutile, & comme telle eſteinte le
quatrieſme iour aprés ſa naiſſance?
Vrayement pour vne des premieres
pieces d'vn baſtiment ſi riche &
auguſte & dreſſé de la main d'vn
ouurier eternel & ſouuerain voilà
vn effect de bien petite durée. Pour
moy ie croy que céte lumiere eſtoit
le Soleil meſme : & à ceſte cauſe le
texte Chaldaïque en ce paſſage de *Geneſ. 1.*
Geneſe les appelle tous deux d'vn
meſme nom *nehora*, c'eſt à dire, lu-
minaire. Et meſmes ceux qui ſont
bien verſés aux langues remarquent
que le Soleil eſt ſouuent appellé
lumiere, teſmoign Ouide, dans lequel Phaëton fils du Soleil parle à
ſon pere en ces termes.

> *O du grand vniuers la commune lu-*   *1. Meta.*
>   *miere.*   *morph.*

Laiſſons là céte nuée & paſſons outre à la recherché de la verité.

La cinquieſme raiſon eſt priſe encore de la contrarieté de la lettre,   **IX.**
Car il eſt dict au chap. 1. de Geneſe
que Dieu crea tout au commence-

B iiij

ment le Ciel & la Terre, à sçauoir,
la Terre la premiere journée : le
Ciel, la seconde : & l'herbage des
champs la troisiesme : & puis aprés
au chap. 2. ces mots sont escrits, *Ce*
sont ici les generations du Ciel & de la
Terre quand ils ont esté créez en ce iour-là
auquel Dieu feit le Ciel & la Terre &
tout l'herbage des champs. Tantost le
Prophete à distingué la creation de
ces trois choses diuerses, *Ciel , Terre,*
herbage des chāps, en trois diuerses jour
nées, & maintenant il les fait naistre
toutes trois en vn mesme jour : qui
ne void en cela que la distinction
des journées ne sert qu'à marquer
l'ordre des choses non pas la distinction d'aucun temps?

X.   La sixiesme c'est que tout ainsi que
le Monde doit estre renouuellé ou,
selon d'autres, embrasé en vn moment & en vn cling d'œil, comme
1.Cor.c.1 parle l'Apostre : de mesmes il y a de
l'apparence qu'il fut creé tout à vn
instant, sa creation & sa fin depen-
dans d'vne mesme cause infinie, qui
est Dieu, lequel agit sans aucune
cirçonstance ny distinction de téps.

La septiesme & derniere c'est que Dieu voulant faire vn coup de sa toute-puissance en la creation du Monde, il n'est pas vray-semblable qu'il ait fait en six jours ce qu'il a peu faire à l'instant. Car l'effect de la diuinité est sans aucune comparaison plus merueilleux & glorieux en l'vne façon qu'en l'autre. **XI.**

Mais quoy ? d'où vient donc cela que le Prophete vse expressement & clairement de céte distinction de journées ? C'est (dit Procope) pour s'accommoder à la foiblesse & rudesse de l'entendement humain, lequel (comme i'ay dit ci deuant) est incapable de ce mystere de la creation, qui est si haut & si difficile que les Hebrieux anciennement ne permettoient de le lire qu'aux hommes des-ja agés & de meur entendement, ainsi que remarque Pic de la Mirandole aprés S.Hierosme. Or que le Prophete se soit en cela accommodé à la capacité de l'entendement humain il appert en ce que l'ordre qu'il garde à la description **XII.**

B v

de la creation du Monde respond à
la disposition qu'on apperçoit na-
turelement en la generation des
choses. Car en premier lieu il pre-
pare la matiere confuse & informe,
qu'il appelle *l'abysme*, *les tenebres*, *le*
vuide: Et puis apres fait naistre la
lumiere qui respond à la forme : par
ce que tout ainsi que par le moien
de la lumiere nous voions & distingons les corps ou pour le moins
leurs couleurs: de mesme par la forme nous recognoissons l'estre des
choses. Il descrit en suite la creation
du Soleil, de la Lune & des estoiles riche ornement des Cieux, &
puis la naissance des plantes & des
animaux ornement de la mer & de
la terre: & apres tout la creation de
l'homme, à laquelle il met à desseign plus de façon qu'à tout le demeurant des creatures. Car de toutes les autres il est escrit au nombre
singulier que Dieu dit, que telle
chose soit faite & elle fut faite ainsi:
mais de l'homme il est escrit au nõbre pluriel, *Faisons l'homme à nostr*
image, & ressemblance, comme si les

trois personnes de la Trinité eussent consulté ensemble pour faire
ce chef d'œuure, qui est la principale piece du Monde, disoit Æscula-
pe, voire mesme vn petit Monde,
comme parlent les Grecs, & pour
l'amour duquel tout ce grand Monde a esté basti. D'ailleurs considerant ceci de plus prés, quelle apparence y a il que Dieu parlast lors
de la creation de toutes choses? Car
à qui eust-il parlé, veu qu'il n'y auoit
personne pour l'escouter? quel langage eust-il parlé, les lãgues n'ayant
commencé qu'auec les hommes?
auec quoy eust-il parlé, n'ayãt point
de lãgue ny de corps, ains estãt vn esprit tres-pur & tres-simple? Ce qui
marque assez que toute céte description est allegorique ou mystique.

Aug. l. 1
de Genes.
ad liter.
cap. 10.

Mais pourquoy le Prophete a-
il vsé plustot du nombre senaire
que de tout autre nombre disant
que Dieu accomplit en six iours
toutes ses œuures? A la verité sur ce
subject il y auroit beaucoup à dire:
mais ie me contenteray d'y raporter vne belle raison du mesme Phi-

XIII.

 I. Ion Iuif qui en parle en céte sorte:
*Moyse dit que le Monde a esté basti en
six iours, non pas que l'architecte d'iceluy ait eu besoign de quelque espace de
temps pour ce faire, car Dieu n'opere
pas seulement par son commendement,
mais aussi par sa seule pensée: ains par ce
qu'il falloit que les choses fussent creées
auec quelque ordre, & qu'il n'y a rien
plus propre à marquer l'ordre que le
nombre, & qu'entre tous les nombres
par quelque loy naturelle le nombre senaire est tres-aduenant à la generation.*
Ce qu'en suite il prouue fort subti-
lement : par ce que ce nombre là
est composé de la multiplication
des deux premiers nombres pair
& impair , à sçauoir de deux fois
trois , ou trois fois deux : & que
d'ailleurs le nombre pair & impair
respondent fort proprement à la
generation des choses , le pair signifiant le masle & le sexe le plus
fort, par ce qu'il ne peut estre diuisé en parties egales : & l'impair
representant la famelle & le sexe
le plus foible , d'autant qu'il peut
estre diuisé tant en parties egales

qu'inegales. A quoy il adjouste plusieurs autres belles raisons qui feroient trop longues à deduire.

Resoluons maintenant en suite
vne autre question curieuse sur ce
mesme subject à sçauoir si le Monde pouuoit estre creé plustot ou
plus tard qu'il ne l'a esté.

Si le monde pouuoit estre creé plustost
ou plus tard qu'il ne l'a esté : en
quelle saison de l'année il fut creé:
& qu'est-ce que Dieu faisoit
auant la creation du Monde.

CHAP. III.

Sommaire.

1. Vanité des Grecs & Egyptiens tou-
chant leur ancienneté. II. Vanité des
Chaldéens. III. Combien il y a de la
creation du Monde. IV. Que nostre ame
s'imagine vne infinité au monde si ses con-
ceptions ne sont reglées & retenues par la
raison. V. Que la premiere des questions

proposées est absurde & côduit à l'infinité, & que deuant la creation du Monde il n'y auoit ny plustot ny plus tard. VI. Que le Monde ne pouuoit estre ny plustot ny plus tard creé. VII. Qu'il a esté creé au milieu de l'eternité. IIX. Qu'il est vray-semblable que le Monde a esté creé en Automne. IX. Que Dieu n'a jamais fait & ne fera que se contempler soy-mesme.

1.

LES Egyptiens reprochoient anciennement aux Grecs (quoy qu'entr'autres les Atheniens se glorifiassent fort de leur ancienneté) qu'ils n'estoient nés que d'hyer ou auant-hyer : mais pour eux qu'ils estoient de si long téps que les astres auoient quatre fois changé de cours & le Soleil s'estoit deux fois couché au poinct duquel maintenant il se leue despuis que leur nation estoit renommée sur la terre : qu'il y auoit plus de cent mille ans que l'Astrologie estoit en vogue parmy eux : & que leurs Rois iusques à Ptolemée pere de Cleopatra auoient regné sur eux plus de soixante dix mille ans.

Les Chaldées voulans encherir sur eux disoiét qu'ils auoiét la cognoissance des Astres depuis quatre cens soixante dix mille ans. Et quelques natiõs n'a-gueres descouuertes portées de mesme vanité fabuleuse se glorifient aussi d'auoir des memoires de plusieurs cétaines de milliers d'années.

Mais nous qui auons appris la verité de la naissance & creation du Monde à l'eschole de la verité mesme sçauons bien que tant s'en faut qu'il y puisse auoir des peuples si anciens, que mesmes, selon la supputation la plus commune, il n'y a de la creation du Monde que 5565 ans : ou selon d'autres 5712.

Or s'il a peu estre pluʃtot ou plus tard creé c'est vne question plus curieuse que mal-aisée à resoudre; toute la difficulté venant de ce que nous n'arreʃtons point les conceptions trop volages de noʃtre ame. Car lors que la raison leur lasche la bride, elles se donnent carriere iusques à l'infinité, mesmes en des cho-

II.

III.

IV.

ſes notoirement finies & bornées.
Ainſi aduient-il que quãd elles s'en-
volent tout d'vn traict iuſques au
plus haut des Cieux, elles n'ont garde de s'y arreſter : ains au deſſus d'i-
ceux elles s'imaginẽt d'autres Mondes, comme Leucippus, ou des airs,
ou vn vuide ſpatieux & eſpace vuide, ou vne vaſte amplitude & ample
vaſtité, ou d'autres choſes ſemblables ſans fin, iuſques à ce que la raiſon leur ſerrant la bride & les retirant à ſoy les range à ce qui eſt de la
verité.

V.   La meſme curioſité tranſporte le-
gerement noſtre ame ſur la conſideration de la premiere queſtion propoſée ſi la raiſon ne regle ſes conceptions trop curieuſement volages.
Car ſa curioſité indiſcrete n'ayant
aucun arreſt elle s'en vole à l'infinité. Aprés qu'elle s'eſt enquiſe ſi le
Monde pouuoit eſtre creé dix mille
ans auant ou apres ſa creation, elle
demandera encore s'il euſt eſté creé
dix mille ans auparauant ou apres,
ne le pouuoit-il pas eſtre auſſi bien
cent mille ans deuant ou apres, &

encore vn milier d'années pluftoft
ou plus tard ? & ainfi fans fin. Il faut
donc que la raifon regle céte curiofité dereglée: luy remonftrant & di-
ctant que telle demande eft pleine
d'abfurdité d'autant que deuant la
creation du Monde il n'y auoit ny
deuant ny apres, ny pluftot ny
plus tard. Car ces termes figni-
fient temps, & le temps (qui n'eft
que la mefure de la durée des chofes
corruptibles & de leurs mouuemés
& changemens) ayant commencé
auec le mouuement des Cieux à la
creation du Monde, c'eft folie de
demander fi le Monde pouuoit eftre
pluftot ou plus tard creé.

Et voilà comment céte queftion V I.
fe deftruit elle mefme. Car c'eft autant que demander fi le temps eftoit
auant le temps. Le Monde donc ne
pouuoit eftre creé ny pluftot ny plus
tard par ce qu'il n'y auoit ny pluftot
ny plus tard auant la creation d'iceluy.

Ie veux dire encore d'auantage V I I.
c'eft que le Monde a efté creé au milieu de l'eternité. Car comme en vn

cercle, par ce qu'il n'y a point de
bout, en quelque lieu de fa circonference que vous touchiez, vous
touchez le milieu d'icelle : de mefme le Monde ayant efté creé en l'eternité laquelle n'a point de bout,
qui n'a eu jamais commencement&
n'aura jamais fin, il faut dire qu'il a
efté creé au milieu d'icelle.

I I X. Quant à la feconde queftion à fçauoir en quelle faifon de l'année le
Monde fut creé la pluf-part des
Saincts Peres tient que ce fut au
Printemps fe fondans principalement fur la verdure de la terre : parce que Dieu commanda que la terre
produifit toute forte de plantes ver-
doyätes : ce qui eft propre à céte fai-
fon-là plus qu'à nulle autre. Toutefois il me femble qu'il y a plus d'apparence de tenir que ce fuft pluftot
en Automne : dautant qu'outre ce
qu'en céte faifon la terre eft encore
tapiffée de verdure ; d'ailleurs tous
les meilleurs fruicts & ceux qui fe
gardent le plus font lors en leur maturité : qui eftoit vne chofe neceffaire à l'homme lequel n'euft point

de long temps la cognoiffance de l'vfage de la farine. Que fi on m'ob-ijce qu'au Paradis terreftre il y auoit affez de fruicts excellens & exquis, pour toutes faifons ; il m'eft aifé de refpondre que céte confideration n'a pas beaucoup de prouidence. Car l'homme n'ayant à y demeurer que quelques heures il falloit pouruoir à ce qu'il trouuaft ailleurs dequoy fe repaiftre. Car au printemps il n'y en a que bien peu & trop legers, & encore fur la fin de céte faifon. Et bien que comme (i'ay defja dict) prefque tous les Sainchts Peres tiennent l'opinion contraire, fi eft-ce que celle-ci n'eft pas fans authorité fort receuable. Car outre ce que les Rabins & anciens docteurs des Hebrieux l'enfeignét ainfi l'aiāt appris par traditiō de main en main de leurs anceftres, plufieurs autres perfonnages de rare doctrine font mefme jugement, & entre autres Iofephe, Nicolas de Lyra, & Picde la Mirandole la merueille de fon temps. Ioinct que nous fçauons que les Iuifs anciennement & mefmes

Iofeph. l.
1. Anti.
Iudaiq.
Ni. de Ly.
in 7. Ge.
Pic. Mir.
c. 6. li. 7.
in Arift.

tous les peuples Orientaux (ainſi-
que teſmoigne Sainct Hieroſme)
commençoiét leur année en Octobre, qui monſtre qu'ils auoient appris cela de tout téps & dés la creation du Monde.

Pour le regard de la troiſieſme
queſtion, à ſçauoir, qu'eſt-ce que
Dieu faiſoit auant la creation du
Monde ie pourrois volontiers reſpondre auec S. Auguſtin qu'il pre-
paroit des ſupplices & des tourmés
pour les curieux. Mais encore ayme-
je mieux les inſtruire & leur enſeigner que Dieu n'a pas creé le Monde
pour ſa commodité, ains pour ma-
nifeſter ſa bonté, ſa puiſſance & ſa
ſageſſe : car il eſt aſſez content de
ſoy-meſme & en ſoi-meſme : telle-
mét qu'auant la creation du Monde
il faiſoit ce qu'il fait encore & ce
qu'il fera eternellement, c'eſt ſe contempler ſoi-meſme : & cela feront
à jamais les eſleus de Dieu : car en
cela conſiſte le ſouuerain bien & la
felicité eternelle.

Or puis que nous auons appris
qu'eſt-ce que de la naiſſance du Mó-

de, il nous faut auſſi apprédre qu'eſt-
ce que de ſa fin. Car c'eſt vne belle
& haute queſtion, & meſmes plus
irreſoliie que celles qui regardent
la Creation.

Si le Monde eſt corruptible , &
s'il doibt eſtre embraſé & con-
ſumé par le feu, ou ſeulement
purgé & renouuellé.

CHAP. IV.

Sommaire.

I. *Quatre diuerſes opinions touchant la*
fin du Monde : la 1. que le Monde eſt du
tout incorruptible : la 2. qu'il retournera
à ſon premier chaos : la 3. qu'il ſera em-
braſé & anneanti par le feu : la 4. qu'il
ſera ſeulement renouuellé & purgé.
II. *En combien de façons ſe prenent ces*
deux mots Eternel & Corruptible.
III. *Les autoritès & raiſons de la pre-*
miere opinion. IV. *Celles de la ſeconde.*
V. *Celles de la troiſieſme.* VI. *Cel-*
les de la quatrieſme. VII. *Reſponſe à la*

I.

Ly a quatre diuerses opinions les plus ce-lebres touchant céte question. La premie-re, que le Monde est eternel & incorruptible. La se-conde qu'il retournera en son pre-mier chaos, côfusion & meslâge de toutes choses. La troisiesme, qu'il est corruptible & perissable. La qua-triesme, que les corps mixtes ou meslés (excepté les humains) seront consumés par le feu : mais qu'au de-meurant le Monde sera seulement purgé & renouuellé; & qu'apres cé-te purgation & renouuellement il sera plus accompli & perfectionné que deuant, & mesmes sera rendu immuable & impassible. Ie n'ay pas voulu ici mettre en ligne de cô-pte l'inepte opinion de Cardan, qui tient que le Monde se dissipera &

diſſoudra par vne defatigation &
laſſitude : dont il eſt aſſez mocqué
par Iules de l'Eſcale. C'eſt pourquoy ie m'arreſteray ſeulement à
ces quatre premieres, & particulierement aux deux dernieres, comme
eſtant les plus vray-ſemblables.

Scal.
exercit.
77. *ſect.*
4.

Mais encore auant paſſer outre, **II.**
pour mieux comprendre la queſtion propoſee, il faut diſtinguer
les diuerſes ſignifications de deux
mots homonymes & ambigus, qui
ſeruent à ce ſubjet, à ſçauoir, *Eternel*
& *Corruptible*. *Eternel* donc ſe peut
prendre en deux façons, ou pour ce
qui eſt plus proprement appellé
perpetuel, c'eſt à dire, qui a eu commencement & n'aura jamais fin,
comme les Anges & noſtre ame:
ou bien pour ce qui n'a point eu de
cōmécemét & n'aura jamais fin, cōme Dieu ſeul. *Corruptible* ſe prend en
trois diuerſes ſignifications ainſi
que *Corruption*. Car premierement
corruption ſignifie (à parler vulgai-
rement) alteration & changement
pluſtot de quelque qualité que de la
ſubſtance : ainſi diſons nous qu'vn

hommé eſt corrompu pour dire
mechant & inique que le vin eſt
corrompu quand il eſt aigri ou
pouſſé. En ſecond lieu ce mot *cor-*
ruption eſt pris entre les Philoſophes pour la mort & priuation de
la forme ou de l'eſtre de quelque
choſe que ce ſoit comme quãd d'vn
œuf eſcloſt vn poulet, ou d'vn grain
de ſemence eſt produite vne plante,
cét œuf & céte pláte-là ſont corrõ-
pus : en laquelle ſignification tous
les corps meſlés du monde ſont corruptibles & periſſables. Car en cela
meſme qu'ils ſont compoſés des
quatre elemens, ils reſſentent le cõ-
bat des qualités elementaires contraires entr'elles, & ont en ſoy vn
naturel & interne principe de corruption outre l'externe. Par exemple, quand vn homme meurt de
vieilleſſe, c'eſt par ce que la chaleur
naturelle eſt ſurmõtée par la froideur qui cauſe la mort & corruptiõ
naturelle du ſubjet : mais s'il eſt e-
ſtranglé ou tué à force & violence,
cela vient d'vne cauſe externe. Pour
la troiſieſme ſignificatiõ elle ſe peut
eſtendre

estendre à toutes les creatures du monde spirituelles & corporelles. Car en tant qu'elles ont eu commencement, elles dependent de celuy qui leur a donné, lequel par la mesme puissance qu'il leur a donné l'estre, les peut aussi anneantir, si bō luy semble. Cela ainsi entendu voyons laquelle des susdites opinions est la plus receuable. La premiere donc est des anciens, Philosophes les plus signalés, comme des Stoïques, Pythagoras Platon, & Aristote : lesquels ont tous soustenu que le Monde estoit incorruptible : toutefois les vns vn peu diuersement des autres. Car la pluspart l'ōt ainsi creu, par ce qu'ils n'estimoiēt pas qu'il fut bon ny raisonnable qu'vn si merueilleux bastiment, si bien entendu & symmetrizé fust debiffé desuni & ruiné. C'est pourquoy Platon faisoit parler le souuerain des Dieux aux autres Dieux en ces termes: *O Dieux des Dieux, desquels ie suis l'auteur & le pere, sçachez que ma volonté est telle que les choses par moy faites soient indissolu-*

Scaliger exercit. 61. sect. 5

III.
Plutar. c. 4. l. 2. de placi. Philos.

Plato in Timæo.

C

bles : d'autant que ce seroit mal fait de
vouloir dissoudre des choses si bien vnies &
ramassées. Mais Aristote a tenu que
le Monde estoit incorruptible, par
ce qu'il l'a creu eternel & increé, inferant de là que n'ayant point eu
de commencement il n'auroit iamais fin.

XV.   La seconde opinion a esté fondée sur cét axiome naturel que *tou-*
tes choses retournent à leur principe, &
partant que le Monde ayant esté
basti de céte matiere confuse que
les anciens ont appellée *chaos*, doibt
aussi en fin se resoudre en icelle.
C'est ce que le Poëte Lucain a chanté en ses vers,

Lucan.l.
1.de bel-
lo ciuili.   *La derniere heure en fin ayant fait l'af-*
        semblage
Des siecles ja passés & destruit tout l'e-
    l'estage
Du Monde renuersé, reprenant du temps
        vieux
Son ancien chaos, les astres lumineux
Entr'eux se mesleront, & à l'onde salée
Le feu se rejoindra, Ceres renouuellée
Repoussera Neptune, & Phœbé de sa
    main

Poudra rauir le iour à son frere ger-
main :
Et par vn tel conflict la paix entretenue
Au Monde de tout temps n'y sera plus
receuë.

Or ces deux premieres opinions n'estant pas bien receuës ny proba-bles, restent les autres deux à exa-miner : pour la defense desquelles tant les saints Peres que les Philo-sophes anciens & modernes se sont diuisés en deux bandes contraires: les vns soustenans que le Monde se-ra tout à fait corrompu, embrasé & anneanti par le feu : les autres qu'il sera seulement purgé & par céte purgation renouuellé & rendu plus parfait: Les vns & les autres se fon-dent en l'escriture sainte, laquelle sert ordinairement à toute sorte de gens de glaiue à deux trenchans.

Les premiers donc alleguent à leur sens ces mots du Psalmiste : *Les Cieux sont œuures de tes mains, ils periront ; mais toy, tu demourras eternel-nellement. Et Iob, L'homme ne s'esueille-ra point de son sommeil (c'est à dire, de la mort) iusques à ce que le Soleil se dis-*

V.
*Psal.*10

*Iob.*14.

C ij

foudra par vn debris, & en l'Euangile,
Le Ciel & la Terre passeront, toutefois
mes paroles ne passeront point. Et en S.
Pierre, *Le iour du Seigneur viendra
comme vn larron, auquel les Cieux passeront auec grand bruit & impetuosité:
les elemens se dissoudront par la chaleur: la Terre, & les œuures qui sont en
icelle, sera entierement embrasée.* Ce
que mesmes les anciens Payens ont
cognu: A ce propos Seneque, *Ny la
Terre, ny le Ciel, ny cete liaison de toutes
choses, quoy qu'elle soit conduite & main-
tenue par la diuinité, ne tiendra pas à iamais cet ordre, ains vn iour renuersera son
cours.* Les Poëtes ont aussi chanté ce
futur embrasement comme Ouide
disant ainsi,

Il se souuient aussi que par certain destin
Doibt venir ce temps-là qu'on verra pren-
   dre fin
Au haut palais des Cieux & à la Terre
   basse
Par vn feu rauissant : & que la lourde
   masse
De ce vaste vniuers ressentira le coup.

Et Lucrece,
Vn iour rasclera tout & la mõdaine masse

*Qui partant & tant d'ans a maintenu sa
place.*

Croulant s'enfondrera.

Ces authorités-là font secondées
de quelques raisons ou pour le
moins apparences de raison. La
premiere donc est telle: Les Cieux
& les Elemens ont esté creés pour
ayder à la generation & corruption
des corps meslés qui sont au monde pour l'vsage & seruice de l'homme: or aprés le grand iugement il ne
s'engēdrera & ne se corrompra plus
rien, & n'y aura plus aucuns corps
meslés, que les humains, qui seront
glorifiés ou condemnés à eternité:
partant il ne sera plus besoign ny de
Cieux ny d'Elemēs. La 2. si le Mōde
demouroit en pied apres ce grand
iugement, il y auroit encore temps:
car le temps depend du cours &
roulement du Monde: or il n'y aura
plus de temps, ny de jours, ny de
nuicts, dict l'Euangeliste: par ainsi *Apo. 10
20. &
11.*
le Monde ne sera non plus que le
temps. La troisiefme: Tout ce qui a
eu commencemēt doibt aussi auoir
fin: le Monde a eu commencement,

il doibt donc auſſi prendre fin.

VI.   Ceux de l'opinion contraire, laquelle i'approuue le plus n'ont pas
faute de reſponſe à ces autorités &
raiſons pretenduës. Premierement
donc en gros & en general eſt à noter que quand l'eſcriture nous enſeigne que le Monde perira ou paſ-
ſera, cela s'entend ſeulement de la
figure & des accidens, non pas de la
ſubſtance, 'ainſi que dit expreſſément l'Apoſtre : & en céte ſorte ſe
doiuent entendre les lieux pre-alle-
gués du Pſalmiſte, de Iob, & de S.
Pierre. C'eſt pourquoy auſſi le Pſalmiſte, après auoir dit que les Cieux
periront, adjouſte quand & quand,
comme par maniere d'interpretation, qu'ils ſeront changés : & S. Pierre adjouſte pareillement que nous
attendons de nouueaux Cieux &
vne nouuelle Terre, c'eſt à dire, vn
renouuellement des Cieux & de la
Terre, pour la figure & pour la perfection, non pas quant à la ſubſtance. D'ailleurs il faut encore obſer-
uer que le Monde eſt dit *perir* par la
ſeule perte des corps meſlés : de ma-

Paul. 1.
Cor.
cap. 7.

niere que S. Pierre au mesme lieu dit que le monde perit par le deluge, ores que le deluge n'ait pas mesme submergé tous les corps meslés ou mixtes. Et partant ce n'est pas merueille si lors qu'ils doiuent tous perir par ce grand embrasemét, il est dit, que le monde perira. Quāt à ce qui est escrit que les Cieux & la Terre passeront, & que la parole de Dieu ne passera point: c'est autant à dire que les Cieux & la Terre chāgeront, mais que la parole de Dieu ne changera jamais: ou bien (cōme d'autres l'exposent) cela se doibt en-tendre par exaggeration & pour re-leuer d'auantage l'asseurance de la parole de Dieu: comme s'il eust dit ainsi: *plustet les Cieux & la Terre passe-ront que ma parole.* Voilà pour le re-gard de ce qu'il faut respondre aux passages de l'escriture saincte ci des-sus allegués. Reste à resoudre les trois argumens qui ont esté propo-sés en suite.

Au premier donc ie respons que **VII.** le Monde ne sera pas inutile apres le jugement bien que la generation

Mat.24.

des corps meslés cesse : par ce qu'il
sera renouuellé auec plus de perfection : tellement que la Lune, qui
est vn corps sombre & sans aucune
clarté (si ce n'est entant qu'elle l'em-
prunte du Soleil) deuiedra aussi claire que le Soleil mesme, dit Isaïe : &
le Soleil sera sept fois aussi clair qu'il
est à present, sans qu'il serue plus au
mesme vsage que deuant.

Isai. 30.
& ibi
Hierony.

IIX.   Au second, qu'il ne s'ensuit pas
qu'il y ait temps bien que le monde
demeure en pied : par ce que le teps
n'est pas cause par l'estre du Monde,
ains par le mouuement des corps
celestes & par la presence & absence
du Soleil : lequel mouuement ces-
sera du tout, &, comme dit le mesme Prophete, *le Soleil, ny la Lune ne se*
coucheront plus.

Isai. 60.

X .   Le troisiesme argument conclud
encore plus mal que les precedens :
d'autant qu'il y a des choses qui ont
eu commencement, lesquelles neat-
moins sont incorruptibles, & n'auront jamais fin, comme les Anges
& nos ames.

Apres auoir ainsi destruit les rai-

fons de l'opinion contraire, baftif-
fons de leurs ruines les fondemens
de celle que nous approuuons, qui
eft la quatriefme & derniere. Premierement donc ie dis que l'efcri-
ture faincte nous enfeigne que le
Mõde ne perira point quãt à la fubftance & quant à ſon eſtre, ains feulement quant à la figure & aux accidens, comme j'ay deſ-ja monftré ci-
deſſus : & que ſur ce ſubject ne nous
eft rien predit qu'vn reuouuellemẽt
du Monde, comme en Iſaïe, en S.
Pierre, & en S. Iean, lequel a veu en
reuelation vn Ciel nouueau & vne
nouuelle Terre : & que celuy qui eſt
aſſis au throſne diſoit ces paroles :
Voici que ie renouuelle toutes choſes. S.
Hieroſme interprete en ce meſme
fens les termes du Pſalmifte : *Il eſt*
aiſé (dit-il) à iuger que ces mots ſonnent
& marquent non pas vne ruine & de-
ſtruction entiere, ains vn changement en
mieux.

La raiſon confirme cela meſme.
Car ſi le Monde eſtoit anneanti ou
feroient les corps des hommes qui
doiuent refufciter pour ſe rejoindre

Paul. r.
Corinth.
cap. 7.

Iſai. 65.
& 66.
Petr. epiſ.
2. cap. 3.
Apo. 21.

Hiero. in
Pſal. 101

XI.

C v

à leurs ames; Or ils ne peuuent estre hors de quelque lieu : & le lieu n'estant autre chose que la surface interieure & prochaine du corps qui contient & enuironne vn autre : il s'ensuit qu'il y aura d'autres corps : & partant que le Monde ne sera point tout à fait anneanti. D'ailleurs où est-ce que seroit le sejour des Cieux qui a esté promis aux biēheureux, s'il n'y auoit point de Cieux? En quelle part du Monde seroit l'Enfer, duquel les reprouués sont menacés, s'il n'y auoit point du tout de Monde? Et quand mesmes on supposeroit que le Monde sera renouuellé apres son embrasement & anneātissemét, & que cela se deut faire en vn moment, où est-ce que seront nos corps pendant ce moment? Telles & semblables autres raisons me font resoudre à suiure céte derniere opinion; laquelle est authorisée de plusieurs doctes & subtils personnages, & particulierement de S. Augustin & du Maistre des sentences, qui tiennent que le feu n'ēbrasera que les corps mix-

Aug. lib. 20. de Ciui. Dei c. 18. Pct. Lombar. lib. 4. dist 47.

tés, excepté ceux des hommes, lefquels font deftinés à l'immortalité,
dit l'Apoftre, apres qu'ils feront
reunis à leurs ames, & par ainfi
ce feu ne nuira aucunement aux
efleuz de Dieu, non plus que le
feu de la fournaife aux trois enfans
Hebrieux : & bien qu'il tourmen-
te les damnés, fi ne les confumera-
il pas, non plus que leurs ames: ains
leur tourment fera femblable à celuy que les Poëtes chantent de Ti-
tyus, le foie duquel eft inceffammét
bequeté & rongé des vautours, fans
eftre pourtát confumé ny diminué:
autrement ce tourment ne feroit
pas eternel. Il y en a mefmes qui
tiennent que ceft embrafement ne
nuira qu'au Ciel inferieur, c'eft à
dire, à la partie inferieure de l'air, ou
pluftot aux corps contenus foubs
icelle, laquelle eft fouuent appellée
Ciel és efcritures tant fainctes que
prophanes : & qu'il ne montera pas
plº haut que firét les eaux du deluge.

Voilà pour le regard de cete queftion. Paffons maintenant à d'autres qui en dependent.

C vj

Paul. 1.
The. 3.

Tho. A-
qui. 4.
contra
gen. c. vlt
Cœlum
aëreum
afficiet
non æthe-
reum.
Pet. Lōb.
ibid.
Gen. 18.
Iere. 10.
Zach. 8.
Pfal. 8.
Mat. 36.
Inft. Iuft.
dein naf-
cent. con-
cion.

La resolution de quatre questions qui dependent de la precedente.

CHAP. V.

Sommaire.

I. *Où est-ce que ce fera le grand iugement?* II. *De quelle nature sera ce feu duquel le monde sera embrasé ou purgé?* III. *Pourquoy est-ce que le Monde doibt estre embrasé ou purgé par le feu?* IV. *Erreur des payens touchant céte question.* V. *Erreur de Berose.* VI. *Faulse & supposée prophetie d'Elie.* VII. *Erreur de Leouice.* IIX. *Qu'il n'y a que Dieu seul qui puisse sçauoir cõbien durera le Monde.*

D E la question precedente touchant l'embrasemẽt du Monde, qui est tres-ample & profonde, deriuent & ruiss\[e\]lent, comme d'vne viue source, plusieurs autres belles & curieuses questions, desquelles ie choisiray quatre, & resoudray en peu de mots celles dont l'escriture sainte ou la raison humaine nous peut dó-ner quelque saine resolution. La 1. *Soit que le Monde doiue estre du tout anneanti, ou seulement en ses parties inferieures, où est-ce que se pourront assembler les hommes apres la resurrectió de la chair, & reunió de leurs ames auec les corps pour assister au grand Jugement? La 2. Quel feu sera celuy duquel le Monde sera embrasé ou purgé? La 3. Pourquoy est-ce que le Monde doibt estre embrasé ou purgé par le feu? La 4. Dans quel temps aduiendra cét embrasemēt, & combien de temps durera le Monde?*

Pour la resolution de la premiere question il faut remarquer que le Prophete Ioël est mal entendu de plusieurs en ce qu'il dict que les hómes feront assemblés en la vallée de Iosaphat lez Hierusalem, & que là Dieu contestera auec eux à ce dernier jour effroyable. Car de ces mots plusieurs ont inferé que Dieu jugeroit les hommes en céte vallée de Iosaphat. Mais cét vne intelligēce trop puerile: d'autant que ce ju-

I.
Ioël 3.

gement se fera tout en vn moment, & (comme nous pouuons colliger de l'Euangile) pluſtot en la superieure region de l'air, qu'en la terre laquelle ſera dez lors embraſée. Et faut remarquer que *Ioſaphat* eſt interpreté *jugement du Seigneur* : tellement que la vallée de Ioſaphat ſignifie myſtiquement le jugement de Dieu, nõ pas le lieu où il ſe doibt faire.

II. A la ſeconde S. Auguſtin n'a ſceu dire autre choſe ſi ce n'eſt que nul n'en peut rien ſçauoir que par la reuelation du S. Eſprit. Touteſois aucuns ſe ſont enhardis depuis luy de dire, que ce ſera du feu elementaire qui a ſon cercle entre celuy de la Lune & celuy de l'air, lequel ſortant de ſa place naturelle fondra ſur les corps inferieurs & les conſumera. D'autres encore ont voulu dire que le Soleil dardera ſes rayõs fort ſerrés & flamboyans au milieu de l'air, où ce que comme dans vn creux miroüer d'acier, s'engendrera vn feu treſ-apre duquel les corps inferieurs ſeront embraſés. Pour moy en vne

Mat. 24.
Paul. 1.
Theſſ. c. 3

Petr.
Lombar.
li. 4. diſt.
47.

Aug. lib.
20. de
Ciui. Dei
cap. 16.

queſtion ſi hardie i'aimerois mieux
imiter la modeſtie de S. Auguſtin
en me taiſant qu'en parler mal à-
propos : toutesfois preſsé d'en dire
mon aduis, j'oſerois auancer que ce
ſera pluſtot vn feu elementaire que
tout autre : parce que tout ainſi que
le premier rauage des corps inferieurs a eſté fait par les eaux elementaires (quoy qu'elles ne ſoient pas
pures comme le feu) il eſt vray-ſem-
blable que le dernier aduiendra auſſi par vn feu elementaire.

A la troiſieſme ie diray franchement qu'il y a plus de difficulté &
incertitude qu'à la precedente , &
qu'il ne faut point rechercher par
raiſons naturelles la cauſe de la diſ-
ſolution, corruption & fin du Mõde, non plus que de ſa creation. Car
cela depend de la ſeule volonté de
Dieu. C'eſt ce que remonſtroit fort
ſagement Seneque à ce propos :
L'embraſement du Monde (dict-il) *doibt*
aduenir lors qu'il plaira à Dieu faire re-
naiſtre des choſes meilleures & finir les
vieilles, & Bartas à ſon imitation,

III.

Seneca
l. 3. natu.
q. 6. 3 ꝑ.

L'immuable decret de la bouche diuine
Qui causera sa fin causa son origine.

Toutefois par quelque conjecture nous pouuons dire que le Monde ayant esté basti en la sorte qu'il est à present, pour la generation des choses inferieures, icelle generation cessant, il faut ou que le Monde soit anneanti, la Nature ne pouuant rien souffrir d'inutile, ou pour le moins qu'il soit renouuellé & accommodé au nouuel estre des hommes. Et semble que ce doibt estre plustot par le feu que par nul autre instrument : d'autant qu'il est plus propre à consumer & à purger que nul des autres elemens. Ioinct qu'estant le superieur & le plus haut logé de tous, il est plus raisonnable qu'il soit emploié à cela, comme le maistre à la correction de ses inferieurs, que si au contraire s's inferieurs estoient releués pour luy faire la loy.

I V. Sur la resolution de la quatriesme question touchât la durée du Monde, il y a diuerses opinions, mais toutes imaginaires : defquelles ie veux raporter les plus communés non pas pour les approuuer, ains pour les reprouuer : par ce que c'eft chofe indigne que tels erreurs s'efcoulent és ames Chreftiennes, qui ne doiuent rien embraffer que la verité.

Les anciens payens ont creu que cét embrafement aduiendroit à la fin du grand an du Monde, c'eft à dire, lors que tous les orbes celeftes auront parfait & acheué leur cours, & feront reuenus au mefme poinct & periode d'où ils ont commécé à rouler à la naiffance du Mōde. Et fi cela eftoit, il y refteroit bien encore du temps iufqu'à la fin du Monde. Car les Cieux les plus hauts apres le premier Mobile, ont leurs mouuemens propres extremement lents : & la plus commune opinion de ceux qui font ce grand an le plus court difent (felon Macrobe) qu'il contient quinze mille ans Solaires, c'eft à dire de 365 jours fuiuant le cours du Soleil.

Macrob. in fomn. scip.lib 1.cap.1j

Berofe Chaldéen a tenu (comme V.

l.3.natu.
quæst.
cap.39.

tesmoigne Seneque) que les choses ter-riennes seront embrasées lors que tous les astres, lesquels à present ont divers cours, se rencontreront au signe de l'Escreuisse, tellement ordonnés & disposés en mesme passage qu'vne droite ligne puisse trauerser par leur rond. Ce sont les propres ter-mes de Seneque translatés mot à mot.

VI. Or ces deux opinions precedentes ayant esté iugées erronées des Chrestiens, il s'y en est pourtát glissé vne (à mon aduis) aussi faulse que celle-là: à sçauoir que le Prophete Elie Thesbite a predit que le monde doibt durer six mille ans: deux mille ans sans autre loy que celle de Nature, qui comprend le temps de la creation du Monde iusques à Moyse: deux mille ans auec la loy escrite, qui a duré depuis Moyse iusques à IESVS-CHRIST: & deux mille ans auec la loy de grace, qui est celle en laquelle nous viuons, & qui doibt durer iusques à la fin du monde. Et toutefois il est notoire que ce nombre de deux mille ans n'a esté accompli en pas vn des deux

Iren.l.5.
aduers.
haref.
Iustin.
Martyr.
quæst.
orth.72.
Lactant.

premiers temps, & pour le troisiefme nul n'en peut rien dire de certain. Mais la verité eſt que jamais le
Prophete Elie n'a predit ceci, ains
ç'à eſté vn Rabin Iuif de meſme
nom, & Cabaliſte, ainſi que remarque Genebrad tout au commencement de ſa Chronologie. Et neantmoins l'homonymie de ce nom
Elie a deceu & abuſé pluſieurs grãds
perſonnages & meſmes des ſaincts
Peres.

Mais encore entre toutes les opinions touchant ce ſubjet eſt la plus
ridicule celle de Leouice, lequel a
eſtimé que le Monde deuoit finir
en l'an 1583, à cauſe de la cõjonction
& rencontre des trois grands planetes, laquelle ſe deuoit faire céte
année-là : bien que céte meſme conjonction fuſt aduenuë plus de deux
cens cinquante fois auant qu'il naſ-
quit, & ce qui eſt de plus ſot en luy,
c'eſt qu'apres auoir fait ainſi ſa ſup-
putation, il dreſſe neantmoins des
ephemerides & prognoſtiques pour
pluſieurs années apres la fin du Mõde par luy predite.

VII.

cap. 14.
lib. 7.
diuini.
Inſtit.
Hilar.
can. 17.
in Matb.
Hieron.
in Micha.

IIX.

Pour mon regard ie me tiens à ce
que Dieu mesme en a dit, qui est *que*
les Anges qui sont au Ciel, ny mesme le
filz de Dieu (comme homme) *ne scait*
rien touchant le dernier iour, ains que
c'est vn secret reserué à Dieu le pere. Il y
a toutefois apparence que la loy du
fils de Dieu doibt durer plus long
temps que les autres deux, qui n'ont
esté que la figure & l'ombrage d'i-
celle.

Marc.13.
Math.
24.
Act. 1.

Soit assez arresté sur ces questions, lesquelles à la verité sont
plus propres à la Theologie qu'à la
Physique: toutefois par ce qu'il falloit establir la Nature par le moien
de ces principes de la naissance & de
la fin du Monde, i'ay voulu raporter
sur ce subjet les opinions des personnages signalés en probité & doctrine, & icelles examiner à la ba-
lâce de la raison, pour releuer en cela les esprits curieux d'vne laborieu-
se recherche.

Passons maintenant à d'autres a-
uant-propos plus affairans à nostre
subjet: & ayant proposé de discourir de la Physique ou science natu-

relle, voyons qu'eſt-ce que Phyſique & Nature.

De l'homonymie de ce mot Nature, & qu'eſt-ce que Phyſique?

CHAP. VI.

Sommaire.

I. *Par l'etymologie des mots on apprend que quelquefois la definition des choſes.* II. *Nature priſe pour Dieu.* III. *Pour l'ordre generalement eſtabli au Monde.* IV. *Pour le Monde.* V. *Pour vne puiſſance & faculté, ou impuiſſance & foibleſſe naturelle.* VI. *Pour naturel.* VII. *Pour le temperament des quatre premieres qualités.* IIX. *Pour le Principe du mouuement & repos: & la difference entre Nature, la choſe naturelle, & la choſe ſelon nature.* IX. *Qu'eſt-ce que Phyſique: & comment elle traite autrement des choſes naturelles que la Metaphyſique & la Logique.*

LEs Dialecticiens enſeignent que la definition eſt de deux ſortes: l'vne des mots, l'autre des choſes meſmes. La definition des mots eſt vne remarque de leur etymologie & deriuation, par laquelle nous apprenons l'origine & la ſource des mots impoſés aux choſes : c'eſt à dire, de quel autre mot ils ſont tirés. Et céte definition des mots eſt vn inſtrument fort vtile pour apprendre à parler proprement: par ce qu'il arriue ſouuent (lors meſmement que les noms ont eſté impoſés aux choſes pour deſigner leur nature) que par la definition ou etymologie des mots, nous entendons auſſi la definition des choſes, & par icelle leur nature & leur eſſence: comme nous en auons ici vn exemple. Car auſſi toſt qu'on ſçait que *Phyſique* vient de *Phyſis*, qui ſonne en Grec *Nature*, par meſme moié on apprend que la Phyſique eſtant vne ſcience, ce doibt eſtre la ſcience de la nature ou des choſes naturelles.

I.

Plato. in Cratylo.

Or d'autant que *Nature* est vn mot homonyme ou equiuoque, c'est à dire, signifiant choses diuerses, & ce tant en discours familiers qu'entre les Philosophes, il en faut distinguer les significations les plus notables. Premierement donc par la Nature nous entendons l'auteur & conseruateur de toutes choses, qui est la prouidēce diuine, ou Dieu mesme, ainsi que remarquent Seneque, S. Augustin, & Iules de l'Escale. Car en Dieu il n'y a rien separé de son essence : & en luy sont les communes Natures de toutes les choses du monde vnies de toute eternité à son essence, que Platon a appellé *Idées*, & Aristote *Vniuersels* : i'entens la premiere sorte d'vniuersels, dont i'ay discouru en ma Logique.

La Nature signifie aussi l'ordre & reglement generalement establi de Dieu au monde. Ainsi disons nous ordinairement que certaines choses arriuent selon la nature, d'autres contre nature, pour dire, selon ou contre le cours ordinaire & le reglement generalement

II.

Aug.l. 2 de Ciuit. Dei.c.8. sene.l.4. de benef. & lib.2. nat.q.ca. 45. Scal. exercit. 307.sect 29. in fine.

III.

establi en tout le monde.

I V.   D'ailleurs *Nature* se prend pour
le Monde ou pour l'vniuers ; & en
céte signification nous disons, *Tout
ce qui est en la Nature*, pour dire, tout
ce qui est au monde : & de mesme
que la Chimere n'est point en la nature,
c'est à dire , qu'elle n'est point en
tout le monde, qu'elle n'est point en
l'vniuersité des choses.

V.   En la quatriesme signification
Nature se prend pour vne habitude,
faculté, inclination , ou vertu innée
en quelque chose, & pour les qualités contraires à telles habitudes,
facultés, inclinations, ou vertus innées, que les Philosophes appellent
foiblesses & impuissances naturelles. Auquel sens nous disons que
l'hómme est de sa nature humain &
raisonnable, & la beste au contraire
farouche & irraisonnable. Que
l'aimant a la vertu ou faculté naturelle d'attirer le fer; mais que sa nature ne luy permet pas d'attraire de
mesme les autres metaux. Que la
queux a la faculté ou vertu naturelle de faire trencher l'acier: mais non
pas

pas pourtant de trécher elle mesme.

Pour la cinquiesme il faut obseruer que parlant des animaux, & spe-
cialement des hommes, *Nature* n'est
autre chose que ce que nous appellons plus proprement *Naturel*, à l'i-
mitation du mot Latin *ingenium* : &
sur tout encore quand on parle de
quelqu'vn en particulier : comme
quand on dit que Cæsar estoit cou-
rageux de son naturel, & Ciceron
craintif : que Caton estoit seuere, &
Scipion courtois : qu'vn enfant est
né aux lettres, & vn autre de naturel Martial.

La sixiesme signification vient de
l'vsage des Medecins, lesquels vsur-
pent le nom de Nature pour certain
temperament des quatre qualités
premieres, chaud, froid, sec, & humide.

La septiesme & derniere signification est prise d'Aristote : laquelle
ie veux ici raporter, comme la plus
propre à nostre subject, auec la difference qu'il met entre la Nature,
les choses naturelles, & ce qui est selon la nature. Il appelle donc Na-

VI.

VII.

*Galen.
lib. 3. de
tempe-
ram.*

*Aristot.
cap. 1.
lib. 2.
Physic.*

ture le principe & la cause qui fait que la chose en laquelle elle est de soy-mesme & non par accident, a mouuement & repos : & pour le dire en vn mot, par la Nature il entend la matiere & la forme: qui sont les principes de la conjonction & assemblage desquels les corps naturels resultent, & sont les causes de leur mouuement & repos, comme ie l'expliqueray plus amplement & commodemēt ci aprés.

au chap. 2. du liu. 3.

Par les choses naturelles, ou ce que nous apellons en termes de l'art *l'estant naturel,* il entend les corps resultans de l'vnion & composition de la matiere auec la forme: comme sont les Cieux, les Elemēs, & tous les corps naturels du monde tāt simples que meslés. *Par la chose selon la nature,* il remarque les accidens qui viennent & decoulent de la nature, estās cōme des influēces de ces deux principes: matiere & forme. En céte façon nous disons que mōter en haut c'est selon la nature du feu, & cheoir en bas selon la nature de la terre : qu'e-stre risible ou capable de rire c'est selon la nature de l'homme, & hennir selon la nature du cheual.

Aprés auoir ainsi esclarci & distingué l'homonymie de ce mot *Nature*, venons à la definition de la science naturelle que les Grecs appellent *Physique*. Physique donc n'est autre chose que la science des choses naturelles. En laquelle definitiõ *science* est le gére, & le reste c'est la difference par laquelle la Physique est distinguée des autres sciéces. Car bien que la Metaphysique traite des choses naturelles, si est-ce que cela se fait diuersement : d'autant que la Physique ne traite que des choses naturelles seulement, & ce en tant que naturelles, nõ pas en tát que simplemẽt elles sont : c'est à dire, elle ne cõconsidere pas leur estre simple, ains leur estre naturel, leur proprieté & accidens qui dependent de la nature : & au contraire la Metaphysique ne traite pas seulement des choses naturelles, mais aussi des surnaturelles : & ne considere pas tant leurs proprietés que leur estre : de maniere qu'il y a autant de difference en-

IX.

tre les deux, comme de confiderer
vn homme en tant qu'homme, ou
en tant qu'il eſt Roy, magiſtrat, noble, ou plebéen. : La Logique auſſi
traite des choſes naturelles és Categories, mais non pas pourtãt à meſme fin que la Phyſique : ains comme de toutes choſes tant corporelles qu'incorporelles, & tant ſubſtã-
ces qu'accidens : & ce en tant qu'elles ſont diſpoſées & rengées en dix
categories ou predicamens les vnes
au deſſoudes des autres, comme ſub-
jets ou attribués : pour ſeruir apres
à baſtir des enonciations, & des
enonciations les Syllogiſmes. Mais
d'autant qu'il y a diuerſes opinions
touchant le ſubjet de la Phyſique, il
en faut dire particulierement quelque choſe.

Du subject ou objet de la Physique.

CHAP. VII.

Sommaire.

I. Quelle doibt estre la correspondence entre vne discipline & son objet. II. Opinion 1. touchant l'obiet de la Physique. III. Opinion 2. IV. Opinion 3. V. Opinion 4. VI. Opinion 5. VII. Toutes ces opinions reuiennent à vne mesme estant bien entendues. IIX. Le vray & propre obiet de la Physique c'est le corps naturel en tant que naturel.

I L y doibt auoir tel raport & correspondence entre l'objet ou subjet de quelque discipline & la discipline mesme, que tout ce qui est traité en icelle soit son objet, se rapporte à iceluy, ou serue pour le moins à l'intelligence de ses preceptes: côme en l'Astrologie, le cours & mouuement des astres: en la Geo-

D iij

metrie, les lignes & dimensions: en
la Musique, les tons & cadences.
Mais c'est vne question fort agitée
entre les Philosophes scholastiques,
à sçauoir quel est cét objet en la Physique: lequel ils recherchent auec
tant d'altercation & de bruit, qu'o-
res que presque tous disent bien, a-
prés s'estre assez entre-chocqués &
heurtés, à faute de s'entendre ils se
condemnent les vns les autres. Or
toutes les opinions diuerses touchant céte question se peuuent rapporter à cinq principales.

II.   La premiere est de ceux qui sou-
stiénnent que la Physique traite de
l'estant mobile en tant que mobile: c'est à
dire, des choses subjetes à mouuement & changement en tant qu'elles sont ainsi mobiles, muables &
changeantes.

III.   La seconde de ceux qui establissent pour subjet de céte discipline
les choses mortelles & corruptibles.

IV.   La troisiesme de ceux qui aiment
mieux dire *les substances sensibles*, qui
sont les objets de nos sens externes,
à sçauoir de la veuë, de l'ouïe, de

l'attouchement, de l'odorat, du
gouſt.

La quatrieſme, de ceux qui tiennent que c'eſt le *corps mobile en tant
que mobile.* V.

La cinquieſme & derniere, de
ceux qui diſent que c'eſt *le corps naturel entant que naturel.* VI.

Or, comme i'ay deſ-ja dict, ces
cinq opinions-là ſont aſſez probables & receuables, voire meſmes
reuiennent preſque toutes à vne,
ſi chacun ne s'opiniaſtroit trop à deſtruire les autres pour fonder la ſiéne. Car il n'y a point d'*Eſtant* ou *mobile,* qui ne ſoit *ſubſtance ſenſible & corps
naturel* ny *corps naturel* qui ne ſoit
auſſi *mobile, changeant & corruptible.* VII.

Mais pour eſtablir proprement
& clairement l'objet ou ſubjet de la
Phyſique, on n'a que faire d'vſer des
mots *d'eſtant,* de *choſe,* ny de *ſubſtance,*
qui ſont trop generaux, puis qu'on
peut dire par vn genre plus ſubalterne & particulier que *le corps naturel entant que naturel* eſt le ſubjet de
la ſcience naturelle. I'aime mieux
dire *entant que naturel,* que comme IIX.

pluſieurs *entant que mobile* d'autant qu'*eſtre mobile* eſt vne qualité & proprieté qui ſuit de neceſſité à *eſtre naturel*: tellement qu'vn corps eſt mobile par ce qu'il eſt naturel. Et combien qu'il ne puiſſe auſſi eſtre naturel qu'il ne ſoit mobile: ſi eſt-ce que *naturel*, comme la cauſe, va deuant, & *mobile* ſuit, comme l'effect: ny plus ny moins que le jour ne peut eſtre ſans la preſence du Soleil en noſtre hemiſphere, ny le Soleil ne nous peut eſclairer ſans que ſoudain le jour apparoiſſe: & toutefois le Soleil, comme la cauſe du jour, doibt preceder, & le jour, comme l'effect, ſuiure ſelon l'ordre naturel. C'eſt pourquoy auſſi céte ſcience n'eſt point appellée *mobile*, ains *naturelle*, ayant prins ſa denominaiſon de la premiere & plus propre qualité de ſon objet: lequel auſſi luy eſt reciproque & fort aduenant: d'autant qu'elle ne traite que des corps naturels, de ce qui les regarde, ou qui ſert pour le moins à les recognoiſtre, eux, leurs accidens ou proprietés. Mais puis donc que le

corps naturel eſt le vray & propre
objet de la Phyſique, voions s'il y
peut auoir vrayement & proprement ſcience des corps naturels,
attendu qu'ils ſont tous mortels &
corruptibles en quelque façon, &
que la ſcience ne peut eſtre que des
choſes eternelles & neceſſaires.

Si la Phyſique eſt vrayement Science?

CHAP. IIX.

Sommaire.

I. *Diuiſion de la Science en Actuelle &
Habituelle.* II. *Diuiſion des ſciences
contemplatiues en trois eſpeces à ſçauoir
Metaphyſique, Phyſique, & Mathematiques.* III. *Obiection 1 pour monſtrer que la Phyſique n'eſt pas vrayement
ſcience.* IV. *Obiection 2* V. *Obiection 3.* VI. *Reſponce à la 1 obiection.*
VII. *Reſponce à la 2 obiection.* IL.
Reſponce à la 3 obiection.

D v

I.
*Au l. 1.
c. 3. & 4.*

RENVOYANT les plus curieux aux auant-propos de ma Logique pour y veoir amplement les diuisions & subdiuisions des arts & des sciences auec l'interpretation des noms Grecs qui leur ont esté imposés & sont encore retenus és langues vulgaires, ie repeteray seulement de passade que la science est *actuelle* ou *habituelle*. I'appelle science actuelle chasque particuliere cognoissance de quelque chose par sa propre cause: comme quand ie sçay que l'eclipse de la Lune aduient à cause de l'interuention de la terre entre elle & le Soleil, qui est cause que la Lune (laquelle n'a point de clarté d'elle-mesme, & n'en reçoit que du Soleil) ne pouuant estre illustrée des rais Solaires, deuient sombre & tenebreuse : c'est là vne science actuelle. L'habituelle n'est autre chose qu'vn grand ramas & assemblage de sciences actuelles qui se raportent & seruent à vn commun & general object: comme est la Physique ou Me-

taphyſique. Or ces deux ſortes de
ſcience ont eſté ainſi diſtinguées par
ces deux diuers noms, d'autant que
comme l'habitude s'acquiert par
pluſieurs frequentes actions : auſſi
la ſcience habituelle reſulte de pluſieurs ſciences actuelles, qui ſont
les effects des demonſtrations particulieres.

Cela ainſi entendu il eſt aiſé à juger que la Phyſique eſt ſcience habituelle : d'autant qu'elle contient
vne infinité de ſciéces, actuelles colligées par des particulieres demonſtrations : & à céte cauſe elle tient
rang entre les diſciplines theoreti-
ques ou contemplatiues, qui ſont
toutes ſciéces habituelles : deſquelles le Philoſophe a fait trois eſpeces. La premiere c'eſt la Theologie,
laquelle par vne dignité ſur-emi-
nente, que particulierement elle a
toutes les autres, a ſeule merité le
nom de Philoſophie ou premiere
Philoſophie, de ſapience ou ſageſſe,
de Metaphyſique ou ſcience ſur-
naturelle : la ſeconde c'eſt la Phyſique : & la troiſieſme ſorte eſt des

sciences Mathematiques, qui sont subdiuisées en quatre, l'Arithme-tique, la Geometrie, la Musique, & l'Astrologie. Mais pourtant à cause de l'object que nous auons establi en la Physique, à sçauoir *les corps na-turels*, il semble qu'elle doiue estre deplacée & rejettée du nombre des vrayes sciences pour trois raisons principales.

III.   La premiere est telle : Toute scié-ce est des choses eternelles & neces-saires, certaines & infallibles, selon l'autorité expresse du Philosophe. Or la Physique n'est point telle, tant par ce qu'elle est des choses cor-ruptibles, comme sont les corps na-turels : que par ce aussi qu'elle a des principes faux, incertains & trom-peux : comme que l'homme a deux yeux, deux bras, deux jambes : le cheual & le chien quatre pieds : & toutefois nous voions souuent des hommes, des cheuaux des chiens & plusieurs autres corps naturels mõ-strueux. Et partant la Physique ayãt les corps naturels pour objet, & d'ailleurs estant trompeuse en ses

Aristot. cap. 6 lib. 1. de Demõst. & cap. 8. lib. 6. Ethic.

principes & en ses preceptes, ne peut estre proprement & vrayemét science.

La seconde objection est qu'il n'y a point de science des choses infinies. Or les choses naturelles sont infinies & innombrables : car qui pourrroit nombrer ou seulement conceuoir le nombre des estoiles du Ciel, des animaux terrestres & marins, des herbes, des fleurs, des pierres : ou du sablon qui est au riuage de la mer ? Parquoy il n'y peut auoir science des choses naturelles.

IV.

La troisiesme c'est que le Phylosophe mesme dit qu'il n'y a point science des choses materielles. Or tous les corps naturels sont materiels : par consequent il n'y a point de science des corps naturels.

V.

Arist. l.7 Metaph. c.25.

C'est ce qu'ō peut obijcer sur ce subjet. Maintenāt il est question de respōdre par ordre à ces objectiōs. A la premiere, que celuy qui n'auroit egard qu'aux indiuidus & choses singulieres ne trouueroit rien en la nature qui se puisse garātir de la mort & de la corruption, & tomberoit

VI.

parce moien en l'erreur d'Heraclite & Cratyle, lesquels s'arrestans
aux seuls objets de leurs sens externes & voyant qu'en iceux il n'y a-
uoit rien de permanent & immor-
tel, conclurent quand & quand
qu'il n'y auoit point de sciéce. Mais
si nous releuons plus haut la conception de nos entendemens nous ju-
gerons bien qu'en la continuelle
succession des choses singulieres les
vniuerselles & communes natures
se conseruent & s'eternisent. Car
bien que chasque homme, chasquo
animal, chasque plante meure &
perisse auec le téps: si est-cepourtát
que la commune & vniuerselle nature des genres & especes, comme
l'homme, l'animal, la plante, ne laisse pas d'estre, se conseruant & per-
petuant en la succession des autres
qui naissent & se produisent jour-
nellement au monde. Or c'est des
vniuerselles & communes natures
que traite la Physique, non pas des
indiuidus & choses singulieres. Et
par céte mesme raison est renuersée
l'autre partie de cét argument, par

laquelle eſt conclud que les principes de la Phyſique ſont fautifs &
trompeux en ce que les proprietés
des choſes naturelles ne ſe rencontrent pas touſiours de meſme en
tous les corps naturels de meſme
eſpece . Car bien que cela arriue
quelquesfois, ſi eſt ce que c'eſt contre l'ordre generalement eſtabli par
la nature, laquelle taſche de produire toutes choſes en perfection,
non pas des monſtres. C'eſt pourquoy auſſi les Theologiens tiennent qu'à la reſurrection des morts
ceux qui auoyent eſté imparfaits en
céte vie renaiſtront parfaits & accomplis en tous leurs membres: les
bien-heureux afin de participer à la
felicité en toutes les parties de leurs
corps : les mal-heureux afin qu'ils
ſoyent tourmentés & affligés d'a-
uantage.

A la ſeconde objection il faut
reſpondre qu'ores que nous ne ſça-
chions & ne puiſſions comprendre le nombre des corps naturels
ce n'eſt pourtant pas à dire qu'il
ſoit infini ou innombrable. Car in-

Petr.
Lombar.
lib. 4.
diſtinct.
47.

VII.

fini est ce à quoy rien ne peut
estre adjousté: Et toutefois il est certain que le nombre des choses s'ac-
croit tous les jours par la continuelle generation & multiplication qui
leur est naturelle. Que si nous n'en
pouuons comprendre le nombre
c'est qu'il excede nostre capacité, non pas qu'il soit infini. Car vn
Ange le comprend bien & le sçait.
C'est pourquoy Apollon dans He-
rodote en l'oracle qu'il rend à Crœ-
sus roy de Lydie se vante de sçauoir
le nombre des grains du sablon &
goutes de la mer, respondant en céte sorte:

Et des grains du sablon & goutes de Ne-
ptune
Ie sçay le compte entier & nombre ius-
qu'à vne.

Et quand bien nous accorderiõs
que le nombre des corps naturels
est infini pour le moins à nostre respect & eu égard à la foiblesse de nostre entendement: si est-ce que nous
ressouuenant de ce que nous auons
desia dit que la science est des choses vniuerselles, non pas des singu-

Herod.
lib. 1.

lieres, il fera aifé de retrencher &
limiter céte infinité. Car la Phyfique ne traicte pas de chafque corps
naturel, ains (comme i'ay defia dit)
des genres, & des efpeces, & chofes
vniuerfelles.

A la troifiefme objection ie ref- I I X.
pons qu'Ariftote en ce lieu là, n'entend point par la matiere vn des
principes naturels , defquels nous
difcourrons ci-aprés, ains la corruption des chofes fingulieres : comme s'il vouloit dire qu'il n'y a point
fcience des chofes fingulieres par-
ticipantes d'vne matiere corruptible. Et voilà comment la Phyfique
eft vne vraye fciécé ores qu'elle n'ait
autre objet que les corps naturels:
lefquels il nous faut en fuite diftinguer des corps artificiels par quelques differences , & puis entr'eux
mefmes par quelques diuifions generales.

Diuision des corps naturels, & en quoy ils different des artificiels.

CHAP. IX.

Sommaire.

I. *Corps mot homonyme distingué en substance & Quantité.* II. *Corps artificiels quels.* III. *Difference 1 entre les corps artificiels & naturels, en la forme.* IV. *Difference 2 en la matiere.* V. *Difference 3 au mouuement.* VI. *Difference 4 en la faculté d'engendrer son semblable.* VII. *Diuisions & subdiuisions des corps naturels selon la table suyuante.*

Les corps naturels.

- Simples
  - Qui entrent en la composition des corps meslés : à sçauoir les 4. elemens, la Terre, l'Eau, l'Air, le Feu.
  - Qui n'y entrent point, comme les Cieux & les Estoilles.

- Meslez, ou Mixtes.
  - Parfaits,
    - Animés & viuans,
      - Sésibles, comme les animaus
        - Raisonnables, comme l'hôme seul.
        - Irraisónables, comme les bestes.
      - Insésibles, cõme
        - les metaux & les pierres.
    - Sans ame & sãs vie,
  - Imparfaits.
    - Meteores, comme la pluye, neige, gresle, foudre, &c.
    - Monstres.

I. ES Logiciens ſçauent que ce mot corps eſt homonyme & ſignifie quelquefois Quantité, quelquefois Subſtance. Quantité, lors qu'il ſe prend à la façon des Mathematiciens pour les trois dimenſions du corps naturel jointes & vnies enſemble, toutesfois conſiderées auec abſtraction & comme retirées de toute ſolidité & matiere : leſquelles dimenſions ſont longueur, largeur, eſpeſſeur. Il ſignifie auſſi, & plus ordinairement, la ſubſtance corporelle, comme vn homme, vn arbre, vne pierre &c. Et c'eſt en céte *ſeconde* ſignification que nous le prenons en la Phyſique : & ſe diuiſe & ſubdiuiſe en pluſieurs ſortes : comme ie monſtreray aprés auoir diſtingué les corps artificiels d'auec les naturels.

II. I'appelle corps artificiels, comme les maiſons, les ſtatües, veſtemens, ornemens, meubles, inſtrumens, onguens, medicamens, ſaulſes, & tous autres tels corps mixtionnés, ouuragés, figurés ou elabourés par l'induſtrie des hommes, & non produicts tels par la nature : lesquels ie veux distinguer des corps naturels par quatre notables differences.

La premiere c'est que la forme des corps artificiels est accidentaire, estrangere, & plustot vne figure qu'vne vraye forme : & la forme des choses naturelles est essentielle & celle qui dõne levrai estre à la chose.

La seconde, que le subjet de la forme artificielle est vne matiere jointe à sa forme & vn corps entier: & le subject de la forme naturelle c'est la matiere premiere, qui est informe de soy, toutefois susceptible de plusieurs & diuerses formes successiuement, comme nous monstrerons ci-aprés en son lieu.

La troisiesme, que les choses naturelles ont le principe de leur mouuement d'elles-mesmes & de leur propre nature, & les artificielles ne l'ont point de leur artifice ny comme artificielles, ains comme naturelles. Par exemple, vne statuë ne tõbe point à bas & à son centre parce que c'est vne statuë : ains par ce que c'est du metal, de la pierre, du bois,

III.

IV.

au chap. 4. du liu. 2.

V.

ou de quelque autre matiere graue
& pesante, laquelle naturellement
se meut en bas non pas en haut.

VI.   La quatriesme difference c'est que
la cause agente ou efficiéte des choses artificielles ne produit pas son
semblable, comme fait celle des
choses naturelles. Car encore que
chasque artisan besoigne selon son
art, & produise quelque effect de
son industrie, si ne sçauroit-il faire
artificiellement vn homme viuant,
quoy que les Poëtes en leurs fables
ayent attribué céte faculté à Dæda-
lus à cause de l'excellence de ses ou-
urages: mais naturellement vn hõme engendre vn homme, le cheual
vn cheual, & ainsi chascun son semblable: Voila comment il y a plusieurs grandes differences entre les
choses artificielles & naturelles.
Distingons maintenant par quelques diuisions & subdiuisions les
corps naturels entr'eux mesmes.

Phornu-
tus.

     La plus generale diuisiõ des corps
naturels c'est que les vns sont sim-
VII.   ples, les autres meslés mixtes ou
composés. Les simples sont ceux

qui ne font point meſlangés ny ra-
maſſés de la matiere d'aucuns autres
corps : & ſont de deux ſortes. Car
les vns entrent au meſlange & baſtiment des corps meſlés, à ſçauoir
les quatre elemens la Terre, l'Eau,
l'Air,& le Feu: les autres n'y entrent
aucunement, comme les Cieux, &
les eſtoiles. Des corps meſlés ou
compoſés les vns ſont parfaits, les
autres imparfaits. Les parfaits ſont
ceux leſquels s'engendrent en leur
lieu naturel, ſelon l'ordre naturel,
& ſont accomplis en leurs parties:
& ſe ſubdiuiſent encore en ceux qui
ſont animés & viuans, & ceux qui
ſont ſans ame & ſans vie: Des animés les vns ſont ſenſibles, comme
les animaux: les autres inſenſibiles,
comme les plantes. Des ſenſibles
les vns ſont raiſonnables, comme
l'homme ſeul: les autres irraiſonna-
bles, comme les beſtes deſquelles il
y a preſque infinité d'eſpeces. De
ceux qui n'ont point auſſi ame ny
vie il y a diuerſes eſpeces, comme
les metaux, les pierres, & toute ſorte de mineraux. Les corps impar-

faits sont ceux que les Grecs appellent *Meteores*, c'est à dire sublimes &
& haut esleués, comme les cometes, la pluye, la gresle, la neige, les
vents, & plusieurs autres dont nous
discourrós particulieremét ailleurs.
Or ces meteores sót dits corps imparfaits ou parce qu'ils ne sont pas
parfaitemét meslés de tous les quatre elemens : ou par ce qu'ils s'engendrent outre l'ordre naturel, qui
est que chasque chose produise son
semblable, & ce en son lieu naturel,
les choses terrestres en la terre, & les
aquatiques en l'eau : & la pluspart
des meteores, quoy qu'elles participent de l'eau ou de la terre, s'engendrent en l'air. D'ailleurs les Monstres sont aussi des corps imparfaits
par ce-qu'ils ne sont pas formés selon l'ordre de nature, soit à cause du
defaut ou de la sur-abondance de la
matiere, ou bien à cause d'vne extreme deformité.

Finalement on pourroit demander à ce propos soubs quel genre il
faut loger les corps des Anges : voire
mesmes ceux esquels les sorciers, &

Magiciens

Magiciens se transforment ou semblent se transformer. Mais dautant
que cela mesme est en doubte si les
Anges & les esprits ont des corps
naturels, & si les sorciers & Magiciens se peuuét trans former & tra-
duire leurs ames en d'autres corps,
il est preallable de vuider céte question par le moyen de laquelle on
apprend la decision de l'autre.

Si les Anges ont des corps naturels,
& si les Magiciens se peuuent
transformer.

CHAP. X.

Sommaire.

I. *Céte proposition n'est point article de*
foy. II. *Auteurs signalés qui tiennent*
que les esprits sont corporels. III. *Autres*
graues auteurs qui tiennent le contraire.
IV. *Opinion tierce qui tient comme l'en-*
tre-deux. V. *Opinion des premiers tou-*
chant les corps des mauuais Anges.
VI. *Opinion des mesmes auteurs touchãt*

E

les corps des bons Anges. VII. Que les apparitions des bons & mauuais Anges se font auec des corps empruntés. IIX. Le Diable ne se peut representer en forme humaine sans quelque deformité. IX. Incubes & Succubes. X. Apparitions des malins Esprits aux peuples infidelles. XI. Les Magiciens & sorciers ne se peuuent vrayement transformer. XII. Il n'y peut auoir de metempsycose & traduction de l'ame d'vn corps en autre. XIII. Les charmes ont plus de force à l'endroit de ceux qui ont foible foy, que de ceux qui l'ont ferme & asseurée.

Ꮮ.

SI l'Eglise auoit resolu céte question, à sçauoir si les Anges ont des corps naturels, ie ne la reuoquerois pas en doubte, ains dirois simplement qu'il en faudroit croire ce qu'elle en auroit determiné. Mais voyant que ce n'est pas vn article de foy (comme dit S. Thomas d'Aquin) & qu'on peut en croire ce qu'on veut, les Saints Peres aussi bien que les Philosophes estans ba-

q. disput.
16. art.
2.

dés les vns d'vn costé pour l'affirmatiue, les autres de l'autre pour la negatiue, il sera bien à propos d'en dire quelque chose.

II. Les auteurs les plus signalés qui
tiennét que les Anges ont des corps
naturels sont Apulée, Origene, S.
Ambroise, S. Basile, Iustin Martyr,
Psellus, Lactance: & mesmes S. Augustin, lequel le plus souuent en parle doubteusement, & plustot de l'o-
pinion des autres que de la sienne
propre : comme quand il dit ainsi:
*Ie n'oserois temerairement determiner si
les Esprits sont reuestus d'vn corps ramassé
d'air : Et ailleurs ; Les damons ont aussi
des corps ramassez d'air espez grossier et
humide, ainsi que des hommes sçauans escriuent.*

III. D'autre part il y a aussi des gráds
& renommés personnages tát pour
leur saincteté de vie, que pour leur
rare doctrine, qui tiénét que les Anges sont du tout incorporels : comme S. Denis Areopagite Apostre de
la France, Philon Iuif, S. Athanase,
S. Chrysostome, S. Thomas d'A-
in gen.Th.Aq.q.dis.16.a.1. Alb.l.2. de Tri.sc..ca.36 5.

Apulei.
lib.de deo
Socra.
Origen. 1
Periarch.
Amb.c.4
de Noë
arca.
Basil. ca.
16.de Sp.
sancto.
Ius.Mar.
in apol. 1
Psellus de
damoni.
Lact.l.2.
diu. Inst.
Aug.ca.
23.l.11.
de ciuit.
Dei c.23
l.15. eius.
op.l.12.
eius.oper.
Dionys.
Areo.de
diuin. no.
Phil Iud.
de Múdo.
Atha.de
com. esse
patris fil.
& sp.sã.
Ch.ho.21

quin, Albert le Grand, Iules de l'Escale, & l'ordinaire des Scholastiques. Voici ce qu'en dit Philon Iuif:
Les Anges sont des Esprits incorporels
& qui ne participent point d'vne nature
partie raisonnable & partie irraisonnable,
comme nous: mais estant exempts de la
partie irraisonnable sont des intelligences
du tout pures, & des formes separées de
toute matiere semblables à l'vnité : la-
quelle opinion me semble la plus
saine & la plus probable. Car si les
Esprits auoient des corps naturels,
ils seroient materiels, imparfaits &
subjets à corruption, non pas des
actes purs simples, & parfaits, comme Aristote mesme les a tres bien
appellés.

IV. Il y a encore comme vne moyenne opinion de sainct Gregoire & S.
Iean Damascene qui disent qu'au
respect de Dieu les Anges semblent
corporels, & au regard des hommes, ils semblent incorporels. Mais
cête opinion (quoy que d'autres
l'interpretent diuersemêt) me semble plustot prononcée par relation
& comparaison que par affirmatio;

comme s'ils euffent voulu dire, que
Dieu eft vn efprit fi tres-pur & fimple que les Anges, quoy qu'ils foient
auffi des Efprits purs & fimples, fēb-
lent toutefois à fon refpect corporels & reueftus de quelque matiere groffiere, de laquelle on les
void foudain defpouillés les para-
gonnant aux hommes : ny plus ny
moins qu'vn homme mediocremēt
vaillant femble lafche & coüard au
prix d'Achille, & tref-vaillant aux
prix de Therfite.

   Or pour retourner à l'examen
de la premiere opinion, la plufpart
des auteurs d'icelle mettent quelque difference entre les corps des
mauuais Anges & ceux des bons :
Car ils attribuent aux mauuais vn
corps d'air : lequel (difent-ils) eftoit
fimple & impaffible auant leur
cheute, comme celuy des bons eft
encore : mais defpuis leur cheute il
s'eft efpeffi, & condenfé par le voifi-
nage contagieux des chofes terreftres & groffieres : de maniere qu'il a
efté rendu paffible du feu, c'eft à dire, qu'il eft tourmenté par le feu qui

V.

 est preparé (dit l'Euangile) au Diable & à ses Anges. Toutefois ie ne
puis aucunement approuuer céte
opinion : d'autant que les malins
esprits peuuent estre tourmentés
par ce feu sans estre corporels ny
chargés d'aucune matiere aussi bien
que les ames des hommes damnés.

VI. Quant aux bons Anges ils leur
attribuent aussi mal à propos vn
corps d'air, combien que l'escriture
sainte leur semble donner des corps
Psalm. ignées & de feu, quand il est dit que
103. *les seruiteurs de Dieu sont vn feu ardent,*
Math. parlant des Anges : & ailleurs, qne
28. *leur aspect ressemble le foudre.* Mais ie
croy que par ce feu il vaut mieux
entendre vn feu spirituel & vne cha-
rité eschaufée que les bons Anges
ont enuers les hommes, qu'vn feu
materiel : ou bien ils sont appellés
feu pour monstrer leur agilité &
celerité. Car aussi en ce lieu-là l'Hebrieu *Ruchoth* & *Eslohet* vaut autant
à dire que *vens* & *feu foudroyant.* Et
pour céte mesme cause on a accoustumé de peindre les Anges auec
des æles.

Ie ne doubte pas que ces auteurs **VII.**
de la premiere opinion ne se soient
fondés sur certains lieux de l'escriture sainte esquels est fait mention
de l'apparition corporelle des Anges: comme à Abráam, à Loth, à *Genes.*
Iacob, auec lequel il est escrit que *18.19.*
l'Ange lucta toute la nuict, à Tobie, *32. Tob.*
aux Maries aprés la resurrection du *5.6. &*
fils de Dieu, & à plusieurs autres. *seq.*
Mais ils n'ont pas consideré que *Mat.28.*
les corps de ces Anges-là estoient *Ioan.20*
empruntés & non pas naturels: non *Luca.24*
plus que ceux des Diables, lesquels *Marc.16*
se representent non seulement auec
vne extreme deformité, mais aussi
en Anges de lumiere (comme parle
l'escriture) & mesmes en forme humaine ou de quelqu'autre animal
pour deceuoir plus facilement les
hommes.

Toutefois plusieurs tiennent **VIII.**
que jamais Dieu ne permet au diable de se transformer en aucune
sorte qu'il ne porte tousiours quelque marque de deformité en son
corps emprunté: comme s'il se presente en homme il aura des cornes.

E iiij

ou le nais crochu comme vn bec d'oiseau, ou des griffes de quelque beste farouche, ou les oreilles de quelque autre espece d'Animal: bref il ne sera pas accompli en tous les membres humains.

I X.   Anciénement entre les payens les mauuais Anges se manifestoient en incubes & succubes : *en incubes*, c'est à dire, en forme d'hommes qui se jettoient sur les femmes pour se joindre charnellement à elles: *en succubes*, c'est à dire, en forme de femmes qui se mettoiét soubs les hommes pour le mesme effect. Ils apparoissoiét aussi en autres diuerses formes, desquelles ils estoient appellés de diuers noms, comme *Faunes, Pans, Syluains, Satyres, Silenes, Nymphes, Lamies, Lemures, Manes, Larues, Lare, Penates.*

X.   Les historiens modernes escriuét qu'encore à present les peuples Indiens qui n'ont point receu la *foy* Chrestienne, sont extrememét affligés des malins Esprits qui se manifestent visiblement & corporellement à eux, les battent & les tour-

mentent en mille sortes. Et mesmes
les Carauannes (ce sont de grandes
assemblées de cinq, six, dix, vingt
mille personnes) passant par les sables & deserts d'Afrique sont souuent deceuës par les illusions des
malins Esprits, lesquels se presentent au deuant des passans en grand
arroy en guise de gens de cheual &
de pied, côme s'ils tenoient le droit
chemin & leur deuoient seruir de
guide asseurée : & en céte sorte font
fouruoier ceux qui les suyuent &
puis soudain disparoissent.

Quant aux Magiciens & sorciers **XI.**
il n'y a point de doubte qu'auec l'aide & mal-heureuse assistáce du Diable ils ne deçoiuent quelquefois les
hommes par des illusions & apparitions trompeuses : non pas pourtant qu'ils puissent prendre vn nouueau corps, & puis reprendre leur
corps naturel: mais c'est qu'ils char-
ment les yeux aux hommes de foible croyance. Ainsi disoit Virgile
que le berger Moëris (en la personne duquel il descrit vn sorcier) se
transformoit en loup & se cachoit

parmi les forests auec les bestes sau-
uages :

Virg.
Ecloga.8.

Par tels charmes i'ay veu Mœris se
transformer
D'homme soudain en loup, & aux bois
s'enfermer.

XII. Or pourquoy est-ce qu'ils ne peuuent changer de corps, la raison en
est irreprochable. Car si cela se pouuoit, il faudroit des'vnir le corps
d'auec l'ame pour la loger dans vn
autre corps : laquelle metempsycose & traduction de l'ame ne se
pourroit faire sans la mort : voire
mesmes la mort n'est autre chose
que la separation de l'ame d'auec le
corps.

XIII. D'ailleurs l'experience nous enseigne que ces illusions & apparitions des Magiciens & Sorciers ne
sont pas vrayes transformations.
Car il arriue souuent que les charmes vaincront la veuë de celui qui
aura vne foible & chancelante foy,
ou duquel l'ame sera souïllée de pe-
ché, & ne pourront aucunement
nuire à celuy qui aura vne foy asseurée, & sera en estat de grace. Ce

qu'ils fairoient egalement si la tras-
formation estoit veritable. Il seroit
trop long à raporter ici les exemples de plusieurs saincts personnages qui ont remarqué des dæmons
logés dans des corps morts conuer-
sans encore parmi les viuans, & les
ont miraculeusement chassés à la
veuë de ceux qui conuersoient auec
eux les croyans encore viure. Re-
solvons encore quelques questions
touchant ce mesme subjet.

Autres questions touchant le mesme subjet.

CHAP. XI.

Sommaire.

I. Qu'il n'y a point d'esprits ou dæ-
mons qui soyent mortels. II. Erreurs de
Plutarque & de Cardan. III. Les dæ-
mons n'engendrent point, & de quelle se-
mence ils accomplissent l'acte Veneréen a-
uec les femmes. IV. Erreur de Lactan-
ce & autres touchant la generation des

Geans.   V. Refutation de cét erreur.
VI. Des Genies.   VII. Des Lutins.
IIX.   Pourquoy les dæmons qui sont sur
la terre & dans les mines sont plus dan-
gereux que ceux qui sont en l'air & au
dessus de nous.   IX. Tous les mauuais
Anges sont damnés à eternité, mais non
pas egalement tourmentés.   X. Les mau-
uais Anges en quelque part qu'ils soyent
portent tousiours leur enfer auec eux.
XI. Les Anges sont en quelque lieu de-
finitiuement non pas circonscriptiuement.

LE subjet duquel nous auons discouru au chapitre precedét est si ample, & neantmoins rempli de tãt de curiosité, l'vne question entrainant l'autre, que ie suis contraint d'y arrester encore pour satisfaire à ceux qu'il me semble voir tous prests àme demander à ce propos la resolution des six questions qui s'ensuiuent.

La premiere, s'il y a des dæmons mortels?

La seconde, s'ils peuuent engendrer?

La troisiesme, s'il y en a de familiers comme celuy de Socrates ?

La quatriesme, si les Lutins sont
des malins esprits ?

La cinquiesme si les Lutins &
autres esprits vagabons qui ne font
pas beaucoup de mal, sont damnés
comme ceux qui sont en Enfer ? &
s'ils sont damnés, comment est-ce
qu'ils sont tourmentés estans hors
de l'Enfer ?

La sixiesme, si les Anges sont en
certain lieu, & s'ils occupent quelque place ?

Pour respondre donc Chrestien-
nement à la premiere des sus-dites
demandes, ie dis que Dieu n'a point
creé d'autres dæmons, Anges, ou esprits que ceux qui furent diuisés au
comencement en trois hierarchies,
& chasque hierarchie en trois or-
dres ou trois chœurs: plusieurs desquels ayant esté complices de la re-
bellion ambitieuse de Lucifer furent chassés & bannis du Ciel en
Enfer: & ceux qui ne branslerent
point furent maintenus en la gloire
celeste: toutesfois les vns & les au-

tres sont immortels, les bôs reseruês
à la felicité, les mauuais à la damna-
tion eternelle.

II. Ce que les anciens payens ont escrit touchant céte question ne sont
que fables & inuentiôs trompeuses
des dæmons mesmes & notammeut
Plutar. ce qu'en escrit Plutarque discourât
au traité de la fin des dæmons, & particulie-
des ora- rement de la mort du grãd Pan, faux
cles qui Dieu fort reueré des payens, lequel
ont cessé. (dit-il) mourut soubs l'Empereur
Tibere. Cardan escrit aussi que son
Cardan. pere auoit eu communication auec
lib. 20. certains dæmôs qui s'estoiët presen-
subtil. tés à luy en forme humaine: lesquels
entre autres choses luy auoient discouru de leur vie, de la durée d'icel-
celle, & comme ils estoient mortels.
Mais ie croy que Cardã ou son pere
ou tous les deux ensemble estoient
des menteurs, & ces dæmons-là encore plus qu'eux.

III. A la seconde il est aisé de respondre que puis que les dæmons n'ont
point de corps naturel, selon la vraye
opinion, ou pour le moins n'ont
point de corps mixte naturel (ainsi

que tous en demeurent d'accord)
ils ne sont point aussi capables de
generation . Ie ne reuoque pas
pourtant en doute qu'ils ne puissent s'accoupler charnellement a-
uec les femmes empruntans des
corps d'ailleurs, & de la semence
humaine, laquelle (comme dit Albert le Grand) ils recueillēt des pol-
lutions de ceux qui sont si abomi-
nables que de pecher par molesse,
offensans Dieu par vn acte plus sale
& plus dānable que plusieurs adul-
teres ensemble. Et comme tous
esprits sont extremement prompts
& actifs, aussi leur est-ce chose tres-
aisée de se faire & ramasser promptement vn corps de quelque matiere, & recueillir & eschaufer céte
semence humaine pour s'en seruir
à l'acte Veneréen : mais que pourtant telle semence auec toute leur
industrie soit apte à la generation
quelques vns l'escriuent, & le confirment par les dispositions & con-
fessions de plusieurs mal-heureuses
femmes qui auoient eu afaire charnellement auec le Diable : des œu-

ures duquel aucunes ont accordé
auoir conceu & enfanté certaine
engeance maigre, famelique, & de
courte vie. Mais veu que ces pollu-
tions & transport de la semence humaine ne se peuuent faire sans que
les esprits, qui sortent auec elle ser-
uans à la generation, se dissipent, il
n'y a aucune apparence que telle semence soit apte à la generation,
quoy que die Bodin. Ioinct que ie
n'adjouste pas foy volontiers à ces
femmes-là qui ont esté instruites à
l'eschole du pere de mensonge.

Et m'estonne que Lactance auec
plusieurs autres grands personnages soit tombé en vn erreur si grossier que de se persuader mesme que
les bons Anges ayent anciénement
engendré les Geans desquels l'escriture saincte fait mention en ces termes: *En ce temps-là il y auoit des Geans
sur la terre. Car despuis que les fils de Dieu
se furent conioints auec les filles des hommes, & qu'elles eurent enfanté, ces Geans
sont des puissans personnages renommés de
tout temps.* Ici Lactance & les autres
qui l'ont suyui en son erreur par *les*

*Bodin en
sa dæmo.*

IV.
*Lactan.
Firm.lib.
2. Instit.
cap. 15.*

Gen. 6.

fils de Dieu ont entendu les bons Anges qui sont donnés aux hommes
pour leur sauuegarde : lesquels (dit-
il) par la hantise qu'ils auoient auec
les femmes aux premiers siecles du
monde, s'amouracherent d'elles, se
conioignirent charnellement auec
elles, & de céte conjonction furent
engendrés les Geans, lesquels ont
esté mesmes celebrés par les anciens
Poëtes :

> *Les farouches Geans monstres fils de la*
> *Terre*
> *Entreprirent hardis contre Iupin la*
> *guerre,*
> *Entaßant monts sur monts pour enua-*
> *hir les Cieux,*
> *Et s'y establißàt en desloger les Dieux:*

Ouid. lib.
5. Fastor.

Mais, comme remarquent tres-
bien les saints Peres, & particulierement S. Chrysostome, cela ne se
peut entendre des Anges, ains seulement des hómes : tant par ce que les
Esprits n'ayant point de chair n'ont
point aussi de concupiscence char-
nelle : & que d'ailleurs jamais en
l'escriture les Anges ne sont appellés *enfans de Dieu*, ains ce tiltre est at-

V.

Chrysost.
in 6.
Genes.

tribué seulement aux hommes :
comme à Israël qui est appellé
l'aisné des enfans de Dieu. Que si
ceux là de la côtraire opinion obij-
cent à Sainct Chrysostome que
dans Iob les Anges sont appellés *fils
de Dieu* il est aisé à respôdre que c'est
suiuant la version commune : mais
qu'à l'Hebrieu il y a *Anges*. Ainsi
donc en ce lieu là par les fils de Dieu
le Prophete entêd les descendans de
Seth & Enos, qui auoient esté ag-
greables à Dieu, & pour l'amour
d'eux leur posterité retenoit encore
ce nom-là. Ioinct qu'il est dit en suite au mesme chapitre que ces fils de
Dieu se marierent aux belles femmes qu'ils auoient choisies : ce qui
ne se peut dire des Anges. Et encore apres il est escrit que Dieu irrité
de leur incontinence dit qu'il ne
permettroit point que son esprit
demeurast plus en l'homme, par ce
qu'il estoit chair, lequel il raseleroit
de dessus la face de la terre, comme
il fit par le deluge. Et par ainsi tout
cela se raporte à l'homme non pas à
l'Ange. Encore ay-je remarqué vn

paſſage dans le Prophete Baruch, où
ce qu'il eſt dit expreſſément que ces
Geans eſtoient des hommes ignorans, rudes & groſſiers, ſe confians
ſeulement en leurs forces corporelles ce qui ne peut aucunement con-
uenir aux Anges.

Baruch.
cap. 3.

A la troiſieſme queſtion ie dis
auec le Maiſtre des Sentences que
nous auons tous vn bon & mauuais
Ange, que les Latins appellēt *Genie,*
l'vn pour nous induire à bien faire,
l'autre pour nous exercer par tenta-
tions & ſuggeſtions ſiniſtres : mais
d'autres dæmons familiers outre
ceux-là, il n'y a que les Magiciens &
ſorciers qui en ayent, comme nous
liſons de Socrates, de l'eſprit duquel
les anciens auteurs racomptent pluſieurs merueilles & particulieremēt
Plutarque & Apulée. Ie croy que
Pythagoras en auoit auſſi quelqu'vn. Cár nous liſons qu'il faiſoit
quelquefois des traits d'inſigne Ma-
gicien : comme lors qu'il fut veu en
meſme temps en deux diuers lieux
fort eſloignés & diſtans de pluſieurs
journées l'vn de l'autre : & lors que

VI.

Petr.
Lombar.
lib. 3.

Ælian.
lib. 4. de
var. hiſt.

publiquement aux jeux Olympi-
ques il fit voir qu'il auoit l'vne de
ſes cuiſſes d'or : & que paſſant le
fleuue Coſa il fut ſaliié à haute voix
de ce fleuue, *A Dieu Pythagoras*, ou
pluſtot par quelque dæmon, auec
admiration de ceux qui paſſoiét en
ſa compaignie.

VII.   A la quatrieſme queſtion on peut
reſpondre que les Lutins ſont des
eſprits & dæmons du nombre des
damnés : leſquels toutesfois ſont
moins tourmentés que d'autres,
par ce qu'ils ne furent pas auteurs
de la reuolte de Lucifer, ny de ſes
principaux complices : ains ſeulement de ceux qui y preſterent quelque leger conſentement. Que s'ils
ne font pas touſ-jours du mal, c'eſt
que Dieu ne leur permet pas : mais
pourtant ils ne font jamais du bien.

IIX.   Il y a de bons & graues autéurs
qui croyent que par tous les elemés
il y a quelque eſpece de tels dæmós,
& que ceux qui voiſinent de plus
prés la terre ſont les plus dangereux:
& encore ſur tous les autres ceux
qui ſont dans les concauités & en-

trailles de la terre comme l'esprou-
uent souuent ceux qui trauaillent
aux mines : d'autant que ces lieux-
là approchent plus du centre de
la terre , où ce qu'on dit estre
l'Enfer , & par ainsi il est vray-
semblable que ceux-ci estans les
plus proches du lieu de leur supplice eternel, sont ceux qui ont le plus
griefuement offensé Dieu , & par
mesme moien plus ennemis & enuieux du genre humain, qui doibt
vn jour occuper la place bien-heu-
reuse de laquelle ils ont esté dechaf-
fés.

La cinquiesme question a deux LIX.
branches. A la premiere d'icelles
ie respons que quant à l'eternité des
peines ces esprits vagabons & tous
les autres mauuais Anges sont également damnés: mais quant à la gra-
uité du tourment que les vns en ref-
fentent moins que les autres, selon
qu'ils offenserēt plus ou moins auāt
leur cheute & de mesme sera des
hommes. Car tout ainsi que les
bien heureux serōt releués en gloire les vns plus que les autres , &

neantmoins tous eternellement
contens : de mesme les damnés seront moins affligés les vns que les
autres, bien que tous soiét eternellement mal-heureux & desespe-
rés.

X.   A l'autre branche de céte question ie respons que tous ces dæmós
damnés portent tousiours quand &
eux leur enfer, c'est à dire, leur peine
& tourment auec la priuation de
grace, comme fait le limaçon sa co-
quille : mais qu'à la fin du monde
tous seront relegués en vn mesme
enfer auec les hommes damnés.

XI.   La resolution de la sixiesme c'est
que les Anges sont en quelque lieu
(comme les Scholastiques disent
en propres termes) definitiuement
non pas circonscriptiuement, c'est à
dire, ils sont en quelque lieu limité
& defini en sorte qu'estant ici ils ne
peuuent estre ailleurs, ny agir en diuers lieux : mais pourtant ils n'y sót
aucunement arrestés, & n'occupent
point de place : si bien qu'vn millier
d'Anges peut estre en vn poinct, &
soudain ailleurs d'vn bout du Mon-

de à l'autre sans qu'ils puissent estre
retenus par les corps solides, qui ne
leur resistent point: car au contraire
les Anges trauaillent & penetrent
tout en vn moment : & n'occupant
point de lieu, n'ont point de corps:
& n'ayant point de corps ne sont
point de l'obiet de la Physique, ains
plustot de la Metaphysique.

Apres auoir monstré que les corps
naturels sont le subject de la Physique, il faut voir quels sont leurs
principes & les causes de leur estre.

Fin du premier liure.

LE
SECOND
LIVRE DE LA
PHYSIQVE OV
Science naturelle.

Les diuerses opinions des anciens Philosophes touchant les principes des choses naturelles

CHAP. I.

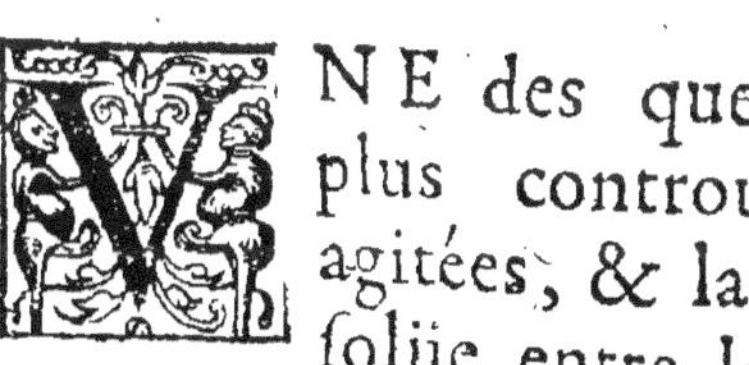

VNE des questions les plus controuersées & agitées, & la moins resolüe entre les anciens Philosophes c'est celle qui regarde l'establissement des principes natu-rels. Car presque tòus ont eu en cela leur opinion particuliere, ainsi que remarquent Platon, Aristote, Plutarque, Plotin & autres graues

Plato in Theæt. & So-phista.

F

& anciens auteurs.

Heraclite & Hippase ont estimé que le feu estoit seul & vray principe de toutes les choses naturelles: qu'elles auoient pris leur commencement & premier estre du feu, tout ainsi que par iceluy mesme elles deuoient estre en fin embrasees.

Anaximenes, & Diogenes Apolloniate disoient que c'estoit l'air: par ce qu'il est sousple, flexible, & par ce moien (ce leur sembloit) susceptible de toutes formes.

Thales Milesien, l'eau, par ce que l'humide lie & entretient toutes les choses animées, & leur defaillant, qu'elles defaillent, se dissoluent, & meurent.

Le Poëte Hesiode a escrit que c'estoit la Terre, estant sortie du Chaos qui a esté le principe de toutes choses; & l'appelle fabuleusement la femme du ciel, parce que par le moyen des celestes influences la terre produit toutes choses.

O Enopides le feu & l'air.]

Hippus Rhegien le feu & l'eau.

On amacrite le feu, l'air, & l'eau.

Empedocles fut vn des premiers qui remarqua les quatre elemens, le feu, l'air, l'eau, & la terre : y adjoustant deux facultés ou puissances naturelles, qu'il appelloit *accord* & *discord* : desquelles la premiere seruoit à l'vnion & generatiõ des choses : l'autre à la dissolution, ruine & destruction.

Xenophanes Colophonié & Melissus ont tenu que tout ce qui est au monde n'estoit qu'vne mesme chose infinie, & Parmenides vne mesme chose finie : contre lesquels Aristote a fort disputé. Toutefois aucuns pour les excuser escriuent qu'ils ont voulu dire que toutes choses venoient d'vn seul principe qui est Dieu infini. Mais c'est recourirà la premiere & generale cause des causes, tant des choses naturelles que sur-naturelles.

Lib. 1.
Phys.

Anaximander s'a imaginé vne autre sorte de principe infini se fondât sur l'infinité des choses qui sont au monde, & qui s'y engendrent continuellement les vnes après les

autres sans qu'il specifiast autremét
qui ou quel estoit cét infini.

Anaxagoras Clazomenien disoit
que toutes choses estoient engendrées des *homœomeries*, c'est à dire de
certaines petites pieces & parcelles
toutes semblables lesquelles venant
à se ramasser & joindre ensemble
produisoyent toutes choses.

Archelaus Athenien a creu que
c'estoit plustot vn air infini, duquel
toutes choses estoient produites
selon qu'il estoit rare & attenué, ou
espessi & condensé.

Zareta Chaldéen a estimé que la
lumiere & les ténebres estoient co-
me le pere & la mere dont toutes les
choses du monde estoient engendrées.

Pythagoras, lequel eut de son
téps plus de vogue que nul des autres, soustenoit que les principes
des choses naturelles consistoient
en l'harmonie & conuenance des
nombres, mesmement de la dixai-
ne, en laquelle il establissoit la perfection des nombres : parce qu'a-
pres auoir compté iusqu'à dix, il

faut reprendre l'vnité.

Epicure & Democrite apres Leucippus Eleate & Mochus Phœni-
cien se phantasierent des atomes
pour les principes des choses naturelles: entendans par ces atomes
des corps indiuisibles, & inuisibles,
& perceptibles par le seul entēde-
ment, ou plustot par leur seule phā-
tasie.

Zenon disoit que Dieu & la matiere estoyent les vrais principes de
la nature.

Socrates & Platon (bien que
Platon soit en ceci fort variable)
adiousterent l'idée à ces deux autres
principes de Zenon: entendans par
les idées certaines essences incorporelles qui estoyent en l'entende-
mēt de Dieu, au modele desquelles
il produisoit toutes choses: s'imagi-
nant en cela Dieu comme vn artiste
humain, lequel auant produire
quelque ouurage de son art, le conçoit dans son entendement, & puis
le dresse & le forme au type & mou-
le de sa conception: dequoy il a e-
sté à tres-iuste occasion repris par

son disciple Aristote, ainsi que i'ay
monstré en ma Logique.

Or auec le temps toutes les sus-
dites opinions ont esté iugées erronnées & ineptes, & comme telles
rejettées, & celle d'Aristote a esté
seule receuë : lequel a establi trois
principes des choses naturelles, la
Matiere, la Forme, & la Priuation.
Et bien qu'aucuns y ayent voulu gloser, si est-ce qu'eux & leurs
escrits sont morts, & la gloire tres-
celebre d'Aristote leur a tousiours
suruescu, sa doctrine ayant esté em-
brassée des Theologiens & Philosophes de tous les siecles passés, &
entre toutes les nations qui ont eu
en quelque estime les bonnes letres, & mesme entre les Chrestiens
qui enseignent publiquement ses liures, leur attribuant tãt de poids &
d'autorité, que ce qui est contenu en
iceux est tres-rarement reuoqué en
doubte.

Sans qu'il soit donc besoign de
combatre les erreurs des autres
Philosophes desia abbatuës, ny
prouuer celle d'Aristote qui est ap-

prouuée de tous les grands & signa-
les Philosophes qui ont esté iusques
à nostre temps, il nous faut premierement discourir en gros & en general sur ces trois principes, & particulierement de chascun d'iceux.

Des trois principes des choses na-
turelles, Matiere, Forme, &
Priuation.

CHAP. II.

Sommaire.

I. *Quels doiuent estre les principes*
des choses naturelles. II. *Pourquoy les*
principes ne peuuent estre faits d'ailleurs.
III. *Pourquoy ils ne peuuent estre faits*
l'vn de l'autre. IV. *Que toutes choses*
sont faites de ces trois principes. V. *Com-*
ment on peut colliger le nombre de ces trois
principes. VI. *La matiere & la forme*
sont principes & causes essentielles, & la
priuation seulement accidentaire. VII.
Enquoy consiste la contrarieté des principes
naturels.

F iiij

*Arist. c. 5
l. 1. Phy.*

I. **L**Es principes des choses naturelles (dict le Philosophe) doiuent estre tels qu'ils ne *soyent pas faits d'ailleurs, ny l'vn de l'autre entr'eux-mesmes, & neantmoins que toutes choses soient faites d'iceux.* Laquelle définition ou plustot description & peinture des principes a trois chefs.

II. Le premier, *qu'ils ne soyent pas faits d'aucune autre chose :* d'autant que s'ils estoyent faits de quelque autre chose, ils ne seroient pas vrayement principes, & le commencement de toutes les choses qui s'engendrent au monde. Car principe en Latin est autant à dire que *commencement* en nostre langue.

III. Le second, *qu'ils ne soyent pas faits aussi l'vn de l'autre entr'eux mesmes.* Ce qui se doibt entendre quant à la nature ou essence. Car la forme se produit bien & resulte de la faculté & puissance de la matiere, c'est à dire, de l'aptitude naturelle qui est en la matiere à receuoir successiuement diuerses formes : mais pourtant el-

Ie ne reçoit pas ſon eſſence & ſa nature de la matiere : non plus auſſi
de la Priuation, c'eſt à dire, de l'abſence & perte de la forme precede-
dente, bien que par le moien d'icelle elle s'inſinuë & ioigne à la matiere : Par exemple, quãd d'vn grain
de ſemence s'engendre vne plante,
la matiere c'eſt ce grain, lequel eſt
apte à receuoir la forme de la plante, & de céte faculté ou aptitude
naturelle prouient la forme de la
plante : cela neantmoins ne ſe peut
faire que par la priuation de la precedente forme du grain. Et en céte
ſorte ſe transforment & engédrent
toutes les choſes naturelles, excepté le ſeul homme, duquel la forme eſt diuine, comme ie diray ci-
apres.

Le troiſieſme chef de la ſuſdite definition des principes c'eſt
que d'iceux toutes choſes doiuent eſtre fai-
ctes & engendrées. Car toutes en dependent & ſans eux ne ſçauroyent
eſtre produites en la nature : voire
meſines les deux premiers, qui ſont
la matiere & la forme, ſont cauſes

Au ch:4
de ce li-
ure.
IV.

E v

essentielles de toutes les choses naturelles, comme nous verrons en
suite.

V.   Or il est aisé à colliger mesme de
la generation des choses naturelles
qu'il n'y a que ces trois principes
d'icelles. Car premierement y est
requis le subject qui doibt estre
transformé & changé, à sçauoir la
matiere, non pas auec la mesme
forme precedente (car en céte sorte
rien ne pourroit s'engendrer) ains
auec la priuation d'icelle : laquelle
priuation comme second principe, fait qu'vne nouuelle forme, qui
est vn troisiesme principe, s'introduisant en la matiere, d'vne chose en renait vne autre.

VI.   Toutefois il y a grand difference
entre ces trois principes. Car la matiere & la forme qui entrent en la
composition & bastimét de la chose engendrée sont principes essentiels d'icelle : mais la priuation, qui
n'est autre chose que la cession, l'absence, & le deslogement de la forme
precedente pour en introduire vne
autre, est vn principe seulement ac-

cidentaire, neantmoins auſſi requis
à la generation que les autres deux:
par ce que ſi la matiere n'eſtoit priuée de ſa forme precedente, nulle
autre forme n'y pouuant ſucceder,
la place eſtant encore occupée, rien
ne s'engendreroit au monde : comme ſi l'œuf n'eſtoit priué de ſa forme d'œuf, c'eſt à dire, s'il demeuroit
toufiours œuf, jamais il n'en pourroit eſclorre vn poulet. La matiere
eſt ſemblable à vne heredité laiſſée
par teſtament, laquelle ne peut eſtre
acquiſe à l'héritier que par le decés
du teſtateur. Car de meſme il faut
que la forme precedente ſe perde,
pour faire que la matiere ſoit acquiſe & acommodée à vne nouuelle
forme.

De ceci bien entendu on peut en- VIII.
core remarquer la contrarieté des
principes. Car ny la forme ny la
priuation ne ſont point contraires
à la matiere : mais ſeulement la forme & la priuation ſont contraires
entr'elles, en ce que la forme pre-
ſuppoſe l'eſtre, & la priuation le
non eſtre. Et par ainſi il n'y a que ces

deux principes contraires. Car si
tous trois l'estoient, & mesmement
la matiere & la forme qui demeurent en la composition des choses,
comment est-ce qu'ils pourroient
estre joints & vnis ensemble? ou l'e-
stant, comment pourroyent-ils subsister, veu qu'il y auroit vn continuel
debat entr'eux, qui perdroit soudain le subjet ? Voila ce qu'il faut
entendre en gros & en general touchant les trois principes des choses
naturelles. Mais il y a encore plusieurs belles, rares & difficiles re-
marques sur chacun d'iceux, ausquelles il nous faut vn peu arrester:
& sur tout à la matiere, qui est de
beaucoup plus longue & difficile
consideration que les autres. Et
dautant que ce mot, *Matiere* est ho-
monyne, il faut au preallable distinguer ses diuerses significations.

Des diuerses significations de ce mot, Matiere.

Chap. III.

Sommaire.

I. Distinction 1 *de la matiere en trois diuerses significations, en laquelle, de laquelle, & enuers laquelle.* II. Distinction 2 *de la matiere, en mediate & immediate.* III. Distinction 3 *de la matiere, en premiere & seconde.*

E plusieurs dictinctions & diuisions de Matiere, i'é veux rapporter seulemét trois les plus notables. La premiere c'est que la matiere peut estre considerée en trois façons.

I.

Premierement en tant qu'elle est le subjet & le siege de la forme & des accidens. Ainsi le corps humain est le siege de l'ame raisonnable, qui est sa forme, & des accidens, comme

sont les quātités, qualités & autres.
En second lieu la matiere peut estre
cósiderée en tant que d'icelle se fait
quelque chose ; comme de la pierre,
du bois, ou du metal se fait vne statue. Pour le troisiesme, la matiere
se prend pour le subiet de l'agent:
ainsi le bois est le subiet du feu, en
tant que le feu agit contre luy en le
bruslant. Et toutes ces trois sortes
de matiere sont appellées des Philosophes en termes fort propres &
artificiels, *matiere en laquelle, de laquelle, & enuers laquelle. En laquelle*
la forme & les accidens sont comme en leur subjet: diuersement toutefois, ainsi qu'il sera dit ci-aprés en ce mesme liure. chap. 6. *de
laquelle* on fait quelque chose: *enuers
laquelle* quelque chose agit.

*Materia
in qua,
ex qua,
& circa
quam.*

II. La seconde distinction c'est que la
matiere est esloignée & mediate, ou
prochaine & immediate. La matiere esloignée & mediate c'est celle
qui ne peut estre jointe à sa forme
que par plusieurs remuëmens & alterations. Ainsi les quatre elemens
sont la matiere esloignée de tous les

corps meſlés : d'autant que d'iceux
nüement pris les corps meſlés ne
ſont pas compoſés, ains ſeulement
apres qu'ils ont eſté meſlangés,
broyés, & confus les vns auec les
autres, ainſi que nous dirons plus
amplement ailleurs. La matiere immediate c'eſt celle qui reçoit imme-
diatement vne nouuelle forme. Et
en céte ſorte les ſemences tant des
animaux que des choſes inanimées
ſont la matiere prochaine & immediate des corps qui s'engendrent
d'icelles.

au chap. dernier du liu.6.

La troiſieſme diſtinction c'eſt que **III.**
la matiere eſt ou premiere, ou ſeconde. La matiere premiere eſt le
premier principe des choſes naturelles, & la premiere piece qui entre au baſtiment & compoſition d'i-
celles, conſiderée toutefois ſans forme ny accident quelcõque : de maniere que c'eſt vne choſe toute men-
tale & intellectuelle. Car en effect la
matiere ne ſe peut trouuer en la nature ſans quelque forme & ſãs accidés : toutefois pour mieux & plˀ ſimplement la conſiderer, il eſt beſoing

que par le discours de la raison nous
la separions de toute forme & accidens, la conceuant ainsi nüement
& simplement. A céte cause aussi est
elle appellée *premiere*, par ce qu'il la
faut conceuoir deuát la forme, puis
qu'elle est le subjet qui reçoit & la
forme & les accidens. La matiere seconde c'est en effect la mesme que
nous auós appellée premiere, jointe
neantmoins à sa forme, & non pas
considerée nüement & simplement
comme l'autre. Or quand nous parlons de la matiere comme principe
des choses naturelles, nous entendons seulement la matiere premiere : c'est donc de celle-la qu'il nous
faut particulierement discourir.

De la matiere premiere, premier principe des choses natu-relles.

CHAP. IV.

Sommaire.

I. *La matiere premiere est d'vne consi-deration fort abstruse & mal-aisée.* II. *Sa definition.* III. *Similitude 1 pour ex-primer la matiere premiere.* IV. *Simi-litude 2.* V. *Similitude 3.* VI. *Com-ment est-ce qu'vne mesme matiere s'ac-commode à diuerses formes.* VII. *Rai-son 1 pour monstrer l'estre de la matiere premiere: & comment est-ce que la forme resulte de la puißance d'icelle matiere.* IIX. *Raison 2.* IX. *Raison 3.* X. *Rai-son 4.*

LA matiere premiere est d'v-ne consideration si abstru-se & obscure que plusieurs grands Philosophes n'en pouuant conceuoir l'estre, ont dit qu'elle n'e-

I.

ſtoit point & ne pouuoit eſtre en la
nature des choſes : & les plus clair-
voyans ont aſſeuré qu'elle ne pouuoit eſtre cogneuë que d'vne cognoiſſance oblique, gauche, & ba-
ſtarde , comme diſoit Platon: ou
par quelque analogie, raport, & reſ-
ſemblance , ainſi qu'Ariſtote meſme a confeſſé. S. Auguſtin eſcrit à
ce propos *qu'ignorant la matiere pre-*
miere nous la cognoiſſons, & la cognoiſſant
nous l'ignorons: par ce qu'elle eſt (diſoit
tres-bien Ægidius) comme les tenebres:
leſquelles nous apperceuõs ne voyãt rien: &
voyãt nous n'apperceuons pas les tenebres.
Ainſi eſt il de la matiere premiere,
laquelle il faut conſiderer ſans aucune forme ny accidens: qui ſont
comme la clarté, par le moien de laquelle nous apperceuons l'eſtre des
choſes:& la conſiderant en céte ſorte, nous ne la voyons pas, & ne la
ſçaurions trouuer telle en la nature.
Or donc afin que nous en puiſſions
donner quelque cognoiſſance, il
nous faut premierement eſtablir ſõ
eſtre,ſes qualités, & fonctions tant
par ſa definition , que par ſimilitu-

Plato in
Timæo.
Ariſtot.
cap. 7.
lib. 1.
Phyſic.
Auguſt.
lib. 12.
confeſſ.
cap. 5.
Ægid.
lib. 5.
hexam.
cap. 3.

des & puis par raisons solides : & a-
pres nous respondrons aux argumens de ceux qui taschent à la destruire & rascler tout à fait de la nature.

La *matiere* (dict le Philosophe)
c'est le premier subjet , duquel , en tant
qu'il demeure,toutes choses naissent de soy,
principalement & non par le moyen d'au-
truy, & c'est la derniere piece en laquelle
les choses se resoluent & se terminent. Laquelle description sembleroit obscure aux apprentifs si ie ne leur es-
clarcissois mot à mot. Il appelle dõc
la matiere *le premier subject* , pour
monstrer qu'il parle de la matiere
premiere: *subject* , par ce que c'est à
icelle que les formes sont jointes &
accouplées & que d'icelle , comme
du premier suppost & de la premiere piece,les choses sont engendrées.
En quoy la matiere est differente de
la forme : par ce que la forme n'est
que le second principe & la seconde
piece des choses naturelles. Par ces
mots, *entant qu'il demeure,* la matiere
est distinguée de la priuation : d'autant que la priuation ne demeure

II.

Arist. c.
6 lib. 1.
Phys.

point en la chose transformée, bien qu'elle soit principe, si fait bien la matiere auec la forme : & *ce de soy, principalement, & non par le moyē d'autruy :* pour monstrer que c'est vn vray principe, lequel ne depend aucunement de pas vne autre cause naturelle. Apres tout il est dit que *c'est la derniere piece en laquelle toutes choses se resoluent & se terminent :* parce que tout ainsi que c'est la premiere piece qui entre au bastiment des choses, aussi faut-il que ce soit la derniere en la resolution & destruction d'icelle. Car (comme nous auons desia mōstré) la forme se change & se renouuelle à toute generation: mais la matiere demeure tousiours.

III.   Voilà quant à la definition de la matiere. Maintenant il la faut representer par quelques analogies & similitudes tirées des choses artificielles. Tout ainsi donc que l'artisan ne peut faire vne statue, vne chaire, ou vn coffre sans quelque matiere: de mesme la nature ne sçauroit rien produire sans quelque matiere.

Comme le potier fait d'vne mef- **IV.**
me terre vne infinité de vafes diuers
à fa volonté: ainfi d'vne mefme matiere la nature produit tant & tant
de chofes diuerfes qu'on void iournellement naiftre & mourir au
monde.

Ny plus ny moins que d'vne mef- **V.**
me cire on peut former diuerfes
chofes, & que de la mefme piece
qu'on a figuré vn cheual on peut
mouler vn chien, & apres vn oifeau,
vn poiffon, ou quelqu'autre chofe
que ce foit : de mefme auffi la nature transforme diuerfement céte matiere laquelle eft foufple, flexible, &
fufceptible de diuerfes formes,
comme la cire l'eft de diuerfes figures.

Mais encore quelqu'vn pourroit **VI.**
ici doubter de ce que la matiere premiere eft dite vn mefme & cõmun
fubject de toutes les formes, veu
qu'elle fe diuerfifie & cháge auec la
diuerfité & changemét des formes:
de forte que la matiere d'vn œuf
femble toute autre chofe que la matiere d'vn poulet & matiere des fe-

mences des animaux & des plantes
toute autre chose que les animaux
ou les plantes mesmes. Lequel doute est aisé à esclarcir en apprenant
que la quantité est compaigne in-
separable de la matiere, & non pas
de la forme : que cête quantité ne
change pas quant à l'essence, ains
seulement quant aux accidens &
dimensions:& ce pour s'accommoder aux formes à mesure qu'elles
succedent les vnes aux autres en
icelle matiere: tellement que selon
qu'il est besoign elle s'estéd, se grof-
sit,& endurcit: ou bien se restreint,
s'attenue, & ramollit : & par ainsi
chasque forme à vne parcelle de cête matiere, l'vne plus grande, l'autre
moindre, selon qu'il luy en faut par
l'ordre establi de Dieu en toutes les
choses naturelles. Que si quelquefois il est produit des monstres ou
par vne sur-abódáce & superfluité,
ou par vne insuffisance & defaut de
matiere, l'erreur ne vient pas pourtant de la nature, ains de quelque
accident : comme nous móstrerons
ailleurs, lors que nous discourrons

de la generation des monstres. VII.

Or il ne suffit pas d'auoir representé la matiere par similitudes, qui fer-
uent plus pour enseigner, que pour
en tirer vne suffisante preuue : mais
il faut faire encore voir son estre de
plus pres, à l'imitation de ceux lesquels ayant quelque chose de rare
chez eux, pour y attirer le peuple,
en produisent seulement le pourtrait au dehors & en public, & puis
font voir la chose mesme dans leur
logis. Premierement donc céte matiere estāt le premier subjet & principe des choses naturelles, elle ne
peut estre faite ny tirée d'aucun autre subjet : ou bien il faudroit dire
que ce mesme subjet seroit tiré d'vn
autre, & celuy-ci encore d'vn autre
iusques à l'infinité, qui est contre nature : ou si on en trouuoit le bout
ce seroit céte mesme matiere de laquelle nous parlons. Et par ainsi ne
pouuant estre faite d'vn autre, il faut
qu'elle ait esté creée de Dieu au cō-
mencement du monde : (car c'est à
luy seul auquel appartient de créer,
c'est à dire, de faire quelque chose

de rien :) non pas pourtant qu'elle
demeuraſt comme vn chaos, ou vne
maſſe informe : mais bien en meſme temps qu'elle fut creée, elle fut
bigarrée & diuerſifiée d'autant de
formes qu'il y eut de choſes crées.
Et combien que (ſomme nous auõs
monſtré ci-deuant) toutes choſes
ayent eſté creées en meſme temps &
en vn inſtant : ſi eſt-ce que ſi nous
conſiderõs certain ordre en la creation du monde, il faut de neceſſité
conceuoir la matiere auant la foi-
me, comme le ſubjet & le ſuppoſt
d'icelle, auquel ſe produit par vne
viciſſitude & entreſuite naturelle la
diuerſité des formes : Ce que les
Phyſiciens diſent en leurs termes
que la forme eſt tirée de la puiſſance de la
matiere : c'eſt à dire, que la forme
reſulte de la faculté, puiſſance, diſpoſition ou aptitude naturelle qui
eſt en elle à receuoir ſucceſſiuement
diuerſes formes. Ainſi les ſemences
des animaux & des plantes ayant en
ſoy la diſpoſition de la forme des
animaux ou plantes ſemblables à
celles dont elles ſont ſorties, il faut
que

au liu. 1.
chap. 2.

que d'icelles s'engendrent des animaux & des plantes de mesme espece.

Il est vray que la forme du seul **VII.**
homme en est exceptée, d'autant
qu'elle ne resulte point de céte faculté ou aptitude materielle, ains *Creando*
est creée de Dieu sur le poinct que la *infundi-*
matiere est disposée au ventre de la *tur &*
mere à receuoir sa forme, qui est l'a- *infundē-*
me raisonnable : & (comme par- *do crea-*
lent les Theologiens) *elle est creée &* *tur.*
infuse en mesme temps. Et mesmes Ari- *Aristot.*
stote a cogneu que céte forme ve- *cap. 3.*
noit d'ailleurs que de la matiere. *lib. 2. de*
generat.
animal.

Pour vne seconde raison, l'estre **IIX.**
de la matiere premiere separée de
toute forme se peut prouuer en céte
sorte. Les choses sont dictes auoir
estre en deux façons, ou de soy, ou
relatiuement & au respect de quelque autre chose. Par exemple, si vn
arbre est consideré en soy, on void
bien que c'est vrayement & d'effect
vn arbre. Que si on considere que
de ce mesme arbre on peut faire vn
lict ou vn coffre, on peut dire que
par puissance c'est vn lict ou vn cof-

G

ſtre, on peut dire que par puiſſançe c'eſt vn lict ou vn coffre. Ainſi donc ſi la matiere eſt conceuë en ſoy, elle eſt ſans doubte actuellement & d'effect : mais ſi elle eſt conſiderée au reſpect des diuerſes formes, deſquelles elle eſt naturellement ſuſceptible, elle n'eſt telle ny telle choſe que par faculté, puiſſance & aptitude.

IX. En troiſieſme lieu, lors que le feu agiſſant contre l'eau, la tourne en feu, la matiere demeure touſiours : de maniere que cela meſme qui eſt changé en feu n'eſtant plus eau, eſt-ce que nous appellons matiere premiere.

X. Pour vne quatrieſme raiſon on peut argumenter ainſi : Tout ce qui eſt fait & engendré en la nature, eſt fait & engendré de quelque choſe qui eſtoit auparauant. Or ce n'eſt pas de la forme : car la forme nouuelle reſulte de la matiere par la priuation de la precedente : il faut donc que ce ſoit cela meſme que nous appellons matiere premiere.

Il ne ſuffiroit pas d'auoir eſtabli

par toutes ces raisons l'estre de la
matiere premiere, si nous ne respõ-
dions aux raisons & argumés qu'on
peut alleguer au contraire.

---

*Resolution des argumens qui con-
cluent qu'il n'y peut auoir de
matiere premiere separée
des formes.*

Chap. V.

Sommaire.

I. *Argument* 1 *pour destruire l'estre
de la matiere premiere.* II. *Argument*
2. III. *Response au* 1 *argument.* IV.
Response au 2. *argument.* V. *Que Dieu
peut faire subsister la matiere premiere
sans aucune forme.*

L se fait vn si grand
bruit entre les Scho-
lastiques touchãt l'e-
stablissemẽt de la ma-
tiere, que si ie voulois
m'arrester à l'appaiser de tous cõ-

ſtés i'y perdrois trop de temps, &
encore apres tout ie craindrois d'y
auoir mal employé ma peine. C'eſt
pourquoy ie me contéteray d'auoir
raporté ci-deſſus ce qui eſt des cou-
ſiderations de ce ſubjet, & reſpondray en ſuite aux principales raiſons
de ceux qui veulent bifer de la nature céte matiere, qui eſt le fondemét
de toutes les choſes naturelles: &
choiſiray ſeulement deux de leurs
plus forts argumens , les ruines
deſquels deſtruiront ſoudain les
autres.

I. Le premier donc eſt tel : La matiere ne ſe peut trouuer en la nature
ſans quelque forme: or la matiere
jointe à ſa forme n'eſt plus ſimplement matiere , non plus que ſimplement forme , ains vne ſubſtance
parfaite & accomplie & vn vray
compoſé: par conſequent il n'y peut
auoir de matiere premiere en la nature.

II. L'autre argument eſt fondé ſur
ce dileme:& la matiere premiere eſt
quelque choſe elle eſt ſubſtance ou
accident. Or elle n'eſt ny ſubſtance

ny accident : fubftance par ce qu'il
n'y a point de fubftance (pour le
moins materielle & corporelle) sás
forme : accident, d'autant qu'eftant
accident elle ne pourroit pas eftre
principe ny partie des fubftances :
car la fubftance eft le fubject & le
fondement des accidens, non pas
l'accident des fubftances, comme
j'ay enfeigné en ma Logique. Partant il n'y a point de matiere premiere en aucune forte.

Voilà comment procedent ces
deux argumens. Le premier defquels conclud mal, inferant qu'il
n'y a point de matiere premiere de
ce que nulle matiere ne peut eftre
apperceuë fans forme. Car encore
bien qu'en toute la nature il n'y
ait point de matiere fans forme : fi
eft-ce que cela n'epefche pas qu'autre ne foit l'effence de la matiere
nüement prinfe, autre celle de la
matiere jointe à certaine forme, &
que ie ne la puiffe conceuoir en ce-
fte forte fans aucunement deroger à
l'ordre naturel, tout ainfi que nous
confiderons ordinairement les ver-

III.
liu. 3.
chap. 6.

G. iij

tus, les vices, les couleurs, les dimensions & les autres accidens hors.
de leur subjet, ores que jamais ils ne
soyent separés d'iceluy : & pareillement les substances sans auoir aucun égard à leurs accidens, qui ne
peuuent estre ailleurs qu'en icelles.
C'est pourquoy les anciens payens
ne recognoissant pas que Dieu auoit
creé céte matiere aussi bien que les
formes au commencement du môde, & jugeant neantmoins que c'e-
stoit quelque chose separée des formes s'imaginerent vn chaos, vne
masse confuse & informe respon-
dante à céte matiere premiere, de laquelle ils ont fait naistre toutes choses. Ce qu'a voulu donner à entendre Ouide en ces vers,

Ouid.
lib. I.
Meta-
morph.

> *Auant que le Ciel fust ny la terre, ny*
> *l'onde,*
>
> *La nature n'auoit qu'vn seul aspect au*
> *monde,*
>
> *Qu'vne face confuse appellée chaos,*
>
> *Masse lourde & pesante embrouillée*
> *en vn gros*
>
> *Où sans nul ordre estoyent de tant &*
> *tant de choses*

Que produit l'vniuers les semences en-
closes.

Et mesmes il semble que Moyse
descriuant la creation du monde se
soit accommodé (comme i'ay dit
ci-deuant) à l'ordre naturel, representant tout au commencement
céte premiere matiere par ces mots
tenebres, eaux, abysme, vuide, comme
le principe de toutes les choses qui
furent creées.

Genes. 1.

Au second argument il faut respondre auec céte distinction : que
la matiere n'est point accident, ains
substance, non pas toutefois substance parfaite & complete, comme celles qui sont en la categorie
de substance : ains imparfaite incomplete, & (pour le dire court)
vne demi-substance : d'autant qu'elle n'est qu'vne piece de la substance
entiere : qu'elle merite neantmoins
le nom de substance, par ce qu'elle
subsiste de soy-mesme & n'est point
en aucun subjet.

IV.

Laquelle response est fondée sur
la doctrine du Philosophe : mais
pourtant elle ne satisfait pas à toute

V.
Arist. c. 1
lib. 2. de
anima.

forte de gens, & particulierement
à Sainct Thomas d'Aquin & ses
sectateurs lesquels souftiennent que
telle matiere n'eft point en la nature, & n'y peut eftre aucunement voire mefmes que cela re-
pugne tellement à la nature que
Dieu mefme ne peut faire qu'elle
subfifte ainfi denuée de toute fór-
me. Mais céte opinion eft trop hardie, fort erronnée, & comme telle
a efté reprouuée de Scot le fubtil, &
de plufieurs autres qui conuain-
quent S. Thomas par fon propre
dire : car il accorde bien que Dieu
peut faire que l'accident fubfifte en
la nature hors de fon fubjét: comme
mefme tous les vrais Chreftiens
croyent que tous les accidens du
pain font au S. Sacrement de l'Eu-
chariftie fans le pain: & les accidens
du vin fans le vin : bien qu'il femble
y auoir beaucoup plus de repugná-
ce en ceci qu'à faire fubfifter la matiere fans forme : d'autant que la
matiere n'a pas befoign d'aucun fujet ny de fuppoft, eftant elle mefme
le fubject & le fuppoft de toutes au-

tres choses naturelles : & que l'accident ne peut naturellement subsister sans subject. Disons donc que cela n'est point repugnant à la nature & moins encore à la puissance diuine qui est infinie & par dessus toute la nature, & ores que la matiere ne se trouue point separée des formes, que neantmoins c'est vne chose distincte & separée en essence de la forme, voire mesmes, qu'elle precede la forme en la consideration de la generation des choses naturelles. Soit assez arresté à la matiere : passons aux autres deux principes.

De la forme second principe des choses naturelles.

CHAP. VI.

Sommaire.

I. Quest-ce que forme ? II. Quest-ce qu'il faut entendre par ces mots puissance & acte ? III. La forme humaine

& les formes aſſiſtantes ſont incorrupti-
bles. IV. Forme c'eſt à dire beauté.
V. La forme eſt autrement en la matiere
que les accidens. VI. Pourquoy eſt-ce
qu'il n'y a auſſi bien vne forme premiere
comme vne matiere premiere?

I.   A Forme c'eſt vne ſubſtance incomplete, im-
parfaite, & (comme i'ay
dit ci-deuant de la ma-
tiere) vne demi-ſubſtance, laquelle
jointe à la matiere fait vne ſubſtance entiere. Mais pour en tracer vne
deſcriptiõ plus philoſophique nous
pouuons dire que *la forme c'eſt le ſe-*
cond principe, la ſeconde piece, & le ſecond
ingredient des choſes naturelles, qui reßent
l'aſte & non pas la puißance. En ce que
ie dis que c'eſt la ſeconde piece des
choſes naturelles, elle eſt diſtinguée
de la priuation, laquelle n'entre
point en la compoſition d'icelles, &
en ce que j'adiouſtequ'elle reſſét l'a-
ſte non pas la puiſſance, c'eſt pour la
faire differer de la matiere : dautant
que la matiere reſſent la puiſſance
II. non pas l'aſte.

       Or ces mots *puißance & aſte* ſont
termes artificiels & fort ſignifica-

tifs. Car par la puissance il faut ici
entendre vne partie grossiere & le
subject de corruption : & par l'a-
cte vne chose simple & exempte de
corruption quant à soy : car la forme est corruptible non de soy, mais
à cause de la matiere, laquelle comme par vne contagion naturelle la
rend corruptible.

Toutefois cela n'est pas ainsi de
toutes formes, ains seulemét de celles qui sont tirées de la puissance
& dispositió materielle. C'est pourquoy la forme humaine, qui est l'a-
me raisonnable, ayant pris son origine de la diuinité, est incorruptible
& immortelle. Il y a aussi certaines
formes qui sont appellées *assistantes
& non informantes*, c'est à dire, qui
regissent & gouuernent quelque
chose sans estre causes de son estre,
lesquelles formes sont pareillement
incorruptibles : en laquelle signification les Anges & Intelligences
qui regissent le mouuement des
Cieux, sont appellées par le Philosophe les formes des Cieux.

Fourme en Latin c'est à dire beau-

III.

*Arist. 2.
de cælo.*

IV.

té : par ce que c'est elle qui embellit la matiere de soy toute grossiere, informe, & difforme : voire mesmes celle qui donne l'estre à la chose, & l'estre c'est la beauté mesme. A cau-se dequoy le Philosophe dit que *la matiere appete & desire la forme comme la femelle le masle*, pour monstrer l'imperfection de la matiere sans l'accouplement de la forme.

Arist. c. 9. li. 1. Physic.

V. Or quand nous disons que la forme est jointe & accouplée à la matiere, cela ne se doibt pas entendre comme des accidés en leur subjet. Car la forme est vnie auec la matiere comme partie du composé, c'est à dire, comme vne des deux pieces requises au bastiment d'vn corps naturel : au lieu que les accidens ne sont ny de l'essence, ny aucunement parties de leur subjet : jaçoit qu'ils soyent quelquefois appellés formes accidentaires, jamais essentielles.

VI. A ce propos quelque gentil esprit pourroit s'enquerir pourquoy est-ce qu'il n'y a pas aussi bien vne for-me premiere commune à la matie-

re, comme il y a vne matiere premiere commune à toutes formes ?
A laquelle demande il faut respondre que la forme est celle qui ne dō-
ne pas seulement l'estre aux choses,
mais aussi qui les diuersifie & fait
distinguer les vnes des autres : &
par ainsi que la nature qui se plait à
la diuersité & varieté ne peut permettre qu'il y ait vne mesme forme
commune à toute matiere, comme
il y a vne matiere commune à toutes formes: d'autát que s'il n'y auoit
qu'vne mesme forme, comme vne
mesme matiere, toutes choses ne seroyent pas seulement semblables,
mais aussi vniformes & vnes mesmes. Voilà pour le regard des deux
principes essentiels, lesquels demeurent au composé. Reste maintenant à discourir de la priuation,
qui est le troisiesme principe, toutefois accidentaire & passager.

De la Priuation, troisiesme principe des choses naturelles.

Chap. VII.

Sommaire.

I. *Qu'est-ce que Priuation.* II. *Que la Priuation est le principe de l'estre, encore qu'elle signifie non estre.* III. *La Priuation en qualité de principe est quelque chose, parce qu'elle est consideree en la Matiere, non pas nuëment en soy-mesme.*

 A Priuation principe accidentaire & passager est la perte de la forme qui estoit au precedent en la matiere. Ie l'appelle principe accidentaire & passager à la difference de la matiere & de la forme: parce qu'il n'est point de l'essence da la chose composee, ny partie d'icelle & ne demeure aucunement en elle, comme la matiere &

la forme : ains cedant & comme
quittant la place à la nouuelle forme, il paffe, s'efuanouit & fe perd:
toutefois eftant la ruine & deftru-
ction d'vne chofe c'eft la caufe accidentaire de la naiffance d'vne autre.
Car jamais vne chofe n'eft priuée de
fa forme qu'il n'en renaiffe en mefme temps vne autre : comme auffi
au rebours vne chofe ne peut naiftre, qu'vne autre ne change de forme, c'eft à dire, qu'elle ne meure &
fe corrompe.

Il y a plufieurs perfonages de grãd   II.
leçon & de bon jugement, toutefois
ignorans de la Philofophie, lefquels
font fi defdaigneux qu'ils mefprifét
tout ce qu'ils ne peuuent entendre
d'eux-mefmes, tãt ils fõt malades de
la philautie & trop bõne opiniõ de
foy-mefme, & ne ceffent de mordre
& reprendre les vns & les autres en
ce qu'ils n'ont iamais appris. Telles
gens pourroyent ici faire les poin-
tus & les moqueurs à l'imitation du
fieur de Montaigne (qui a efté d'ailleurs homme de tref-gentil & fubtil efprit) difant que c'eft folie d'ê-

ſtablir laP riuation qui ſignifie le nõ
eſtre, pour vn principe de ce qui
doit eſtre. Mais il eſt aiſé de les pre-
uenir leur enſeignát ce que j'ay deſ-
ja dit, que la priuation n'eſt pas vn
principe eſſentiel & qui donne l'e-
ſtre ou partie de l'eſtre à la choſe,
ains que c'eſt ſeulement vn principe accidentaire, qui ne demeure
point en la choſe engendrée, mais
qui ſe perd en meſme temps que la
nouuelle forme y ſuccede : que c'eſt
toutefois vn principe neceſſaire à la
generation des choſes, par ce que
rien ne ſe peut engendrer que par la
priuation de la forme precedente.

III.   D'ailleurs il faut entendre que la
priuation priſe nuëment & ſimplement en ſoy n'eſtant rien, eſt neantmoins quelque choſe en tant que
principe de la generatiõ : par ce qu'é
céte ſorte elle eſt conſiderée non pas
en ſoy, mais en la matiere. Tout
ainſi que quand nous parlons de l'a-
ueuglement ou ſurdité hors de tout
ſujet ce n'eſt rien, ains c'eſt la priuation de la veuë on de l'ouïe : mais ſi
nous les conſiderons en quelqu'vn

nous les comptons pour quelque
chofe. Ainfi eft-il de la priuation
dont nous traitons. Car en tant que
c'eft fimplement la perte d'vne forme ce n'eft rien : mais en tant que
cela aduient à la matiere & que c'eft
la caufe qu'vne autre forme fuccede
en icelle comme vn nouuel heritier
par le decés du dernier poffeffeur,
elle eft à bon droit appellée principe, non pas toutefois permanent,
mais paffager : non pas effentiel,
mais accidentaire.

Iufques ici a efté affés difcouru fur
les trois principes & caufes de la generation des chofes naturelles.
Maintenant il faut dire auffi quelque chofe des autres caufes qui regardent les changemens & proprietés d'icelles.

Des quatre causes Efficiente, Matiere, Forme, & Fin.

CHAP. IIX.

Sommaire.

I. *La cognoissance des causes est fort necessaire à toutes sciences & sur tout à la Physique.* II. *Comment est-ce qu'on collige le nombre des quatre causes.* III. *La fin de la generation est vniuerselle ou particuliere.* IV. *Qu'il y peut auoir plusieurs causes d'vn mesme effect.* V. *Les causes peuuent estre reciproquement causes les vnes des autres.* VI. *Qu'vne mesme cause peut causer des effects contraires.* VII. *Causes precedentes & proches ou posterieures & reculées.* IIX. *Causes de soy & causes par accident.* IX. *Causes simples & causes conjointes.* X. *Causes actuelles, ou seulement par puissance.*

APRES que le Philo-
sophe a traicté des
principes & causes
de la generation des
choses naturelles, il
traite en suite de toute sorte de causes: parce que l'intelligence d'icelles
est fort requise & necessaire pour
acquerir la parfaite cognoissance
des choses, qui s'appelle proprement science: laquelle nous ne pouuons auoir que par le moien de
leurs causes. Mais encore cela est
requis plus particulierement au
Physicien ou Naturaliste, d'autant
qu'à tout propos il fait mentiõ des
causes. Toutefois par ce que i'en ay
discouru en ma Logique, & que la
matiere & la forme, qui sõt les plus
importantes, doiuent estre assez co-
gneuës par ce que i'en ay dict ci-
dessus, ie trencheray court ce discours des causes.

Les anciens Philosophes n'ont
point esté d'accord touchãt les causes, & le nombre d'icelles : ainsi que
remarque Plutarque. Mais despuis
qu'Aristote a monstré qu'il n'y pou-

I.

au liu. 7.
chap. 15.

II.
Plutar.
lib. 1.
deplaci.
philoso.
cap. 11.

uoit auoir que quatre causes, tout
ainsi qu'il n'y a que quatre questiõs
ou demãdes qui se puissẽt faire touchant la production de leurs efects,
son opinion a esté tousiours receuë
& approuuée. Or ces quatre questions sont: *Par qui? dequoy? Comment?
& à quoy ou pourquoy?* lesquelles regardent la cause efficiente, la matiere, la forme, & la fin, & ne s'en peut
faire d'autres : & partant il n'y peut
auoir que ces quatre causes. Par
exemple, quand quelqu'vn deman-
de, *qui a fait céte statue:* ou céte pein-
cture? telle question regarde la cause efficiente, qui est le sculpteur ou
le peintre. Et si on demande, *dequoy
est elle faite?* cela regarde la matiere
soit bois, marbre, métal, ou quelqu'autre matiere que ce soit. Et cõ-
tinuant encore, *comment est-ce, ou d'où
vient qu'elle represente vn homme?* on
respondra, parce qu'elle a la forme,
ou plustot la figure d'vn hõme. Car
des choses artificielles on dit plus
proprement la figure que la forme.
Mais si on demandoit *comment est-ce
que l'homme est homme?* c'est par le

moien de sa forme, qui est l'ame raisonnable. Et apres tout si on s'en-
quiert *pourquoy ou à quelles fins* quelque chose est faite, cela regarde la
cause finalle : laquelle est la premiere en l'intention & la derniere en
l'execution. Ainsi on se propose de
bastir vne maison pour y habiter,
mais l'habitation suit apres tout.

Ie diray encore sur la cause fina-   III.
le, que la fin de la generation des
choses naturelles est vniuerselle ou
particuliere : l'vniuerselle, c'est la
prouidence de Dieu ou de la Nature, qui tend à conseruer toutes les
especes qui sont en l'vniuers: la particuliere regarde les indiuidus &
choses singulieres. Et à céte cause
tous les animaux ont en soy vn appetit naturel de generation pour la
conseruation de leur espece: & d'ailleurs chascun en l'indiuidu & en
particulier desire procréer son semblable.

Apres auoir ainsi establi le nombre des causes, le Philosophe nous
enseigne qu'il faut remarquer trois
choses sur ce subject.

IV. La premiere qu'il y peut auoir
plusieurs causes d'vn mesme effect,
à parler toutefois des diuerses sortes de cause , comme vne matiere,
vne efficiente , vne forme, vne fin:
car il n'y peut pas auoir plusieurs
matieres ny plusieurs formes , si ce
n'est és choses artificielles.

V. La seconde, que les causes peuuent estre reciproquement causes
les vnes dés autres. Ainsi l'exercice
est la cause efficiente de la santé : &
la santé est la cause finale de l'exercice , c'est à dire la cause pour laquelle on fait exercice.

VI. La troisiesme, qu'vne cause peut
produire des effects contraires, mais
positiuement l'vn, & priuatiuement
l'autre: c'est à dire, qu'estant presente & employée il s'en ensuit vn certain effect : & par son absence ou
esloignement vn autre effect contraire. Ainsi le Soleil par sa presence
nous apporte le jour & la clarté, &
par son absence nous cause la nuict
& les tenebres. Et pareillement
quand il est monté au haut de nostre hemisphere dardant ses rais à

plomb & en droite ligne fur nos teftes, il nous apporte le chaud & l'efté : & fe retirant & eſloignant de nous & dardant obliquement fes rais, il eſt cauſe du froid & de l'hyuer.

Pour vne plus claire intelligen-ce de toute forte de cauſes, il les nous faut encore diſtinguer par quelques diuifions & fubdiuifions. La premiere c'eſt que des cauſes les vnes font precedentes & plus proches, les autres poſterieures & plus reculées. Par les precedentes & plus proches il faut entendre les fingulieres & moins vniuerfelles, & par les poſterieures & plus reculées les plus vniuerfelles. Ainſi Phidias eſt la cauſe precedente & plus pro-chaine de la ſtatuë qu'il a fait : & le fculpteur eſt vne cauſe plus reculée : & l'artiſan encore vne cauſe plus eſloignée que le fculpteur. Ce qu'on peut aiſément comprendre par l'or-dre qui eſt gardé és demandes tou-chant l'effect. Car ſi quelqu'vns s'en-quiert, qui a fait céte ſtatue ? on reſ-pondra Phidias, & apres cela, qui

VII.

eſt-ce Phydias? c'eſt vn ſculpteur: &
apres encore, qu'apellés vous ſculpteur? c'eſt vne eſpece d'artiſan.

IIX. La ſeconde diuiſion c'eſt que des
cauſes les vnes ſont de ſoy & proprement cauſes, & les autres ſeulement par accident. Et en céte ſorte le ſculpteur eſt de ſoy & proprement la cauſe de ſon ouurage, &
Phidias ou tel autre artiſte eſt la
cauſe accidentaire ou aduentice,
par ce qu'il aduient que ce ſculpteur
c'eſt Phidias.

IX. La troiſioſme c'eſt qu'il y a des
cauſes ſimples & des cauſes côjoin-
tes. Les cauſes ſimples ſont celles
qui ſont priſes & conſiderées à part,
tant les cauſes de ſoy que les cauſes
aduentices ou accidentaires: & toutes les deux conſiderées enſemble
s'appellent cauſes conjointes. Comme quand ie conſidere qu'vn pein-
ctre a fait vn pourtrait, & que ce
peintre eſt Muſicien, la cauſe propre
& de ſoy eſt jointe à vne cauſe accidentaire: par ce qu'il aduient que ce
peintre eſt Muſicien.

X. La quatrieſme & derniere diuiſion

fion ou pluſtot diuiſion , c'eſt que
toutes les ſuſdites ſix cauſes conte-
nuës és trois precedentes diuiſions
ſont actuellement cauſes , ou ſeulement par puiſſance. I'appelle actuellement cauſes celles qui ſont actuellement employées à produire leur
effect : & cauſes par puiſſance celles
qui ne ſont point employées à produire leur effect , bien qu'elles en
ſoyent aptes. Et en ce ſens vn architecte eſt actuellement cauſe d'vne
maiſon tandis qu'il beſoigne au
baſtiment d'icelle, & cauſe par puiſſance quand il n'y beſoigne point,
bien qu'il le puiſſe.

Qui en voudra voir d'auantage
ſur ce ſubject, qu'il liſe ce que i'en ay
dit en ma Logique. Toutefois il
nous reſte encore vne queſtion touchant les cauſes propres à la Phyſique, à ſçauoir à quelle ſorte de cauſe nous deuons raporter la Fortune,
le cas fortuit ou aduenture, & la deſtinée : laquelle queſtion n'eſt pas
ſans difficulté : d'autant que meſmes
on n'eſt pas d'accord s'il y a fortune,
cas fortuit ou aduenture, ny deſti-

H

neé. Toutefois i'espere en donner
vne claire & vraye intelligence, re-
prouuant ce qui est de l'erreur du
paganisme & du vulgaire, & raportant ce qui est de la doctrine Chrestienne.

De la Fortune, cas fortuit, hazard, rencontre ou auenture, & destin ou destinée.

CHAP. IX.

Sommaire.

I. *Opinion des anciens Philosophes touchant la Fortune.* II. *La Fortune ado-
rée comme Déesse.* III. *Les Romains ont
fait plusieurs diuinités de la Fortune.*
IV. *Destin, Parques, leurs noms, leur etymologie diuerse, auec l'explication de la
fable poëtique touchant les Parques.* V.
Destin pris pour Dieu mesme. VI. *Destin pour le cours ordinaire de toutes choses.* VII. *Destin pour vne connexité indissoluble des causes entre-lassees ensemble, que les vns ons dit apporter necessité*

aux actions humaines, d'autres non. IIX.
Destin pris pour les constellations & ren-
contre des astres. IX. Destin pour l'exe-
cution du conseil ou prouidence diuine.

E n'est pas mal à propos qu'à l'imitation du Philosophe nous discourós de la Fortune, cas fortuit hazard, rencontre ou auenture, & en suite aussi du destin ou destinée, & de la prouidence diuine, d'autant qu'ayant traicté des causes tant essentielles qu'accidentaires, & les choses sus-dites estant du nombre des causes, il faut sçauoir à laquelle de ces deux especes il les faut raporter ou aux essentielles, ou aux accidentaires. Mais parce qu'autrement en faut-il juger selon la Philosophie payenne, & autrement selon la Chrestienne, pour ne profaner pas ce qui est de nostre foy, i'en veux parler separéement raportant en premier lieu les opinions des Philosophes payens touchant ce subjet, & apres les auoir refutées & reprouuées ie deduiray ce qui est de la croyance Chrestienne.

I.

Les Stoïques, Anaxagoras, Platon, Aristote & presque tous les anciens Philosophes ont demeuré d'accord que la Fortune estoit vne cause qui suruenoit és actions faictes par deliberation humaine, succedant autrement que l'homme ne s'auoit proposé, toutefois que céte cause nous estoit cachée & incogneuë. En quoy à la verité ils ne se seroient pas abusés s'ils eussent adjousté que céte cause cachée estoit la prouidence de Dieu.

plu.lib.1
de placit
Phil.c.
pen.

II.

Mais leur erreur a bien passé outre en ce que par l'ignorance de céte cause les payés ont creu que la Fortune estoit quelque chose separée de la prouidence diuine : & en fin admirant ses effects , comme surpassans la prudence, la vertu, l'art, & l'industrie humaine, renuersans nos principaux desseigns & bouleuersans toutes choses, ils l'ont prise & prisée pour vne diuinité, luy ont basti des temples, dressé des autels, & offert des sacrifices, comme à vne puissante déesse . Auquel propos diſoit vn poëte Latin.

> *Toutes diuinités aſſiſtent la ſageſſe,*
> *Fortune neantmoins eſt celeſte déeſse.*

Et vn autre:

> *Le ſort conduit l'vniuers*
> *Auec mouuemens diuers*
> *Sans ordre, & point de meſure*
> *Et donnant à l'auenture*
> *Comme aueugle les guerdons*
> *Pluſtoſt aux meſchans qu'aux bons.*

Les hiſtoriens ont ſuiui en cela les fables poëtiques, comme Saluſte diſant ainſi: *La fortune maiſtriſe en tout: c'eſt celle qui illuſtre ou obſcurcit toutes choſes plus à ſon appetit que ſelon la verité.* Et vn autre : *La fortune manie & gouuerne les affaires des mortels.*

Ceux qui ont le plus idolatré apres céte feinte déeſſe ç'ont eſté les Romains , leſquels l'ont bigarrée & deſguiſée en pluſieurs façons l'appellant tantoſt *la fortune des hommes,* tantoſt *la fortune des femmes,* & encore d'vn troiſieſme nom *la fortune de vaillance.*

Du cas fortuit, hazard , rencontre ou auenture nous en diſcourrõs plus à propos au chapitre ſuyuant.

H iij

de l'opinion d'Aristote : par ce que
les autres ne l'ont pas distingué,
comme luy, de la Fortune.

IV.

Quant au destin ou destinée, les
Payens en ont fait aussi trois diuinités sœurs, qu'ils ont appellé Parques du mot Latin *parcere* c'est à dire pardonner, par antiphrase & sés
contraire au mot, comme voulant
dire qu'elles ne pardonnent point.
Toutefois Varron dit que le mot de
Parque vient de *partus*, c'est à dire
enfantement, par ce que dez nostre
naissance le destin & le cours de nostre vie est determiné. Les noms de
ces trois Parques sont *Láchesis, Cloto,
& Atropos*, c'est à dire, *le sort, la fi-
landiere, & l'inexorable & inflexible*,
ainsi appellées, par ce que (disoient-
ilz) selon que le sort de nostre destin
se rencontre, le cours de nostre vie
est filé & prolongé & en fin retran-
ché sans remission. Elles sont appellées sœurs, par ce qu'elles sont en
cela bien accordantes, comme tesmoigne Virgile disant,

*Les Parques toutes trois tresfermes &
constantes*

*Virg. in
Bucol.*

En la diuinité du destin accordantes.

Les Poëtes ont enrichi céte inuention de mille gentillesses: & Platon mesme en a discouru en sa Republique, & Seneque aussi les depeignant en céte sorte: *Les destinées (dit-il) accomplissent leurs charges sans s'esmouuoir par prieres, ny fleschir par pitié ny par faueur ou credit: ains gardent leur cours irreuocable & coulent selon l'arrest du destin. Tout ainsi que l'eau des torrens rapides va, ressalit, & ne retourne point arriere en soy-mesme, & n'arreste pas aussi son cours, par-ce qu'vne onde pousse l'autre en auant : de mesme la suite du destin fait rouler l'ordre des choses, la premiere loy duquel c'est de se tenir ferme à l'arrest & decret irreuocable.*

Plato. lib. vlt. de repub.

Senec. lib 2. natur. qu.c. 36.

Or les anciens n'ont pas entendu tous vne mesme chose par le destin ou destinée : car ie trouue qu'ils l'ont prise en cinq diuerses significations, lesquelles ie raporteray sommairement. Premierement dõc aucuns ont dit que la destinée n'estoit autre chose que Dieu mesme : de laquelle opinion a esté Seneque

V.

Senec. l. 4. de benef. c. 7. & lib. 2. nat. q. 6. 45.

en diuers lieux de ses œuures.

VI. D'autres ont tenu que c'estoit le cours naturel & ordinaire de toutes choses : en laquelle signification Ciceron en a vsé disant que *plusieurs mal-heurs nous menacent outre la nature & outre la destinée:* & en ce mesme sens Aristote semble auoir dit, *les generations fatales ou destinées* pour dire naturelles: & le Poëte Latin de mesme quãd il parloit de la mortvioléte de Didõ qui se meurtrit soy-mesme,

Elle ne mourant pas ny par la destinée
Ny d'vne telle mort qu'elle l'eut meritée.

VII. La troisiesme opinion a esté de ceux qui ont tenu que la destinée estoit vne enchaineure & connexité indissoluble des causes entrelassées ensemble, laquelle selon aucuns, apportoit de la necessité aux choses: de laquelle opinion ont esté Thales, Pythagoras, Heraclite, Parmenides Democrite, Platon, & les Philosophes Stoïques : bien qu'à la verité tous n'ayent pas esté d'accord touchant la necessité que le destin apporte aux choses, & notamment aux actions humaines. C'est pour-

Cicero 1. Philip.

Arist. l. 5 Physic.

Virgil. 4. Æneid.

Plut. l. 1. de placit. Phil. c. 26 27. 28. & Gelli. lib. 6. noct. At. c. 2.

quoy Eusebe discourant sur ce subjet escrit qu'aucuns de ces Philosophes ont fait l'homme esclaue luy
ostant sa liberté par le moyen de telle necessité, & d'autres seulement
demi-esclaue n'introduisant pas absoluëment la necessité és choses humaines. Et Ciceron recognoissant
que telle necessité ne pouuoit estre
introduite sans destruire la liberté
de nos actions, a mieux aimé oster
tout a fait céte necessité pour establir le liberal arbitre en l'homme,
que reuoquer en doubte le liberal
arbitre, par l'establissement de telle necessité. Seneque pareillement
apres auoir monstré qu'elle estoit
l'opinion des Stoïques touchant ceci, adjouste ces paroles : *quand ie dif-
courray (dit-il) de ce subjet ie diray comment est-ce que la destinée demeurant en
pied il y a des choses qui dependent de la
volonté & liberté de l'homme.*

La quatriesme opiniõ est de ceux
qui ont attribué la destinée aux
constellations & rencontre des a-
stres soubs lesquels quelque chose
a pris sa naissance: laquelle opinion

est de l'inuention diabolique, pra-
ctiquée par les Magiciens & superstitieux, desquels il y a bon nombre. Toutefois nous dirons ci-apres
quelles choses peuuent estre deui-
nées par les astres.

Au cha.
11. de ce
liure.

IX.   La cinquiesme & derniere est de
ceux qui ont cognu que le destin est
l'execution du conseil de Dieu, c'est
à dire à parler plus Chrestienne-
ment, l'effect de la prouidence diuine: laquelle opinion Apulée semble toucher & la raporter à Platon,
bien que ie trouue que Platon en
ait autrement parlé. Mais les Romains ont bien & proprement appellé la destinée *fatum à fando* par excellence pour la parole irreuocable
de Dieu. Voilà les diuerses opiniõs
des anciens touchant la fortune &
le destin, voyons maintenant quelle
difference il y a entre la fortune &
cas fortuit, hazard, rencontre ou
auenture selon Aristote

Apulei.
de dogm.
Platon.

Quelle a esté l'opinion d'Aristote touchant la Fortune, cas fortuit, hazard, rencontre ou auenture.

CHAP. X.

Sommaire.

I. Qu'est-ce que Fortune selon Aristote. II. Qu'est-ce que cas fortuit, hazard, rencontre ou auenture. III. Trois notables considerations touchant les effets des causes naturelles. IV. Quelles choses sont attribuées à la fortune, & au cas fortuit ou auenture. V. Difference entre la fortune & le cas fortuit ou auenture. VI. De tous les animaux le seul homme agit librement. VII. Exemples de la fortune, & du cas fortuit ou auenture. IIX. D'où vient que les Payens s'imaginoyët la fortune pour vne cause certaine. IX. Les chrestiens ne doiuent pas croire qu'il y ait fortune, ny vser du mot de fortune au sens des Payens. X. Les bons ou

H vj

mauuais Anges se meslent quelquefois
aux diuers euenemens qui nous sont incognus.

Es opinions de presque tout
le Paganisme touchant la
Fortune sont si ridicules,
qu'entre les Chrestiens elles sont
aisément destruites par la seule negation. C'est pourquoy ie m'arresteray seulemét à examiner ce qu'en
a dit Aristote, par ce que son opinion est aucunement probable.

I.   *La fortune (dit-il) est vne cause acci-*
dentaire laquelle se rencontre, quoy que ra-
rement, en l'execution des actions humai-
nes qui se font auec choix & liberté pour
quelque fin.

II.   Et bien que la fortune, cas fortuit,
hazard, rencontre ou auenture vul-
gairement & en commun langage
se prennent pour vne mesme chose;
si est-ce qu'il baille vne autre description du cas fortuit ou auenture,
disant que *c'est vne cause accidentaire*
des choses qui arriuent rarement sans deli-
beration ny resolution precedente. laquelle distinction & difference sera plus

Arist. l. 2
Phy. c. 5.

aisée à comprendre apres auoir
remarqué trois choses touchant
les diuers effects des causes naturelles.

Premierement donc il faut sçauoir que tout ce qui est fait, se fait
tousiours, ou le plus souuent, ou rarement. En second lieu que cela se
fait pour quelque fin & auec quelque desseign, ou sans aucune fin,
but ny desseign quelconque. Pour
le troisiesme que ce qui se fait pour
quelque fin est fait auec chois & liberté de l'agent & cause efficiente,
ou seulement auec vn instinct & impulsion naturelle.

Or cela ainsi retenu, il est aisé à
voir que la fortune & cas fortuit,
hazard, rencontre au éture (prenant
ces quatre derniers pour vne mesme
chose sans plus tant repeter) conuiennent en cela qu'on ne leur peut
attribuer les choses qui arriuét tousiours ou le plus souuent, ains seulement celles qui aduiennent rarement. Car mesmes en commun lá-
gage on n'appelle pas fortune, ny
cas fortuit, hazard, rencontre ou a-

III.

IV.

uenture ce qui nous arriue ordinaî-
rement ou fort fouuent.

V. Mais la difference entre la fortune, & l'auenture gift en ce qu'on
attribue à la feule fortune les chofes
qui font projettées & fe font pour
quelque fin & à quelque deffeign :
& à l'auenture celles qui arriuent
inopinéement & fans aucune deliberation , project , ny refolution
precedente. Et d'ailleurs il y a de
la difference en ce que la fortune
feule arriue proprement és actions
qui fe font auec chois & liberté,
comme font celles des hommes
feulement : & l'auenture fe rencontre és chofes naturelles, qui fe font
fans deliberation humaine.

VI. I'entens par cela auec le Philofophe que l'homme feul agit auec
chois & liberté comme eftant mai-
ftre de fa volonté & la pouuât tourner & deftourner, ainfi que bon luy
femble à faire ou ne faire pas quelque chofe (dequoy i'ay amplement
difcouru en ma Logique :) & que les
autres animaux voire toutes les autres chofes naturelles font plu-

Arift.l. 3
Ethic. c. 3
& lib. 2.
magn.
mora. c. 9

au lim. 4.
chap. 11.

ſtot agies * (s'il faut ainſi dire) & emportées par vn mouuement & inſtinct naturel que libres en leurs actions. Et partant comme la fortune ſe rencontre auec la volonté humaine, produiſant neantmoins des effects inopinés & outre ſa fin & ſon but: de meſme l'auenture ſe rencontre ordinairement auec vne cauſe naturelle.

* *Potiùs aguntur quàm agunt.*

    Toutes leſquelles conuenences & differences entre la fortune & l'auenture ſe peuuent plus clairement repreſenter par quelques exemples. Il y eut jadis des peſcheurs Mileſiens, leſquels ayant jetté leurs rets dans la mer à deſſeign ſeulement de peſcher des poiſſons, au lieu de tirer des poiſſons tirerent vn trepié d'or: laquelle peſche a eſté depuis tant celebrée qu'elle eſt venuë en commun prouerbe pour ſignifier vne bonne fortune non eſperée. De meſme eſt il d'vn laboureur lequel cultiuant la terre trouue vn threſor: car ſon but n'eſtant autre que la culture & le labourage, il s'y rencontre vne cauſe accidentaire, laquelle pro-

VII.

duit vn effet tout autre qu'il ne se
l'auoit proposé. Le mesme faut-il
dire du mal-heur que du bon-heur:
car l'vn & l'autre sont des effects de
la fortune, laquelle tantost est dou-
ce & fauorable, tantost rude & dangereuse. Mais si quelqu'vn passant
par la ruë, vne pierre, vn tuile, ou
quelque autre chose lui tombe sur
la teste, sans estre lancée ou poussée
de personne (pour le moins sciem-
ment & à desseign) ce n'est pas proprement fortune, ains vn cas fortuit, vn hazard, ou rencontre ou
auanture : d'autant que céte cause accidentaire se rencontre auec
vne naturelle sans aucune deliberation humaine precedente. Car cela
est tout naturel qu'vn corps graue
& pesant tombe à bas tendant à sõ
centre : mais qu'il escarbouille la
teste à quelqu'vn sans le desseign
d'vn autre, c'est chose fortuite & d'a-
uenture. Voilà comment Aristote
a philosophé de ces choses à la verité auec autant de suffisance qu'il
se pouuoit humainement : voire
mesmes il auoit touché au but si

lors qu'il a fait mention de ces causes accidentaires, qui nous sont secretes & incogneuës, il eust adjousté que c'estoyent des coups de la
prouidence diuine.

L'ignorance, la difficulté & l'ob-
scurité de plusieurs choses (dit Lactance) faisoyent que les Payens en
attribuoyent les euenemés à la fortune, ne sçachant pas recognoistre
d'où est-ce que nous viennent les
biens & les maux: encore que le diuin Homere eust chanté , comme
par reuelation , céte belle sentence.

IIX.
Lact.li.3
de falsa
sap.c.28.
& 29.

Iupiter aux humains selon sa prouidence
Donne des biens & maux par sa toute-
puissance.

Mais ceux qui ont esté esclairés IX.
de la lumiere du Christianisme non
seulemét ne doiuét croire qu'il y ait
aucune fortune, mais aussi ne doiuét
pas seulement vser de ce mot de fortune pour signifier les euenemés inopinés lesquels viennent tous de la
prouidence diuine. C'est pourquoy
S. August. se repét de ce que ce mot
luy auoit quelquefois eschapé en ses

escrits, & remonstre que c'est chose
mal seante à vn Chrestien de dire,
La fortune l'a ainsi voulu, au lieu de dire, *Dieu l'a ainsi voulu,* ou *Dieu l'a ainsi
permis.*

X.   Il est vray, que commé ce mesme
sainct personnage nous enseigne,
tous ces fortuits & inopinés euenemens n'arriuent pas touf-jours par
l'immediate prouidence de Dieu,
ains quelquefois aussi par la sugge-
stion & inspiration des Anges *tant*
bons que mauuais, selon que Dieu
leur permet. C'est ici assez arresté:
examinons maintenant les diuerses
opinions ci-dessus raportées touchant le destin ou destinée.

Les erreurs des payens touchant la destinée & mesmement de ceux qui l'attribuent aux constellations : & qu'est-ce que les Astrologues peuuent predire.

CHAP. XI.

Sommaire.

I. *Que le destin ce n'est pas Dieu, comme* Seneque l'a estimé. II. *Que le destin ne peut estre la nature.* III. *Que le destin ne peut apporter necessité aux actions humaines.* IV. Les deuins & prognostiqueurs chassés de toutes communautés bien policées. V. Les choses necessaires ne peuuent arriuer que tousiours d'vne façon. VI. Le seul homme a ses actions libres, les bons Anges sont du tout enclins au bien, les mauuais du tout obstinés au mal, & les bestes sont subiectes à leur appetit naturel. VII. Les choses contingentes peuuent arriuer diuersement. IIX. Les

*Astrologues peuuent predire les choses ne-
cessaires, non pas les volontaires ny les contingentes. IX. Raison tirée d'vne experience manifeste. X. Comment les
Astrologues peuuent quelquefois conie-
cturer les choses contingentes qui sont à
venir.*

au chap. 9. de ce liure.

I'Ay ci dessus raporté cinq diuerses opinions des an-ciés payens touchāt la destinée, lesquelles il nous faut maintenant examiner à la balance de la raison & de la doctrine Chrestienne, laquelle nous enseigne que par la destinée il ne faut entendre autre chose que l'execution de la prouidence diuine, qui s'estend generalement à toutes choses, comme nous monstrerons ci-apres.

I.
Seneca lib. 4. de benef. cap. 7.

La premiere dóc des susdites opinions est de ceux qui ont tenu que la destinée n'estoit autre chose que Dieu mesme: d'autant (dit Seneque) que le destin estoit vne enchaineure des causes, & Dieu estant la premiere de ces causes-là, il s'ensuit que Dieu mesme est le destin. Laquelle illation ou consequence

eſt paralogiſtique & irreguliere:tout
ainſi que ſi on concluoit que le premier chainon ou le premier anneau
d'vne chaine eſt la chaine meſme. Et
d'ailleurs elle eſt impie en ce qu'elle
attache Dieu à d'autres cauſes , &
qu'au lieu d'appeller ſa prouidence
la ſeule & vraye cauſe du deſtin, elle
le confond & fait vne meſme choſe
d'iceluy auec le deſtin.

La ſeconde opinion, laquelle eſt
de ceux qui tiennent que le deſtin
& la nature ſont vne meſme choſe,
eſt trop reſtreinte : d'autant que la
prouidence de Dieu, de laquelle le
deſtin eſt l'effet, ne ſe peut pas touſ-
jours meſurer ny limiter par la raiſon naturelle, comme eſtãt infinie,
& agiſſant bien ſouuent par deſſus
le cours ordinaire de la nature.

La troiſieſme eſt encore plus
dangereuſe, par ce qu'outre ce qu'elle confond auſſi le deſtin auec Dieu
ou la prouidence diuine, elle introduit d'ailleurs certaine neceſſité en
toutes choſes pour deſtruire la liberté des actions humaines, qui eſt
la plus belle & riche piece qui ſoit

II.

III.

en l'homme, & par laquelle il excel-
le sur tous les autres animaux. C'est
pourquoy telle opinion, comme
erronée, a esté condemnée & des
plus grands Philosophes, & des
Theologiens de tous les siecles passés, ainsi que i'ay mõstré amplement
en ma Logique.

IV. La quatriesme attribuant l'eue-
nement des choses aux constellations & rencontre des astres, est toute pleine de superstition, & à cête
cause a esté non seulement cõdem-
née par les saints canons de l'Eglise:
mais aussi les auteurs & professeurs
de tel erreur ont esté bannis & chassés de tous les estats bien reglés &
policés, ainsi qu'il est aisé à colliger
des lieux quotés à la marge. Et bien
que l'horreur de la superstition &
de l'auteur d'icelle, qui est l'ennemy
du genre humain deut estre suffisã-
te pour la faire reprouuer sans autre
preuue contraire : si est ce que ie la
veux encore refuter par raison naturelle.

*Au li.4.
chap.12.*

*Can. non
obserue-
tis 16.q.
7.
Deuter.
18.
Leu.20.
Eclef.10.
I.Regũ.
28.Isai.
41.44.
47.Paul
ad Galat.
5.
Apoc.9.
Plato.11.
de legib.
Tacit. 2.
annal.
Sueton.
in Tiber.*

*Cassiod.l.9.variar.c.18.Toto T. de mal.& Math.C.Basil.h.
6.in Ge. Chry.in Math 2 Greg ibid.Aug.c.1.l.5.de ciui.
Dei. Eufeb. lib 14.de prap. Euangel.c.4.*

Et pour le mieux entendre il faut
ſçauoir que toutes les choſes du
monde ſont de trois ſortes, neceſſaires, libres & volontaires, ou contingentes. Les neceſſaires ſont celles qui ne peuuent arriuer que d'v-
ne ſeule façon, & qui ſuyuent de neceſſité leur cauſe. Ainſi l'eclipſe de
la Lune arriue de neceſſité lors que
la terre ſe rencontre entre elle & le
Soleil.

Les libres & volontaires ſont ſeulement nos actions, leſquelles dependent de noſtre volonté & franc-
arbitre. Car il n'y a que le ſeul homme qui agiſſe libremēt & àſon chois
tant au bien qu'au mal. Les bõs Anges ſont du tout enclins & adon-
nés au bien, & ne ſçauroyent faire
mal, parce que Dieu les a entierement confirmés en ſa grace deſpuis
la cheute des mauuais: leſquels au
contraire ſont du tout obſtinés au
mal deſpuis qu'ils ont eſté entierement priués de la meſme grace : &
toutes les autres creatures ſuiuent
ce qui eſt de leur inſtinct & appetit
naturel, de maniere qu'elles ne s'en

peuuent retirer par aucun chois ny
liberté, comme font les hommes.

VII.   Les chofes côtingétes ou aduená-
tes font celles qui peuuent auffi toft
arriuer que n'arriuer pas, d'autant
qu'elles ne dependent point de certaine caufe neceffaire : côme que les
Turcs gaignent vne bataille contre
les Chreftiens, qu'vne prouince foit
affligée de la contagion, ou qu'vn
grand Roy meure l'année prefente.

IIX.   Pour le regard donc des chofes
neceffaires, comme les eclipfes du
Soleil & de la Lune, le leuer & coucher des aftres, les regards & con-
jonctions des planetes, & autres fé-
blables euenemens infallibles à caufe de la certitude du mouuement
des corps celeftes, les Aftrologues
les peuuent predire par les preceptes Aftronomiques : parce que la
caufe eftant, l'effect s'enfuit infalli-
blement : mais non pas les volontaires, ny les contingentes. Les volontaires, d'autant que noftre volonté eft vne faculté de noftre ame,
laquelle eft diuine, & par côfequent
n'eft point fubjete aux influences
des

des corps celestes, si ce n'est par accident,& en tát qu'elle reçoit quelque indisposition du corps lequel y
est subjet. Car au demeurant quelque constellation ou rencontre des
astres qu'il y puisse auoir, nostre volonté demeure tous-jours libre : &
quand bien cela luy apporteroit
quelque inclination plustot à vne
chose qu'à vne autre: si est-ce que la
vertu, la prudence, l'art, & l'industrie la peut faire changer & corri-
ger. Car le sage domine sur les astres
dit ce grand Mathematicien Ptolemée.

*Sapiens domi-
nabitur astris.*

L'experiéce mesme confirme mõ
dire: car ne void-on pas souuét que
2. enfans jumeaux cõceus de mesme
semence, nourris de mesme aliment
au ventre de la mere, nais à mesme
heure, soubs mesme astre, instruits
& esleués ensemble, seront pourtant de diuers naturel? Concluons
donc qu'en ces choses là les Astrologues ne peuuent humainement
rien deuiner ny certainement predire.

IX.

De mesme est-il des choses con-

X.

tingētes , lesquelles ils ne sçauroyét
preuoir que par quelque cōsequen-
ce, & ce encore seulement en certains effects: comme quand ils preuoyent vne trop grand'humidité,ils
jugent que plusieurs seront affligés
de catarrhes,defluxiōs,& autres telles maladies qui sont ordinairemét
causées par l'humidité intemperée.
Pareillement lors qu'ils preuoyent
vne extreme secheresse,ils inferétde
là qu'il y aura famine, & en suite peste, par ce que ce sont des mal-heurs
lesquels ordinairement s'entresuy-
uent. Que s'ils pouuoient certainement deuiner & predire les choses futures, ils seroient Dieux dit vn
Isa.c. 41. Prophete. Quelquefois ils predisét
des choses bien cachées comme vne
guerre dangereuse,le sac & ruine de
quelque ville , la mort de quelque
grand personnage: mais ce n'est pas
raison naturelle, fondée sur la cognoissance des astres:ains tres-rarement par reuelation diuine , qui est
vne grace speciale, de laquelle Dieu
fauorise quelquefois les iustes & Ss.
personnages:& le plus souuent par

l'aduis que leur en donne le malin
eſprit,lequel comme Ange ſçait les
les choſes paſſées, les conjurations
les plus ſecretes des hommes , &
meſmes en conjecture ſouuent par
leurs deportemens exterieurs plus
qu'ils n'en diſcourent de parole , &
en inſtruit les Magiciens ſes diſciples,leſquels pour couurir leur impieté raportent tout aux aſtres. Mais
encore s'abuſent-ils & ſe meſcom-
ptent le plus ſouuent auec toutes
leurs inſtructions:par ce que la prouidéce de Dieu eſt au deſſus de tout,
lequel change le courage des hommes, & ſelon qu'il luy plait les viſi-
te & chaſtie,ou fauoriſe de ſa grace,
& comme dit treſ-ſagement Homere,

> *Les courages humains ſe changent &*
> *ſont tels*
> *Qu'il plait au ſouuerain des Dieux &*
> *des mortels.*

La cinquieſme & derniere opinion eſt cóforme ou pour le moins
fort approchante de noſtre croyance,pourueu qu'elle ſoit bien enten-
due, en ce que par la deſtinée eſt ſi-

gnifiée l'execution de la prouidence diuine, ainsi qu'il le faut expliquer en suite.

Que la destinée est l'execution de la providence diuine.

CHAP. XII.

Sommaire.

I. Les Chrestiens ne doiuent point vser de ce mot destin ou destinée à la façon des payens. II. La prouidence diuine & la destinée sont relatifs, comme la cause & l'effect. III. Difference 1 entre la prouidence diuine & la destinée. IV. Difference 2. V. Difference 3. VI. Dieu a soin egal de toutes choses. VII. Dieu fait tout pour le mieux, quoy qu'il semble quelquefois autrement selon le monde. IIX. Les hommes ne doiuent point rechercher les secrets particuliers de Dieu.

PAR ce que les payens ont abusé de ce mot *de-stin* ou *destinée*, aussi bien que de celuy de la fortune, les saincts peres l'ont eu en horreur & ne trouuent pas bon que les Chrestiens en vsent. Toutefois pourueu que nous n'en vsions pas en mesme sens qu'eux, il n'y a point danger de garder le terme & l'appliquer à vne autre signification conforme à ce qui est de nostre croyance.

Aug. l. 5 de Ciuit. Dei c. 9. Greg. ho. de Epip.

        I.

La prouidence de Dieu & la destinée ont vne grande analogie relation & correspondence en ce que la destinée est l'effect de la prouidence diuine : qui est cause que plusieurs les confondans les ont prises pour vne mesme chose.

        II.

Toutefois outre la difference qui est entre la cause & son effect, il y en faut remarquer trois autres principales. La premiere, que la prouidence diuine est en Dieu mesme, & la destinée en ses creatures, & proprement és choses corruptibles. Car *la destinée* (selon la definition de Boëce)

        III.

Boët. l. 4. de consol. Ph. pr. 4.

estant vn reglement establi és choses muables par lequel la prouidence diuine les or-
donne en leurs rangs, il faut que ce reglement se trouue és choses ordon-
nées, non pas en la cause ordonnan-
te, qui est Dieu.

IV. La seconde difference c'est que la
prouidence diuine sur toutes creatures, est en Dieu de toute eternité,
& la destinée n'est qu'au temps de
l'execution de céte prouidence : voire mesmes ce n'est autre chose (comme i'ay des-ja dit) que l'execution
d'icelle.

V. La troisiesme se peut colliger de ce
que ie viens de dire que la prouidēce de Dieu s'estend à toutes les choses du mōde, & la destinée n'escheoit
proprement qu'aux choses corruptibles & mortelles. Ce que le Philosophe n'a pas entendu. Car parlant de céte prouidence il disoit fort
bien qu'elle s'estēd à tous les hommes : mais il eust encore mieux philosophé s'il eust dit qu'elle s'estend
à toutes choses : & au contraire a er-
ré adjoustant que Dieu a principalement soign des sages.

La verité est dõc qu'il a vn soign egal de toutes ses creatures spirituelles & corporelles, celestes & terrestres, mortelles & immortelles: lesquelles sans cela s'áneátiroyét tout en vn momét, ainsi que de rien elles ont esté creées. Oyõs à ce propos les oracles de la diuinité : *Il a fait le grãd & le petit, & a soign egalement de tous. Toutes choses aduiennent egalement au juste & à l'iniuste, au bon & au meschant, au net & au pollu, à celuy qui sacrifie & à celui qui mesprise les sacrifices. Il fait reluire le Soleil aussi bien sur l'iniuste que sur le iuste. Il aime tout ce qu'il a fait & ne tombera pas vn seul poil de nostre teste sans qu'il l'ait ordonné.* VI.

Sap. 6.

Petr. 5.
Math.
10.

Et bien que selon le monde les effects de céte prouidence semblent quelquefois estranges & iniques, si est-ce qu'ils redondent touſ-jours à nostre profit. Que si nous ne le pouuons cognoistre en céte vie, nous l'esprouuerons en l'autre. A la verité il semble quelquefois que ce soit vn grand mal-heur qu'vn bon Prince, vn bon Prelat, vn bon Magistrat, vn bon pere de famille chargé de VII.

pluſieurs petits enfans, ſoit raui de
ce monde en l'autre : mais nous ne
ſçauons pas ſi Dieu l'a voulu appeller preuoyát qu'autrement il ſe fuſt
peruerti & deſuoyé de ſes comman-
demens : de maniere que, pour le
faire court, il faut dire & croire fermement que Dieu fait tout pour le
mieux, & comme parle S. Hieroſme
que toutes choſes ſont gouuernées par la
prouidence diuine, & que ce qui ſemble
chaſtiement & punition c'eſt medecine.
Or que les hommes en recherchent
la cauſe particuliere, cela eſt ſans
nulle comparaiſon plus indigne &
inſolent que ſi quelque chetif eſcla-
ue ou vn miſerable crochetéur vouloit examiner & contrerooller les
plus ſecrets conſeils du Prince ſouuerain.

Hieron.
In Ezech.

IIX.   Les curieuſes difficultés qui tombent par ce diſcours nous y ont conduits ſi auant & enfonſés ſi profon-
dement que nous en ſommes venus
iuſques à ce qui eſt de la Theologie,
& ce par vne occaſion plus legere &
moins importáte que les queſtions
qu'elle a entamé apres ſoy. Toute-

fois par ce que j'ay promis de m'arrester aux choses les plus mal-aisées
& neantmoins vtiles, ie suis bien aisé satisfaisant à ma promesse de contenter par mesme moyen les esprits
curieux. Maintenant il est question
de resoudre en peu de mots le premier doubte qui a donné commencement à toute cete longue dispute.

---

*Auquel genre des causes il faut ra-
porter la Fortune, cas fortuit, hazard, rencontre, auenture, la destinée, & la prouidence de Dieu.*

CHAP. XIII.

Sommaire.

I. *La fortune, cas fortuit, hazard, rencontre ou auenture se raportent à la cause
efficiente naturelle.* II. *La destinée est
plustot effect que cause.* III. *La destinée
peut estre appellée cause instrumentaire.*
IV. *La prouidence de Dieu est vne cause
efficiente vniuerselle.*

I y

NOvs auôs pris occasion de discourir de la fortune, cas fortuit, hazard ou auenture, de la destinée & de la prouidence diuine, de ce que nous auôs dit ci-dessus qu'il falloit les rapporter par quelque analogie & correspondence à quelqu'vne des causes naturelles. Car il est certain que les causes accidentaires & aduentices respondent à quelqu'vne des quatre naturelles efficiente, matiere, forme, & fin.

I. Or est-il que la fortune, cas fortuit, hazard, rencontre, ou auenture (car en céte consideration tout va de mesme train) ne se peut raporter ny à la matiere, ny à la forme: d'autant que ce sont des causes essentielles & internes, & la fortune est vne accidentaire & externe: non plus aussi à la fin parce qu'elle resiste à la fin & s'oppose au desseign de la cause naturelle. Reste donc qu'elle peut estre seulement raportée à la cause efficiente naturelle auec laquelle elle se rencontre, soit qu'icelle cause naturelle agisse volontairement & auec chois & liberté, soit par vn instinct & impulsion naturelle.

Quant au destin ou destinée aucuns ont estimé que c'estoit aussi vne espece de cause efficiente : d'autres seulement vne qualité & condition d'icelle. Mais il me semble que c'est plustot vn effect qu'vne vraye cause ou condition de cause, puis que ce n'est autre chose que l'execution de la prouidéce diuine au regime & gouuernemét du monde. **II.**

Toutefois la destinée peut estre appellée cause instrumentaire, ny plus ny moins que l'executeur de la iustice est cause instrumentaire de la mort de l'executé, dont la vraye cause c'est l'arrest ou sentence du juge. Car de mesme la destinée est bien la cause du cours des choses inferieures, mais c'est en tant que Dieu l'a ainsi ordonné. **III.**

Pour le regard de la prouidence diuine ceux qui croyent en Dieu la croyent estre vne cause vniuerselle & premiere, sans qu'il en faille rechercher la preuue hors de la foy. **IV.**

qui est au dessus de toute raison naturelle.

Or aprés auoir discouru des principes des choses naturelles, il faut
traiter en suitte de leurs proprietés:
la premiere desquelles, la plus re-
marquable & vniuerselle c'est le
mouuement ou changement. C'est
pourquoy le Philosophe a dit, *que*
c'est le iuge tres-certain de la nature, &
que celuy qui ignore que c'est que du mou-
uement, ignore ce qui est de la nature.

Fin du second Liure.

LE
TROISIESME
LIVRE DE LA PHY-
SIQVE, OV SCIENCE
naturelle.

Que toutes les choses naturelles sont en perpetuel mouuement.

CHAPITRE I.

Sommaire.

I. *Estranges opinions d'Heraclite touchant le changement des choses naturelles.* II. *Le mouuement respond à quatre Categories.* III. *Le mouuement est d'vne consideration fort longue & difficile.*

ERACLITE conside-
rant la vicissitude, le
changement & le flux
des choses naturelles, lesquelles ne peuuent jamais demeu-

I.

rer en vn mefme eſtat, diſoit qu'il eſtoit ſi prõpt & rapide qu'il eſtrangeoit ſoudain les choſes d'elles-meſmes & les rendoit autres qu'elles n'eſtoyent auparauant : de maniere qu'il ſouſtenoit que celuy lequel ayant emprunté de l'argent s'eſtoit obligé de le rendre quelque temps apres, n'y eſtoit aucunement tenu, d'autant que ce n'eſtoit pas le meſme homme qui l'auoit emprunté & s'eſtoit obligé. Par meſme raiſon il diſoit que celuy qui eſtoit cõulé à diſner au lendemain chez quelqu'vn n'y deuoit point s'y rendre, par ce qu'il n'eſtoit pas deſia le meſme homme qui auoit eſté conuié le iour precedent.

A la verité le cours des choſes naturelles eſt auſſi viſte que le tẽps meſme : car le temps n'eſt autre choſe que la meſure d'iceluy : & quelque choſe que nous puiſſions faire ou imaginer, & auec l'oiſiueté meſme nous ſommes en vn flux & mouuement continuel iuſques à ce que la mort ou corruptiõ du ſubjet s'en enſuit.

Toutefois quand nous parlons **II.**
en Phyficiens du mouuement des
chofes naturelles nous n'entendons
pas fimplement ce flux, ce cours, &
(s'il faut ainfi dire) ce roulement de
noftre eftre : mais nous en faifons
quatre diuerfes efpeces, lefquelles
nous raportons à quatre diuers predicamens ou categories, c'eft à fçauoir à la Subftance, à la Quantité, à
la Qualité, & à la categorie Où, côme nous dirons plus amplement ci-
apres.

Or fur ce fubject il y a plufieurs **III.**
belles, grandes & difficiles confiderations: lefquèlles, ou pour le moins
les plus notables d'icelles , ie veux
exactement raporter en ce liure, a-
fin de donner vne parfaite cognoiffance du mouuement & changement des chofes naturelles: laquelle
eft fi vtile aux Naturaliftes, & neantmoins remplie de tant de doubtes
& difficultés , que le Philofophe
mefme de huict liures qu'il a efcrit
de la Phyfique en employe les quatre à traicter du mouuement ou
changement. Mais ceux qui ont

n'agueres efcrit en Fráçois de lamef-
me fcience,n'é ont du tout rien dit,
ou fi peu que pour vn tel fubjet, il
ne merite pas d'eftre mis en ligne de
compte : & neantmoins és chofes
les plus aifées, & le plus fouuent les
moins vtiles ils s'y font eftendus à
loifir & plaifir: imitant ceux lefquels
pour euiter vn quart de lieuë de
mauuais & raboteux chemin aimét
mieux faire deux ou trois lieuës en
belle & rafe campaigne. Ie ne doubte pas pourtant qu'ils n'y foyét bien
verfés, mais c'eft qu'ils n'y ont pas
voulu alembiquer leur cerueau, côme i'accorde qu'à la verité ces chofes ne peuuent eftre bien traduictes
en noftre langue fans beaucoup de
labeur & d'attétion pour l'auoir efprouué moy-mefme.

Or d'autant que i'ay promis ci-
deuant au premier liure de cét œuure vne plus exacte & ample expo-
fition de la definition de la Nature
prife pour le principe & caufe du
mouuement & repos des chofes naturelles , c'eft ici vne occafion bien
propre pour m'acquiter de ma pro-

messe, puis que nous sommes sur le subject du mouuement.

De la definition de la Nature prise pour le principe du mouuement & repos des choses natu- relles.

CHAP. II.

Sommaire.

I. *Qu'est-ce que Nature?* II. *La Nature signifie la matiere & la forme.* III. *Qu'est-ce qu'il faut entendre par le mouuement & par le repos.* IV. *La cau- se du mouuement est actiue ou passiue.* V. *La cause du mouuement doibt estre premierement & de soy.* VI. *Quelle est la vraye difference des choses naturelles, & que plusieurs choses semblent naturel- les qui ne le sont pas: & d'autres le sont qui ne le semblent pas estre.* VII. *Com- ment est-ce que les corps naturels immobi- les de soy-mesme, ont en soy la cause de ce mouuement.*

NOVS auons raporté au liure premier les diuerses significations de ce mot *Nature*, & remis ici l'exposition de sa definition la plus conuenante à nostre subject; qui est telle selon le Philosophe. *La nature est le principe du mouuement & repos de la chose en laquelle elle est premierement & de soy, & non par accident.* Laquelle definition sembleroit de premier abord malaisée & obscure si nous ne l'esclarcissions par l'explication des termes particuliers d'icelle.

I.

Aristot. cap. 1. lib. 2. Physic.

II. Premierement donc par la Nature il faut ici entendre la matiere & la forme : lesquelles sont cause que les choses naturelles se remuët & se changent ou se reposent, & maintiennent leur estre : dont i'ay assez discouru ci-deuant.

III. Apres par le *mouuement* n'est pas seulement entendu le remuement de quelque chose d'vn lieu en autre: mais aussi changement en la substance, qui est generation & corruption : en la quantité qui est l'accroiſſement & diminution : en la qualité, qui s'appelle alteration. *Le repos* n'eſt autre choſe que l'arreſt & ceſſe du mouuement.

Or comme la nature eſt double, à ſçauoir la forme, & la matiere : auſſi **IV.** pouuons nous dire que la cauſe du mouuement, qui eſt la meſme cho-ſe, eſt double : l'vne actiue, l'autre paſſiue. L'actiue c'eſt celle qui don-ne le mouuement & vient de la for-me: la paſſiue c'eſt celle qui le reçoit d'ailleurs & ce par le moyen de la matiere. Ainſi voyons nous que les choſes legeres tendent naturelle-ment en haut, & les peſantes en bas: parce qu'elles ont en ſoy ce princi-pe & faculté naturelle qui agit en elles & les pouſſe à leur centre. Et voyons au contraire que l'eau eſt eſchaufée non pas de ſoy (car ſon naturel ne luy permet pas) ains paſſiuement du feu , duquel elle reçoit céte alteration : mais le feu qui en eſt la cauſe externe n'eſt que l'inſtrument de la nature & de la cauſe interne, qui eſt la ma-tiere. Car ſi la matiere de l'eau n'estoit susceptible de la chaleur, en vain y appliqueroit-on le feu pour l'eschaufer. De mesme si vne pierre n'auoit en soy vne cause interne & naturelle d'estre remuée, en vain s'efforceroit on de la remuer : & toute cause externe seroit inutile sans l'interne. C'est ce que font remarquer ces mots de la susdite definition, *de la chose en laquelle elle est*: Car la cause qui n'est point au mobile ou muable, c'est à dire, au corps qui se peut mouuoir, n'est point sa nature, ny propre cause de son mouuement, ains seulement vne cause estrangere.

V. En troisiesme lieu céte cause doibt estre *premierement, de soy, & non par accident*: c'est à dire, qu'elle ne doibt point venir d'ailleurs ou en suite d'vne autre. Ainsi vne piece de metal ou vne pierre se meut en bas à cause de sa pesanteur qui luy est naturelle & innée, & non pas en consequence de quelqu'autre chose: & vne statuë de metal ou de pierre se meut aussi en bas, non pas à cause que c'est vne statuë (car ce n'estqu'v

ne caufe accidentaire) mais par ce
qu'elle eft d'vne matiere graue &
pefante.

V oilà comment la nature eft appellée la caufe du mouuement & **VI.**
repos des chofes naturelles: la vraye
difference defquelles eft d'auoir en
foy céte caufe du mouuement & repos, & non autre. Car il faut bien
fe garder de mefprendre en la diftinction des chofes naturelles: d'autant
que plufieurs chofes femblent eftre
naturelles qui ne le font pas : &
d'autres ne le femblent pas eftre,
qui neantmoins le font vrayement.
Et à céte caufe il faut obferuer que
tout ce qui produit des effects naturels n'eft pas chofe naturelle : d'autant qu'il s'enfuiuroit que les Anges
& les efprits feroient des chofes naturelles, veu qu'ils produifent fouuent des effects naturels : Et d'ailleurs, que les chofes ne laiffent pas
d'eftre naturelles quoy qu'elles ayét
efté produites par quelque moyen
fur-naturel. Car le monde & tout
ce qui eft compris en iceluy ne laif-
fe pas d'eftre naturel ores qu'il ait

esté du commencement creé de
Dieu, & que la creation soit vne
production sur-naturelle. C'est dóc.
la seule cause du mouuement & repos que nous appellons Nature,qui
donne le nom & la difference tres-
propre aux choses naturelles.

VII.   Or bien que tous les corps naturels ne se remuent pas d'eux-mes-
mes, si ont ils en soy le principe &
la cause du mouuement qui les rend
mobiles ou müables, voire mesmes
qui les fait mouuoir d'eux-mesmes
à leur centre quand le mouuement
& la violence de la cause externe
cesse. Par exemple, si vne pierre est
jettée en haut, c'est par vn mouuement violent & contraire à sa nature, qui est de tendre & se mouuoir
tous-jours en bas : mais aussi apres
que l'agitation & l'effort de ce mouuement externe cesse, elle rechoit
d'elle-mesme en bas par vn mouuement qui luy est naturel & propre.

Contre céte definition de la nature les Scholastiques font ordinairement deux obiections entre autres,
la resolution desquelles ie ne veux

pas omettre , d'autant qu'elle eſt
vtile & notable.

---

*La reſolution de deux objeƈtions
notables contre la ſuſdite definition de Nature.*

CHAP. III.

Sommaire.

I. *Objeƈtion contre la ſuſ-dite definition de Nature, priſe du mouuement des
choſes artificielles.* II. *Autre objeƈtion
priſe de ce que les Cieux ſont en perpetuel
mouuement , & la terre eſt immobile.*
III. *Reſponſe à la 1 objeƈtion.* IV. *Reſponſe à la 2 objeƈtion : & ſi les Cieux
peuuent eſtre dits ſe repoſer en quelque façon.* V. *Diſtinƈtion notable pour la reſolution de la ſeconde objeƈtion.* VI. *Le
vray ſens de la ſuſ-dite definition ſuiuant
céte diſtinƈtion.* VII. *Opinion d'aucuns
ſouſtenans que la terre eſt mobile à cauſe
qu'elle peut eſtre meuë en ſes parties.*

OMBIEN que ie n'ap-
prouue pas la methode de
ceux qui enseignent les
arts liberaux & les sciences par des questions agitées d'vne
part & d'autre sur tout subject, ausquelles les apprentifs s'amusans ordinairement par trop laissent ce qui
est du precepte & le plus moüelleux
de la discipline : si est ce que ie ne
blasme pas moins ceux qui les traictent si nüement qu'ils ne proposent & ne resoluent point les principaux & plus notables doubtes,
lesquels, outre ce qu'ils ouurent les
esprits des apprentifs, leur confirment aussi d'auantage ce qui leur
pouuoit estre incertain sans la controuerse & resolution de tels doubtes. Car comme en heurtant deux
cailloux l'vn contre l'autre, il en sort
du feu : de mesmes agitant les opinions contraires la verité en est re-
cognuë. C'est pourquoy ie ne veux
en cela suiure ny les vns ny les autres, ains l'entre-deux, laissant tous
les deux : &, comme i'ay promis dés
l'entrée de cét œuure, & encore depuis

puis, ie ne m'arresteray pas aux questions inutiles , & n'omettray pas
aussi celles qui me sembleront estre
les plus vtiles. Voy-ci donc deux
objections sur le subjet de la susdite definition de Nature.

La premiere, que si la Nature   **I.**
estoit le principe du mouuement &
repos des choses naturelles, il s'ensuiuroit vne tres-lourde absurdité :
c'est que les arts seroyent quelques-
fois nature estans les principes &
causes de certaines choses : Et par
ainsi l'art de faire des horologes seroit le principe & la cause du mouuement qui est és horologes : l'art de
baler & danser seroit le principe &
la cause du mouuement qui est en
celuy qui bale & danse : l'art d'escri-
mer seroit le principe & la cause du
mouuement de celuy qui escrime :
& ainsi des autres arts semblables.

L'autre objection est telle : si la   **II.**
nature estoit la cause du mouuemēt
& repos des choses que nous appellons naturelles, il faudroit que toute chose naturelle se remuast & re-
posast, ou pour le moins peut rece-

uoir mouuement & repos. Or est-il
que toute chose naturelle ne sere-
mue pas & ne peut receuoir mouuement : ains il y en a quelqu'v-
ne qui est en perpetuel repos, c'est à
dire, qui ne bouge de son lieu naturel, comme la terre : d'autres qui
n'ont jamais repos, ains sont en vn
continuel mouuement, comme les
Cieux. Partant céte definition de
nature est faulse & trompeuse ne
conuenant pas à toutes les choses
comprises soubs icelle.

III.   À la premiere de ces objections
il faut respondre que les arts qui
semblent causer le mouuement
en certaines choses, n'en sont pas
pourtant la propre & vraye cause, ains seulement vne condition,
vn reglement & moderation d'i-
celuy. Ainsi le mouuement des
horologes en tant qu'il est reglé à
certaines minutes, est artificiel :
mais neantmoins il depend d'vn
mouuemēt naturel qui est és poids
lesquels descendant, à cause de leur
pesanteur naturelle, fait remuer les
autres ressorts & roües artificiel-

les. De mesme aussi en l'escrimeur
& au danseur il y a vn principe naturel de son mouuement, comme
homme & corps naturel : mais l'art
luy enseigne à le moderer & regler
à certain temps, à certaines mesures & cadences.

L'autre objection a biē plus em- IV.
pesché les maistres pour y trouuer
vne response pertinente : de maniere que les plus oculés n'y ont sceu
rien voir, & les plus aigus y ont es-
moussé les poinctes de leurs subtili-
tés : aucuns allegant que les Ciel
peut estre dit se reposer par le moyē
des poles, qui sont comme ses colomnes fermes & immobiles, sur
lesquelles il se repose : bien que ce
ne soyent que comme deux poincts
opposites l'vn au Midy, l'autre au
Septentrion: d'autres inferant le repos du Ciel de ce qu'il ne change
point de lieu, & que tout sō remuement se fait circulairement en sa
circonference, i'appelle *circonference*
le rond de son orbe ou sphere. Mais
céte response est aussi fort absurde:
par ce qu'outre ce que le Ciel (i'en-

tés le premier mobile) n'eſt pas proprement en certain lieu : d'ailleurs
l'immobilité du lieu n'infere pas le
repos, ainſi que le Philoſo phe meſme conclud contre Meliſſus en ſa
Phyſique.

Ariſt.c.3
l.1.Phyſ.

V.

Et afin que ie ne m'amuſe point
à raporter & refuter les reſolutions
& reſponſes impertinentes des autres touchant céte queſtion, ie re-
monſtreray ſeulement que la ſuf-
dite definition de nature ſe doibt
entendre auec diſionction, ſuppoſi-
tion ou hypotheſe. Car quand la nature eſt appellée principe du mouuement & repos des choſes naturelles, c'eſt autãt à dire que du mouuement ou du repos, prenãt *&* pour
ou: de meſme que i'ay remarqué en
ma Logique touchant la definition
de l'Accident.

au l. 2.
f.7.

VI.

Le vray ſens eſt donc que ſi quelque choſe a ſeulement du mouuement, comme les Cieux : ou ſeulement du repos, ou pour mieux dire,
ſi elle eſt du tout immobile, comme
la terre : ou ſi elle a tous les deux, cõme les animaux, les plantes & au-

tres corps naturels, c'est par le moié
de la nature : qui n'est autre chose
(comme i'ay desia dit) que la matiere & la forme : Laquelle resolution
est puisée dans la doctrine du Philo- *Arist. c.*
sophe mesme en sa Physique, où il *8. lib. 3.*
enseigne que *des choses naturelles les* *Physic.*
vnes sont en continuel mouuement, aucu-
nes du tout immobiles, d'autres (& pres-
que toutes) ont mouuement & repos.

    Quant à l'immobilité de la terre VII.
aucuns y ont respondu autrement,
& ont voulu soustenir qu'elle pouuoit estre dite mobile , par ce que
les parties d'icelle sont mobiles.
Mais en cela il n'y a pas beaucoup
de subtilité : par ce qu'il n'est pas
question de ses parties, ains du tout.
Et par ainsi la response precedente
est la meilleure & la plus asseurée.
Voilà quant à la definition de la nature. Maintenant il faut exactement
traicter du mouuement , commençant par la definition d'iceluy.

k · iiij

Qu'est-ce que mouuement?

CHAP. IV.

Sommaire.

I. Definition du mouuement. II. Autre definition. III. Diuision des choses en celles qui sont des actes purs, & celles qui sont des actes meslés auec la matiere. IV. Tout mobile est actuellement quelque chose, & vne autre chose par puissance: & le mouuement tend tousjours à ce qui n'est pas, mais qui peut estre. V. Il y a deux sortes d'acte, de la chose en tant qu'elle est, ou en tant qu'elle est faite ce qu'elle n'estoit pas au precedent. VI. L'acte ou action & la passion en ce subject reuiennent à vne mesme chose, comme le chemin pour aller & retourner. VII. Le mouuement est vn acte imparfait tendant à perfection. IIX. Qu'est-ce qu'il faut ici entendre par perfection.

I.

E Philosophe en sa Phy-
sique propose deux defi-
nitions du mouuement
plus differentes aux ter-
mes qu'au sens. L'vne, *que le mouue-*
ment est l'acte ou l'action de la chose qui est
par puissance en tant qu'elle est par puis-
sance.

II.

L'autre, *que c'est l'action laquelle pro-*
cedant de l'agent est receuë au subject pa-
tient en tant qu'il est patient : c'est à dire
(pour comprendre l'vne & l'autre
en termes plus clairs) *le mouuement*
est vn progrés & acheminement de ce qui
n'est pas en la nature, mais qui y peut estre.
Par exemple la transformation d'vn
œuf en vn poulet, ou de la semence
d'vn animal ou d'vne plante en vn
autre animal ou vne autre plante de
mesme espece, c'est le mouuement
de l'estre du poulet, & d'vn animal
ou d'vne plante qui n'estoit pas encore en la Nature, & toutefois y
pouuoit estre.

Mais pour mieux entendre cecy
il y a quatre poincts à remarquer.

III.

Le premier, que de toutes les choses qui sont en la nature, les vnes

font appellees actes purs, simples &
exempts de toute matiere, comme
Dieu & les Anges, mais principalement Dieu seul: les autres sont des
actes meslés auec quelque matiere,
comme sôt tous les corps naturels:
tellement que parlant icy de l'acte
de quelque chose qui est par puissâ-
ce, ou qui peut estre, i'entés vn progrés & acheminement de la forme
par le moyen duquel elle se doit lier
à la matiere, & ne parle aucunemét
des actes purs, simples & exempts
de toute matiere: Car l'acte respond
à la forme, & la puissance represente la passion de la matiere, à laquelle
la forme doit donner son estre, qui
n'est pas encore en effect, mais neât-
moins peut estre par l'vnion & accés de la forme.

IV.　　En second lieu est à noter que
toute chose mobile, c'est à dire, tout
ce qui a du mouuement, est actuellement & en effect quelque chose,
& par puissance quelque autre chose. Par exemple, vn arbre est actuellement arbre, vn œuf actuellement
œuf: mais par puissance l'arbre est

vn lict, vn banc, vne table : & l'œuf
eſt par puiſſance vn poulet, par ce
que de l'œuf peut eſtre engendré vn
poulet. De meſme auſſi ma main eſt
actuellement froide, & par puiſſance chaude, parce que ie la puis eſchaufer. Or le mouuement ne tend
iamais à ce qui eſt actuellement &
d'effect, par ce qu'il eſt deſia : ains à
ce qui n'eſt pas, mais qui peut eſtre.
Ainſi donc faire d'vne piece de bois
vn lict ou vne ſtatuë, c'eſt la mouuoir à vne nouuelle forme & à vn
nouuel eſtre : & de meſme eſchaufer
ma main froide, c'eſt la mouuoir à
la chaleur qu'elle n'auoit pas.

La troiſieſme remarque, laquelle
depend de la precedente, c'eſt qu'il y
a deux ſortes d'acte ou d'action, à
ſçauoir, l'acte de la choſe en tant
qu'elle eſt, & l'acte de la choſe qui
n'eſt pas encore : mais qui peut eſtre.
Le premier eſt vne vraye forme non
pas vn mouuement : comme l'acte
par lequel vn œuf eſt dict eſtre œuf,
c'eſt par ce qu'il eſt vrayement œuf :
& l'acte par lequel ma main eſt dicte eſtre chaude, c'eſt la chaleur qui

y eſt deſia. L'autre acte c'eſt celuy de
la choſe entant qu'elle change de
forme, & eſt faicte ce qu'elle n'eſtoit
pas , ou bien qu'elle acquiert ce que
elle n'auoit pas, & c'eſt proprement
le mouuement duquel nous trai-
ctons icy. En ceſte ſorte l'acte par
lequel vn poulet eſt faict d'vn œuf,
c'eſt la generation du poulet qui eſt
vn mouuement en la ſubſtãce : l'acte
par lequel ma main eſt eſchauffée,
c'eſt vne alteration ou mouuement
en la qualité. Et de là il eſt aiſé à voir
que cête ſeconde ſorte d'acte eſt autant differente de la premiere que la
generation de la choſe engendrée,
& que l'eſchaufement de la chaleur:
Car l'vne regarde ce qui eſt à naiſtre,
& l'autre ce qui a deſia ſon eſtre : l'v-
ne regarde la perfection qu'elle n'a
pas, & l'autre ſignifie l'accompliſſe-
ment & perfectiõ de quelque choſe.

VI.   La 4 remarque c'eſt qu'ores que
nous ne parlions icy que d'acte ou
d'action ſans faire métion de la paſ-
ſion, ſi eſt-ce que l'action preſuppo-
ſe touſiours paſſiõ , parce que ce ſõt
choſes relatiues, & qui non ſeule-

ment se raportent l'vne à l'autre,
mais aussi à mesme subiect : voire
mesmes ie diray plus , c'est que tóu-
tes deux signifient vne mesme chose, bien que la consideration en soit
diuerse. Car entant que le mouuement procede de l'agent il est appellé action, & en tant qu'il est receu au
subiect patient , il est appellé passió:
mais en effect c'est mesme chose:ny
plus ny moins que le chemin qui
conduit de Paris à Rome,est le mesme qui conduit de Rome à Paris.
Car de mesme la chaleur qui vient
de l'agent au patient c'est tousiours
la mesme chaleur.

VII.

Apres tout cela donc il faut con-
clurre que le mouuemēt est vn acte
imparfaict tendant neantmoins à
perfectió.Car le mouuemēt de toutes les choses naturelles se fait pour
la perfection d'icelles , ou pour acquerir ce qu'elles n'ont point , ou
pour les faire autre chose qu'elles
n'estoiét pas. I'entens icy par la perfection vn accomplissement & par-
acheuemēt,non pas vne chose meilleure & plus digne. Car souuent le

mouuement se faict en vne chose
pire & moins digne: comme quand
d'vn animal se fait vne charroigne:
d'vne chose belle vne laide: d'vn bõ
vin, du vinaigre. Soit assez aresté
sur la definition du mouuement:
Voyons maintenant en combien
de predicamens ou categories se
trouue le mouuement.

En combien de predicamens ou ca-
tegories se trouue les mouue-
ment.

CHAP. V.

Sommaire.

I. *Le mouuement estant chose incom-*
plete n'est pas proprement en aucun predi-
cament, bien qu'il se raporte à quatre di-
uers predicamens. II. *La generation &*
corruption à la Substance. III. *L'accroist-*
sement & decroissement à la Quantité.
IV. *L'alteration à la Qualité, dont il y a*
quatre sortes. V. *Le transport ou change-*
ment de lieu au predicament Où.

Es Logiciens fçauent qu'il y a dix predicamens, categories ou fouuerains genres foubs lefquels font comprifes toutes les chofes du monde tant vniuerfelles que fingulieres, tant corporelles qu'incorporelles, & tant les fubftances que les accidens: toutefois (comme i'ay enfeigné en ma Logique) cela fe doibt entendre des chofes completés & entieres, c'eft à dire, qui ont leur eftre parfait & accompli: de maniere que le mouuement eftant vne chofe imparfaite & non encore accomplie en fon eftre (comme nous venons de monftrer) il eft exclus des categories & du rang des chofes accomplies: & quãd nous difons qu'il fe trouue en quelques categories, à fçauoir en quatre, cela s'entend feulement par analogie, raport, & correfpondence ainfi que nous verrons au chapitre fuyuant. Or ces quatre categories efquelles fe trouue le mouuement font la Subftance,

Au l. 3 ch. 5.

I.

la Quantité, la Qualité, & la catégorie Où.

II.   En la substance il y a deux sortes de mouuement ou changement, la generation & la corruption, c'est à dire, la naissance & la mort : tellement que la generation est vn mouuement & progrés du non estre à l'estre : ou pour le dire plus clairement vn changemét par lequel vne chose est faite ce qu'elle n'estoit pas auparauant : & au contraire la corruption c'est vn mouuement de l'estre au non estre, c'est à dire, vn chãgement par lequel vne chose n'est plus ce qu'elle estoit auparauant. Et tousiours la generation & corruption s'entre-fuyuent, & la naissance de quelque chose que ce soit presuppose la mort & la fin d'autre : & reciproquement la mort & la fin de quelque chose que ce soit est suyuie de la naissance d'vne autre. Ainsi quand vn poulet est fait d'vn œuf, par ce changemét est faite vne chose qui n'estoit pas : & apres mourant il cesse d'estre animal, & n'est plus qu'vn corps mort & vne charroi-

gne:& puis encore estant la viande
de l'hôme il se conuertit en nostre
sang,en nostre chair , en fin en ex-
cremens , & tousiours ainsi d'vne
chose en autre.

En la Quantité il y a aussi deux
sortes de mouuement,àsçauoir l'accroissement & decroissement ou diminution. L'accroissement est vn
mouuemét & progrés d'vne moindre quantité à vne plus grande: & le
decroissement au contraire vn re-
grés & declin d'vne plus grãde quãtité à vne moindre : comme quand
vn petit corps croissant deuiét plus
grand , ou decroissant & diminuant
plus petit. Car cét accroissement &
decroissement ne s'entend que des
dimensions corporelles, qui sont
longueur,largeur,& espesseur.

En la qualité se trouuent pareillement deux mouuemens contrai-
res:qui sont tous deux appellés d'vn
mot commun *alteration.* Or comme
il y a quatre sortes de qualité (ainsi
que les Logiciens enseignent) aussi
y peut-il escheoir mouuement en
toutes les quatre. En la premiere,

Aristot.
in categ.
cap. de
Qualit.

qui est *l'habitude & disposition*, comme quand vn homme de vicieux se rend vertueux, ou se dispose à la vertu par les actions honnestes : ou au contraire de la vertu au vice par des actions deshonnestes. En la seconde, qui est *la puissance ou impuissance naturelle*, comme quand vn hôme naturellement adroit & apte à quelque chose corrompant son naturel, s'y rend inhabile : ou au contraire, change son defaut en mieux : ainsi que fit Demosthene, lequel estant begue & ayant la prolation difficile, se rendit fort disert & tres-excellét orateur par vn grand exercice & labeur assidu. En la troisiesme, qui est *la passible qualité ou passion*, comme quand quelqu'vn de sain deuient malade, ou au contraire de malade sain : de mesme quand vne chose chaude est refroidie, ou vne froide eschaufee : celle qui est blanche est noircie, ou celle qui est noire, blanchie, ou teincte en quelque autre couleur.

En la quatriesme, qui est *la forme ou figure*, comme quand vn homme

de beau est rendu laid : quand vn
corps de quarré qu'il estoit, est rondi
ou changé en quelque autre figure.

Au predicament Où se trouuent
aussi deux mouuemens contraires,
lesquels font exprimés d'vn mesme
nom commũ à tous les deux, qui est
translation, traduction, ou transport, c'est
à dire remüement d'vn corps de lieu
en autre: comme du haut en bas, ou
du bas en haut : du costé droit au
gauche, ou du gauche au droit : du
Leuant au Couchant : du Midy au
Septentrion, ou au contraire.

Or bien que de ce dessus soit aucunement aisé à voir que le raport
des mouuemens susdits est fait bien
à propos à certains pradicamens ou
categories, à cause de la correspondence qu'ils ont ensemble, si est-ce
qu'il vaut mieux l'esclarcir encore
d'auantage.

*Comment est-ce que le mouuement
est dict estre en certains predicamens ou categories.*

CHAP. VI.

Sommaire.

I. *Que le mouuement n'est point en certains predicamens comme l'espece soubs son
genre.* II. *Qu'il y est raporté à cause de
l'affinité qu'il a auec eux.* III. *Comment
la generation & corruption se raportent à
la substance.* IV. *Comment est-ce que
l'accroissement & decroissement se raport-
tent à la quantité.* V. *Comment est-ce
que l'alteration se raporte à la qualité.*
VI. *Obiection fondée sur ce qu'és contrairés
mediats le mouuement ne procede pas toufiours d'vne extremité à l'autre.* VII. *Ré-
sponse à céte objection.* IIX. *Comment
est-ce que le transport ou changement de
lieu se raporte à la categorie Où.*

I.   Vand nous disons que le
mouuement est en quel-
qu'vn des quatre susdits

predicamés ou categories, il ne faut
pas entendre qu'il y ſoit comme
vne eſpece ſoubs ſon genre, & côme
l'animal eſt en la Subſtance, la ligne,
en la Quantité , l'habitude en la
Qualité. Car s'il eſtoit en céte ſorte
en vn predicament il ne ſe pourroit
pas trouuer en vn autre : d'autant
qu'vne meſme choſe ne peut eſtre
compriſe ſoubs diuers predicamens.

II. Nous diſons donc que le mouuement ſe trouue en quatre diuers
predicamens, par ce qu'il a de l'affinité & correſpondence auec eux,
procedant de l'vne de leurs extremités à l'autre, leſquelles les Latins
appellent *terminum à quo, & terminũ
ad quem*, c'eſt à dire, l'extremité d'où
procede le mouuement, & l'extremité à laquelle tend le mouuement.

III. Ainſi la generation & corruption
ſe raportent fort bien à la ſubſtance
par ce que l'vne eſt l'eſtabliſſement
de la ſubſtance, & l'autre ſa deſtru-
ction, procedant toutes deux de l'v-
ne extremité à l'autre par voyes côtraires, à ſçauoir la generation du

non estre à l'estre, & la corruptió de l'estre au non estre.

IV. En la Quantité le progrés & acheminement d'vne moindre Quantité à vne plus grande c'est l'accroissement: & le declin ou diminution d'icelle c'est le decroissement: & les deux extremités de tels mouuemés sont la plus grande & moindre quátité: de maniere qu'à céte cause ils sont bien à propos raportés à la quantité.

V. Quand le mouuement procede d'vne qualité à la qualité contraire, les deux contraires qualités sont les deux extremités, & l'vn & l'autre mouuement, quoy que contraire, est appellé (comme i'ay dit cideuant) du mot commun d'alteration: comme quád vne chose chaude est refroidie, ou vne froide eschaufée, le froid & le chaud sont les extremités & contraires qualités. C'est pourquoy tous les deux mouuemens sont tresbien attribués à la qualité puis qu'ils se font d'vne qualité contraire à l'autre.

VI. Mais à ceci on me pourroit obij-

cer que le mouuement n'eſt pas touſiours d'vne extremité à l'autre, ains
ſouuẽt auſſi du milieu & de l'étre-
deux à vne des deux extremités. Et
partant que la regle precedente eſt
faulſe & trompeuſe.

A quoy ie reſpons que les con- **VII.**
traires ſont mediats ou immediats,
ainſi que i'ay monſtré amplement
en ma Logique. Qu'és contraires *Aul. 3.*
immediats comme la ſanté & la *ch.12.*
maladie, la regle eſt manifeſtement
vraye : & qu'és contraires mediats,
c'eſt à dire qui ont des entredeux, il
faut prendre le milieu ou entre-
deux pour vne des extremités op-
poſites. Par exemple, ſi le mouuement procede de la tiedeur à la
chaleur, la tiedeur repreſente la froideur : & s'il procede de la tiedeur à la
froideur, la tiedeur repreſente la
chaleur. Tout ainſi qu'vn homme
liberal comparé à vn auare ſemble
prodigue, & comparé auec vn prodigue il ſemble auare.

En fin en la categorie Où, le mou- **IIX.**
uement c'eſt le remuëment & tranſport de quelque corps que ce ſoit

d'vn lieu en autre , & les extremités
sont le lieu d'où il part, & le lieu auquel il se va arrester:de sorte que bié
à propos tel mouuement est raporté
à céte categorie.

Ce n'est pas assez de sçauoir qu'est
ce que mouuement , & à quelles categories il respond: mais il faut remarquer aussi quelles choses sont
requises au mouuement.

Quelles choses sont requises au
Mouuement.

CHAP. VII.

Sommaire.

I. Cinq choses sont requises au mouue-
* uent, le moteur, le mobile , les deux extre-*
mités, & le temps.   II. La generation &
corruption seules de tous les mouuemens, se
font en vn instant , & sont plustot chan-
gemens que mouuemens.   III. Que la ge-
neration & la corruption ne sont pas pro-
prement contraires, ains opposites priuatifs.
IV. Que l'accroissement & decroissemens

égalent vne iuſte contrarieté en ce qui regarde le mouuement.

Tout ainſi qu'aux choſes parfaictes & entieres rien ne defaut: auſſi au contraire és choſes imparfaictes il y a touſiours quelque defaut, lequel eſt cauſe que pour les conduire à perfection pluſieurs pieces y ſont requiſes. Et par ainſi le mouuement qui eſt vne choſe imparfaïcte ne peut paruenir à ſa perfection ſans l'aide & interuention de quelques autres choſes, leſquelles ſont cinq en nombre, à ſçauoir, le moteur ou la choſe mouuante, le mobile ou la choſe meŭe, les deux bouts ou extremités du mouuement, l'vn duquel il procede, & l'autre auquel il finit & atteint ſa perfection, & outre tout cela le temps pendãt lequel ſe fait le mouuement. Par exemple, quand l'eau eſt eſchaufée par le feu, le moteur c'eſt de feu : le mobile c'eſt l'eau: le bout ou extremité où commence le mouuement, c'eſt la froideur : l'autre bout ou extremité où

I.

finit le mouuement c'est la chaleur:
car par ce mouuement, c'est à dire
par l'eschaufement il faut changer
la froideur de l'eau en chaleur : & le
temps pendant lequel l'eau a esté eschaufée c'est demy-heure, vne heure, plus ou moins, & autant qu'il en
faut pour la perfection du mouuement.

II. Toutefois les mouuemens qui
respondent à la substance, se font en
vn instánt & sans aucun espace de
temps: comme ie mõstreray au chapitre suiuant. C'est pourquoy aussi
ils sont appellez proprement changemens plustot que mouuemens,
Aristot. ainsi que le Philosophe mesme
*cap.*1. nous enseigne. Et la raison c'est que
lib. 5. le mouuement se fait entre choses
Physic. contraires, & à la substance il n'yá
rien de contraire, comme sçauent
les Logiciens.

III. Que si on veut dire que la corruption est contraire à la generation,
& partant qu'il y a aussi de la contrarieté entre les mouuemens qui
regardent la substance: Ie respõdray
que la corruption est bien opposite

à la

à la generation comme estant la priuation d'icelle, mais non pas pourtant proprement contraire : car, à
parler proprement, tous les deux
contraires sont quelque chose, cõme la vertu & le vice : & la priuatiõ,
comme la corruption, ce n'est rien,
ce n'est point estre, ains c'est la destruction de l'estre. C'est pourquoy
les Logiciens appellent tels opposites, *priuatifs*, & non pas contraires,
ainsi que i'ay remarqué en son lieu.

Au l. 3.
de m̃
Logique.
ch.12.

A céte response on pourroit encore repliquer qu'elle ne satisfait
pas entierement à l'objection precedente, d'autant que la quantité
ne reçoit non plus de contrarieté
que la substance, ainsi que i'ay mõstré moy-mesme en ma Logique : &
neantmoins ie nie ici qu'il y ait proprement mouuement en la seule
substance, par ce qu'elle ne reçoit
point de contrarieté, accordant par
mesme moyen qu'il y en a és autres
trois categories susdites. A laquelle replique il faut repartir que bien
que la quantité ne reçoiue point de
contrarieté non plus que la substan-

IV.

Au l. 3.
ch.7.

ce: si est-ce qu'entre l'acroissement
& decroissement, qui sont les mouuemens respondans à la quantité, il
y a tant de repugnance que pour le
mouuement ils egalent vne iuste
contrarieté, veu mesmes qu'ils signifient tous deux quelque chose:
ce qui n'est pas en la generation &
corruption.

Or d'autant que nous auons dit
ci-dessus que tous les mouuemens,
excepté ceux qui respondent à la
substance se font auec quelque espace de temps, il faut voir de plus
prés si le mouuement enclott en soy
du temps.

Si le mouuement encloft en soy du temps.

Chap. IIX.

Sommaire.

I. La durée du mouuement est mesurée par le temps, sans que pourtant le temps soit enclos au mouuement. II. Pour-

quoy est-ce que la generation *&* corruption
seules se font tout en vn instant ? III.
Pourquoy tous les autres mouuemens se
font auec quelque espace de temps?   IV.
Autre raison pourquoy les mouuemens en
la quantité, qualité, *&* predicament Où ne
se peuuent faire en vn instant. V. Qu'est-
ce qu'instant ou moment? VI. Lors qu'vn
contraire est chassé de quelque subiect par
son contraire, laquelle des deux precede ou
l'introduction de l'vn ou l'expulsion de
l'autre ?

L est certain que le
mouuement n'éclost
point en soy du téps,
si ce n'est improprement & en tant que   I.
la durée est mesurée par certain espace de temps. Car selon & autant
que dure le mouuement , autant
d'espace de temps luy est attribué
pour remarquer sa durée: comme si
vn homme met à croistre vingt ans,
on dira que son accroissement a duré vingt ans : si i'employe vn quart
d'heure pour aller de chez moy à
l'Eglise ou au palais, ce chemin, ce

remuëment de lieu eſt d’vn quart-
d’heure : & de meſme de tous les
autres mouuemens excepté de la
generation & corruption , qui ſont
(comme i’ay dit au chapitre precedent) pluſtot des changemens &
transformations que propres mouuemens, & ſe faiſant à l’inſtant ne
participent aucunement du temps,
ny de la quantité.

II.   Mais pour mieux entendre ceci
il ſe faut ramenteuoir ce que i’ay
dit ci-deuant que des mouuemens
les vns ſe font à vn moment & tout
à l’inſtant , les autres auec quelque
eſpace de temps . En vn moment ſe
font ſeulement la generation & la
corruptió : par ce que ces deux ſeuls
mouuemens regardent la ſubſtãce,
la nature de laquelle eſtant indiuiſible , les mouuemés qui reſpondent
à icelle ſe doiuent auſſi faire en vn
moment, qui eſt indiuiſible. Car autrement il s’enſuiuroit qu’elle ac-
querroit ſa forme & ſon eſtre par
pieces, choſe du tout abſurde & im-
poſſible : d’autant qu’en meſme tẽps
vne choſe ſeroit en partie, & en partie ne ſeroit pas.

Mais les autres mouuemens se XII.
font auec quelque espace de temps,
d'autant que leur nature est diuisible, outre ce que la pluspart d'iceux
se fait d'vn contraire à l'autre, ou
pour le moins (& ce en la seule quãtité) entre deux choses si repugnantes qu'elles egalent pour ce regard
vne iuste contrarieté. Ce qui n'arriue iamais à la substance. Ainsi donc
par ce que la quantité est diuisible
l'accroissement & decroissement se
font auec quelque espace de temps,
& comme par degrés. Car on ne
deuient pas tout à coup à la plus
grande quantité, & ne decline t'on
pas tout à coup à la moindre. L'alteration pareillement ne se peut pas
faire sans employer du temps. Par
exemple vn corps froid ne peut pas
estre rendu chaud tout à l'instant.
Car quelque feu violent qu'on y
puisse appliquer, si faut il que les
parties exterieures soyent plustot
eschaufées que les interieures.

La raison de cecy est encore qu'vn IV.
contraire ne peut estre introduit en
son subject que par l'expulsion de

son contraire: ce qui ne se peut faire en vn instant. Le changement de lieu ne se peut pas faire aussi sans quelque interualle , & sans y employer du temps. Car l'experience nous fait voir qu'vn corps ne peut pas changer de place si soudainement qu'il n'y ait quelque peu de temps à remplacer ailleurs ses parties les vnes apres les autres.

V. Et quand ie dis instant ou momét c'est moins qu'vn clign d'œil , qu'vne minute d'horologe, moins, dy-ie, qu'on ne sçauroit exprimer ny mesmes imaginer, tout ainsi que le poinct des Mathematiciés est moindre qu'on ne le sçauroit conceuoir.

VI. A ce propos on pourroit former vn tel doubte : Quand vn contraire est introduit en quelque subject par l'expulsion de son contraire, ou l'vn chassé par l'introduction de l'autre, laquelle des deux precede, ou l'introduction de l'vn, ou l'expulsion de l'autre ? Par exemple , lors que le feu agit contre l'eau pour l'eschaufer , à sçauoir-mon si la chaleur du feu est introduite en l'eau auant que

la froideur en soit chassée? A quoy
il faut respondre que comme quãd
vne cheuille de fer est poussée par
vne autre qu'on veut mettre au lieu
de la premiere, on void qu'à mesure
que l'vne entre petit à petit d'vn costé, l'autre sort en mesme temps & à
mesme proportion par l'autre bout.
Ainsi à mesure qu'vn des contraires
est introduit en vn subject, en mesme temps l'autre en est chassé : toutefois que selon l'ordre de nature à
diuers respect du subject agent & du
subject patient on conçoit l'introduction ou expulsion l'vne deuant
l'autre. Car au respect du feu, lequel
eschaufe naturellement , & oste la
froideur par accident, il faut conceuoir que l'introduction de la chaleur se fait auant que le froid en soit
dehors: d'autant que les causes naturelles precedent les accidentaires
en l'ordre & reglement de l'vniuers:
mais eu egard à l'eau, il faut conceuoir la cession ou expulsion du froid
auant l'introduction de la chaleur.
Car estant certain que ce qui agit
côtre vn autre, n'agit que pour se le

rendre semblable en quelque chose,
il faut naturellemét conceuoir l'expulsion de la dissemblance auát l'introduction de la ressemblance.

Or dautant que le mouuement
peut estre dit vn mesme en plusieurs
façons, il faut dire quelque chose
de l'vnité & identité ou conuenence d'iceluy.

De l'vnité & conuenence du mouuement.

CHAP. IX.

Sommaire.

*I. Les mouuemens conuiennent en gen-
re, ou en espece, ou en nombre. II. Les
mouuemens conuiennent en genre estans
soubs mesme predicament. III. Les mouuemens conuiennent en espece estans soubs
vne mesme espece infinie. IV. Les
mouuemens locaux conuiennent en espece si les extremités & l'entre-deux
conuiennent aussi en espece. V. Aux
mouuemens conuenans en nombre est re-*

quise l'vnité du moteur, du mobile, de l'ex
tremité où tend le mouuement, & d'ailleurs que le temps soit continuel. VI.
Obiection 1. VII. Obiection 2. IIX.
Response à l'objection 1. IX. Response à
l'objection 2.

I.

L'Vnité ou conuenence du
mouuement (aucuns disent
identité en mot barbare mais
bien significatif) est de trois sortes,
selon le genre, selō l'espece, & selon
le nombre: (par le nombre il faut ici
entendre l'indiuiduité & singulari-
té en termes de Logique.)

*Voyez
ma Logi-
que au L.
2. ch.4.*

II.

Les mouuemens sont vns ou cō-
uiennent en genre lors qu'ils appar-
tiennent à vn mesme genre supreme, predicament ou categorie. Ainsi la generation & corruption cōn-
uiennent en genre en ce qu'ils ap-
partiennent à la Substance: l'accroi-
sement & decroissement à la Quantité: toutes les alterations à la Qualité: & tous les remuëmens de lieu à
la categorie Où.

III.

Les mouuemens sont vns & cō-
uenans en espece lors qu'ils regar-

L v

dent vne mesme espece, i'entens la vraye espece, que les Logiciens appellēt specialissime, laquelle iamais ne peut estre genre. Car la couenence des especes subalternes, lesquelles à diuers respect peuuent estre genres ou especes ne font pas le mouuement vn en espece. Par exēple, la couleur est espece au respect des passibles qualités & de la qualité mesme, & genre au regard de la blancheur, noirceur, rougeur & des autres sortes de couleur: & partāt les mouuemens qui tendent à la couleur en general peuuent estre diuers en espece, par ce qu'il y a diuerses especes de couleurs: mais les blāchissemens conuiennent tous en leur espece, les noircissemens en la leur de mesme les quarreures en leur espece, les rondissemens en la leur: les eschaufemens en leur espece les refroidissemens en la leur.

IV.   Toutefois pour faire que les mouuemens locaux soyent vns mesmes & couenans en espece, outre ce que les deux extremités doiuent estre vnes mesmes & conuenantes eu es

pece, il eſt requis d'ailleurs que l'eſpace qui eſt entre icelles extremités
ſoit auſſi vn meſme & conuenant en
eſpecede, maniere que le mouuement qui ſe fait d'vn lieu en autre
en ligne droite ne conuient pas en
eſpece auec celuy qui ſe fait circulairement & en rond du meſme lieu
en meſme lieu : comme quand ie
m'en voy de chez moy vne fois au
palais le droit-chemin, & vne autre
fois en biaiſant par autre chemin,
ces mouuemens ne ſont pas vns
meſmes, & côuenans en eſpece, ores
que l'vn & l'autre procede de meſme extremité & ſe termine auſſi à
meſme extremité.

Au mouuement vn & conuenant V.
en nombre il y a encore plus de façon, par ce que quatre choſes y ſont
requiſes, quoy qu'aucuns n'en mettent que trois. La premiere, que le
moteur & choſe mouuante ſoit vne
meſme: la ſeconde que le mobile ou
choſe meuë ſoit auſſi vne meſme:
la troiſieſme que le têps du mouuement ſoit côtinuel & ſans intermiſ-
ſiô, c'eſt à dire, qu'il n'y ait point de

repos ny relasche auant que le mouuement soit parfait : la quatriesme
que l'extremité & le but où tend le
mouuement soit aussi vn mesme
en nombre & indiuiduité. Par exēple, si quelqu'vn pousse vne pierre
de haut en bas, & qu'elle tōbe à terre sans faire rencontre d'aucun autre corps qui la heurte ou l'arreste
quelque espace de temps, il est notoire qu'elle a este poussée par vn
mesme & seul moteur: que c'est vne
mesme pierre: que son mouuement
n'a point esté interrompu: : & que
d'ailleurs l'extremité & le but de
son mouuement est vn mesme, parce qu'elle paruient à son centre.

VI.   À ce propos les Scholastiques
proposent certains doubtes, que ie
ne veux pas du tout mespriser. Si on
precipite (disent-ils) vn chien ou
quelque autre animal d'vn fort haut
lieu en bas, & qu'il meure en l'air
auant que cheoir à terre, le mouuement ne laisse pas d'estre continuel
& vn mesme en nōbre, quoy que le
mobile ne soit pas la mesme chose.
Car auant qu'il mourust c'estoit vn

animal, & aprés qu'il est mort c'est
vne chose inanimée & vne charroigne. Et par ainsi le mouuement peut
estre vn mesme en nombre sans que
le mobile soit vn mesme.

En voyci encore vn autre : Quand **VII.**
vn carrosse est tiré à quatre cheuaux
par certain espace de chemin, le
mouuemēt est continuel bien qu'il
y ait plusieurs moteurs & plusieurs
choses meuës. Et partant il semble
qu'au mouuement vn en nombre
n'est pas requise, l'vnité du moteur
ny du mobile.

Le premier desquels doubtes est **IIX.**
aisé à resoudre en disant que la mort
du mobile n'est pas en ceci considerable : d'autant que quand il tōbe en
bas ce n'est pas comme animal, ains
comme corps graue & pesant : &
partant qu'il viue ou qu'il meure
pendant le mouuement, c'est tous-
jours vn corps graue qui se meut.

A l'autre il faut respondre que **IX.**
pourucu que pendant le mouuemēt
le nombre des moteurs ny des choses meuës ne soit augmenté ny diminué, le mouuemēt est tous-jours

cenſé le meſme en nôbre. Car tous
les moteurs enſemble ne faiſant
qu'vne vertu motrice, & pluſieurs
choſes meuës repreſentant vn mobile, cela reſpond touſ-jours à l'indiuiduité & vnité, puis que toutes
choſes demeurent les meſmes en
nombre qu'elles eſtoyent au commencement du mouuemét, & touſ-
jours iuſques à la fin.

Or d'autant que ci-deuant nous
auons ſouuent fait mention de la
contrarieté des mouuemens ſeulement de paſſade, il eſt beſoign, afin
d'en auoir vne plus claire & entiere
intelligéce, que nous en diſiós encore particulierement quelque choſe.

De la contrarieté du mouuement.

CHAP. X.

Sommaire.

ment *&* decroissement. IV. *Contrarie-*
té des alterations. V. *Contrarieté du*
mouuement local. VI. *Contrarieté du*
mouuement & repos.

O N seulemét le mou-
uement est en general
contraire au repos,
mais aussi à chasque es-
pece de mouuement il
y a vn autre mouuement contraire.
Et pour mieux assortir ces contra-
rietés il nous faut premierement
toucher celle qui est entre les mouuemens, & puis nous viédrons à celle qui est entre le mouuement & le
repos.

Or quand nous parlons ici des
contraires nous n'entendons pas
seulemét céte espece d'opposés que
les Logiciens appellent *aduerses*: car
(comme nous auons dit ci-dessus)
en céte signification les mouuemés
qui respondent à la substance ny
ceux qui respondent à la quantité
ne peuuent estre proprement appellés côtraires: mais outre les vrais
contraires , comme il y en a eu la

qualité & predicament Où , il faut
aussi entendre les opposés , comme
sont ceux qui respondent à la substance: & mesmes les repugnans qui
egallent, pour le regard du mouuement , vne iuste contrarieté, comme ceux qui se raportent à la quantité: laquelle contrarieté , opposition, & repugnance se rencontre és
mouuemens, chascun en son genre,
à cause de la contrarieté, opposition
ou repugnance de leurs extremités.
Mais quelle differēce il y a entre cōtraires , opposés, & repugnans Il le
faut auoir appris à la Logique.

Ainsi donc en la substance la generation, qui est le mouuement du
non estre à l'estre est contraire , ou
pour le moins opposée à la corruption, qui est le mouuement de l'e-
stre au non estre: par ce que l'estre &
le non estre sont contraires ou pour
le moins opposés, comme l'habitude & la priuation.

En la quantité , l'accroissement
qui est le mouuement & progrés
d'vne moindre quantité à vne plus
grande est cōtraire ou pour le moins

Au li. 3.
ch. 12.

II.

.III

fort repugnante au decroissement,
qui est le mouuement & declin d'v-
ne plus grandequantité àvne moindre: d'autant que l'vn, à sçauoir l'accroissement, tend à la perfection du
subject: & l'autre, à sçauoir le decroissement, à sa ruine.

En la qualité les deux mouuemens contraires sont signifiés par
ce seul mot *d'alteration*, & n'y a point
de propres termes pour remarquer
l'vn & l'autre contraire separément.
Ainsi le refroidissement est contraire à l'eschaufement, & le blanchis-
sement au noircissement, par ce que
le froid est contraire au chaud, & le
blanc au noir: mais le mouuement.
tant d'vn costé que d'autre s'appelle
tousiours *alteration*. IV.

Au predicament Où les deux
mouuemens contraires ne se peuuent aussi exprimer que par vn nom
commun qui est remuëment, traduction, ou transport. Et en céte sorte le mouuement du lieu haut en
bas & le mouuemēt du lieu bas en
haut sont cōtraires: parce que le lieu
haut & le lieu bas sont contraires: V.

mais l'vn & l'autre s'appelle du nom cõmun de remuement, traduction ou transport. Voilà pour le regard de la contrarieté des mouuemens.

VI.   Quant à la contrarieté du mouuement & du repos outre ce qu'elle est generale, d'ailleurs aussi à chasque mouuement est particulierement contraire la cesse, le repos & l'arrest qui se fait en iceluy, ou aprés iceluy : comme il est aisé à remarquer en toutes les especes du mouuement excepté au mouuement local ou transport, de la contrarieté duquel auec son repos ie veux donner vn exemple afin que les moins oculés ne s'y mesprennent : car il y a de là difficulté. Ainsi dõc le repos au lieu bas n'est pas contraire au mouuement du lieu haut : par ce qu'vn contraire ne s'achemine iamais vers l'autre : mais il faut dire que le repos est contraire au mouuement en mesme espece & en mesme terme ou extremité : & partant que le repos au lieu bas est contraire au mouuement qui se fait du lieu bas en haut : & que ce repos au lieu haut

est contraire au mouuement qui se
fait du lieu haut en bas.

Or outre tant de proprietés & cō-
ditions que nous auons remarqué
au mouuement, il y faut encore obseruer l'egalité ou inegalité d'iceluy.

De l'egalité ou inegalité du mou-uement.

CHAP. XI.

Sommaire.

I. *Quel est le mouuement egal.* II.
Quel est le mouuement inegal. III. *L'in-egalité du mouuement procede de l'in-egalité de l'espace, ou du moteur, ou du mobile mesme.* IV. *Pourquoy les choses animées croissent plus du commencement apres leur naissancee, qu'elles ne font quel-que temps apres.* V. *De l'inegalité du mouuement local, & du mouuement cir-culaire naturel, violent ou artificiel.* VI. *De l'inegalité du mouuement direct, na-turel, violent ou artificiel.* VII. *Pour-quoy le mouuement des choses lancées est plus viste au milieu qu'au commencement ny à la fin.*

I.

LE mouuement est egal ou inegal. Le mouuement egal est celuy qui procede egalement en toutes ses parties, c'est à dire, despuis l'vne extremité jusqu'à l'autre, despuis le commencement iusqu'à la fin.

II. Le mouuement inegal au contraire est celuy qui procede inegalemét & se haste plus ou moins en vne part qu'en autre. De quoy il est aisé à colliger que telle egalité ou inegalité ne se peut trouuer en la generation & corruption par ce qu'elles se font en vn instant & sans aucun interualle ny espace de temps, comme nous auons dit ailleurs.

III. Or l'inegalité du mouuemét procede de l'inegalité de l'espace, ou du moteur, ou bien du mobile mesme: *De l'inegalité de l'espace*, comme quand le chemin est plus raboteux en vne part qu'en autre : *du moteur*, quand il haste plus ou moins son action : *du mobile*, quand il est plus flexible au mouuement & plus susceptible de

l'action du moteur en vne partie
qu'en autre. Ainſi peut-il arriuer
que certaines parties du corps ſeront plus aiſées à eſchaufer ou à re-
froidir, ou à receuoir quelque autre
impreſſion, que les autres.

De meſme l'accroiſſement ne ſe
fait pas touſ-jours egalement en vn
meſme ſubjet: par ce que les premieres années apres la naiſſance les
corps animés croiſſent beaucoup
plus qu'ils ne font pas approchant
de leur perfection, & d'autant que
la nature ſe voyant eſloignée de ſa
perfection ſe haſte d'y paruenir & bã-
de toutes les forces de la chaleur interieure pour cõuertir grand quantité d'aliment à l'accroiſſement du
corps.

IV.

Quand il eſt queſtion du tranſport il eſt notoire auſsi que les choſes peſantes deſcendent plus viſte
qu'elles ne montent, de maniere
que leur mouuement eſt inegal en
lieu inegal. Et à ce propos il faut-re-
marquer que le mouuement circulaire naturel, cõme celuy des cieux
& des corps celeſtes eſt touſ-jours e-

V.

gal ainfi que les Mathematiciens de-
môftrent, & côme les plus ignorans
peuuent obferuer au cours du Soleil
& de la Lune, & de quelques eftoiles cognuës de tout le môde. I'ay dit
le cours circulaire naturel, d'autant
que s'il eftoit violent ou artificiel il
pourroit eftre inegal pour les caufes fufdites, comme lon void par experience és rouës artificielles.

VI.   Mais le mouuement direct, c'eft
à dire fait en droite ligne eft toufiours violent, foit-il naturel ou artificiel & violent : toutefois diuerfement l'vn de l'autre. Car le mouu-
ment naturel eft toufiours plus vifte à la fin qu'au commencement,
par ce que le mobile approchant
plus prez de fon repos & de fon cê-
tre, le moyen ou entre-deux luy re-
fifte moins : & le mouuement violent au contraire eft plus prompt &
acceleré au commencement qu'à la
fin, la vertu motrice s'affoibliffant
toufiours de plus en plus.

VII.   Toutefois le mouuement des
chofes lancées eft plus fort & impetueux au milieu qu'au commence-

ment ny à la fin, comme l'experience mesme le nous enseigne car nous
voyons que les bales de canon ou
d'arc-à but, les pierres, l es flesches
decochées d'vn rude bras ne frap-
pent & n'assennent pas si rudement
tout auprez ny au bout de leur por-
tée, comme au milieu & à vn iuste
interualle, par ce que la cause motrice dilate sa vertu & sa force par
cét interualle, laquelle tout auprez
estoit trop serrée & comme estouf-
fée, brute, & de peu d'effect, & s'es-
loignant elle s'affoiblit & relasche :
ny plus ny moins que les sauteurs
sautent beaucoup mieux prenant
vne petite course sans beaucoup
s'efforcer, qu'ils ne fairoyent pas
sans cela, ores qu'ils bandassent tous
leurs nerfs & toutes leurs forces, &
neantmoins à mesure que l'haleine
leur defaut, ils sautent moins sur la
fin. I'ay extrait tout ce dessus de la
doctrine du Philosophe.

Iusques ici nous auons discouru
des proprietés & accidens des mouuemens en general : maintenant
(outre ce qui en a esté dit ci-dessus

Arist. ca.
6.l.5. &
c.9.li. 8.
Phys. &
c.8.l. 1.
& c.6.l.
2. de Cœ
lo.

en paſſant) il faut faire des obſeruations particulieres ſur chaſque eſpece, excepté ſur l'alteration, d'autant qu'elle n'eſt pas de ſi faſcheuſe
conſideration que les autres.

Obſeruations particulieres ſur la ge-
neration & corruption.

CHAP. XII.

Sommaire.

I. *D'où vient la viciſsitude & entre-*
ſuite infallible de la generation & corru-
ption. II. *Le meſpris de certaines choſes*
fait meſcognoiſtre céte entre-ſuite de la
generation & corruption. III. *L'igno-*
rance de certaines cauſes peu apparentes
cauſe la meſme choſe. IV. *La generation*
& corruption regardent tout l'eſtre de la
choſe, & les autres meuuemens ſeulement
les accidens. V. *La generation eſt ſimple*
ou ſelon quelque choſe.

Le

L E cours ordinaire generalement establi en toute la nature des choses est tel qu'il est impossible qu'vne chose se corrompe & meure qu'vne autre ne s'engendre & renaisse: ny au contraire qu'vne chose s'engendre & naisse qu'vne autre ne se corrompe & meure: d'autant que toutes les choses du monde estant corruptibles perissables & mortelles, elles ne peuuent estre coseruées qu'en la continuelle succession les vnes des autres.

I.

Toutefois il semble que céte regle & cét axiome ne soit pas si general & vniuersel qu'il ne reçoiue quelquefois exception. Car nous voyons ordinairement naistre des choses sans apperceuoir la corruption d'aucunes autres, & au côtraire en voyons corrompre sans apperceuoir la naissance d'autres. Par exéple, quand la pluye, la gelée, ou la rosée s'engendre, nous n'apperceuons pas qu'autre chose se corrompe : & au contraire quãd ces mesmes cho-

I I.

ſes ſe corrompent & n'apparoiſſent plus, nous ne voyons pas pourtant que leur corruption ſoit ſuyuie de la generation de quelque autre choſe. Mais ce doubte vient ou du meſpris que nous faiſons de certaines choſes que nous ne daignons mettre en ligne de compte, ou bien de l'ignorance d'aucunes cauſes. Du meſpris *Ariſt. c. 3 lib. 1. de gener. & corrupt.* de certaines choſes, comme quand vn enfant naiſt, nous ne daignons pas dire que ſa naiſſance apporte la corruption de la ſemence dont il eſt engendré: & quand l'homme meurt nous ne daignõs pas dire que ſa corruption eſt ſuyuie de la generation d'vne charroigne, par ce que telles choſes ſont viles en la bouche des hommes.

III. Ce meſme doubte peut auſſi proceder de l'ignorãce de certaines cauſes peu apparentes : comme ſi quelqu'vn ne remarque point de corruption lors que la pluye, la roſée, la gelée ou autres telles choſes s'engendrent, c'eſt par ce qu'il ignore les cauſes de leur generatiõ. Mais ceux qui ſçauent qu'elles s'engendrent

des vapeurs attirées par le Soleil ou
par les autres eftoiles, lefquelles vapeurs fe corrompent à mefure que
la pluye, rofée, ou gelée s'engédrent:
& d'ailleurs fçauent auffi qu'aprez
que ces mefmes chofes font diffi-
pées, elles fe reduifent & fe refoluét
derechef en air, ou en eau , ou tombant à terre fe meflangent auec les
corps qu'elles rencontrent, ceux-là,
dy je, n'ont garde d'entrer en tels
doubtes: Et voila la premiere chofe
qu'il faut ici remarquer touchant la
generation & corruption.

En fecond lieu il faut obferuer
que la generation & corruption
font differentes de tous les autres
mouuemens non feulement en ce
que j'ay dit ci-deuant que la generation & corruption fe font à l'inftant & les autres mouuemens auec
quelque efpace de temps: mais auffi en ce que la generation & corruption regardent tout l'eftre de la
chofe, l'vne pour l'eftablir, l'autre
pour le deftruire, & les autres mouuemens ne fe font qu'en des accidens. Car l'accroiffement & decroif-

IV.

sement ne regardent que l'augmen-
tation ou diminution de la quantité: l'alteration, le changement de
quelque qualité: & le transport, le
remuëment de quelque corps d'vn
lieu en autre.

V.   Pour la troisiesme remarque il
faut distinguer la generation en celle qui est simple, proprement &
vrayement generatiõ de la substance, & en la generation selon quelque chose, qui est impropre, & signifie seulement la generation de quelque accident. Par exemple, quãd on
dit qu'vn home, vn animal, ou vne
plante, vient de naistre, c'est vne generation simple : & quand on dit
qu'vn homme de vicieux est rendu
vertueux, ou quelque corps froid a
esté eschaufé, c'est vne generation
selon quelque chose, ou pluftost vn
changement de quelque accident
en la substance. C'est tout ce que ie
veux dire touchant la generation
& corruption. Passons maintenant
à la seconde espece du mouuement.

Arist. c.
4. l. 1. 1.
de gener
& cor.

Obſeruations particulieres ſur l'accroiſſement & decroiſſement.

CHAP. XIII.

Sommaire.

I. *Parties homogenées & ſemblables.*
II. *Parties heterogenees & diſſemblables.* III. *Les parties heterogenees & diſſemblables croiſſent par le moyen des parties homogenées & ſemblables.* IV. *Que l'accroiſſement ſe fait par le moyen de l'aliment, & comment eſt-ce que la chaleur naturelle eſt entretenue par l'humide radical.* V. *Qu'on digere plus en la ieuneſſe par ce que la chaleur naturelle eſt plus feruente & actiue.* VI. *Le corps ayãt atteint ſon periode, l'accroiſſement ceſſe & l'aliment ne ſert qu'à l'entretenir.* VII. *Sur le declin de l'age l'aliment ne pouuant reparer ce qui ſe perd de l'humide radical, le ſubjeCt eſt conduit à ſa fin.* IIX. *Les animaux reçoiuent leur aliment au rebours des plantes.* IX. *Qu'eſt-ce que concoCtion ou cuiſon.* X. *La I concoCtion ſe fait dans l'eſtomach, & qu'eſt-ce*

que l'appetit. X. Le ruminer est propre aux animaux cornus. XI. La 2 concoction se fait és veines meseraïques. XII. La 3 concoction se fait au foye. XIII. Comment apres les trois concoctions l'aliment se change en la substance du corps.

L y a plusieurs belles & curieuses considerations touchant l'accroissement & decroissement : toutefois ie me contenteray d'en raporter les plus vtiles que ie diuiseray en deux chapitres, & emprunteray en quelque chose de la doctrine des Medecins, par ce qu'elle sert beaucoup à ce propos.

Vide Fernel de elem. lib. 2, cap. 2.

Le vray accroissement se fait de toutes les parties du corps ; lesquelles sont ou homogenées & semblables ou heterogenées & dissēblables. Les parties homogenées & semblables sont celles lesquelles estant diuisées & mises en pieces, chasque parcelle d'icelles a mesme nature & mesme denominaison que la partie entiere. Ainsi chasque parcelle d'vn os, est os, & chasque parcelle de la

I.

ὁμοιω-μέρȷ ἤ ἀνομοι-ωμέρȷ, similares aut dissimilares Ari. c. 1. lib. 7. de histor. animal.

chair est chair:de mesme du cerueau
dés nerfs,des arteres,des tendons,du
sang, de la peau, de la gresse, du car-
tilage, de la moüelle.

Les heterogenées & dissembla- II.
bles sont celles lesquelles estant diuisées,leurs pieces n'ont pas mesme
denominaisō ny mesme nature que
la partie entiere : & en vn mot, ce
sont celles que nous appellons communement les membres en vn animal. Ainsi les parties de la teste, ny
des bras, ny des iambes, ne sont pas
teste, ny bras, ny jambes. Nous ré-
marquons pareillement és plantes
céte distinction des parties, dautant
que nous pouuons dire que chasque
petite piece ou parcelle d'escorce est
escorce : & que chasque partie de
branche n'est pas pourtant branche.

Cela ainsi presupposé il faut ob- III.
seruer que l'accroissement des parties homogenées ou semblables est
cause que les parties heterogenées
ou dissemblables croissent aussi.
Car nous disons que le bras d'vn
homme est plus grand à vingt ans
qu'à dix : par ce que la chair, les os,

les nerfs & les veines de son bras
ont accreu.

IV.   Or l'accroissement des parties homogenées ou semblables se fait par
le moyen de l'aliment en tous les
corps animés tant sensibles comme
les animaux, qu'insensibles comme les plantes. Car les vns & les autres ont certaine humeur, que les
Medecins appellent *l'humide radical*,
parce que c'est comme la racine de
la vie : laquelle entretient & con-
serue en eux la chaleur naturelle,
tout ainsi que l'huile dans vne lam-
pe nourrir le feu · & à mesure qu'elle se diminue la chaleur naturelle
s'affoiblit aussi, & lors qu'elle est du
tout consumée la chaleur naturelle
s'esteint aussi, & lors il faut de necessité mourir.

V.   Tandis donc que le corps viuant
est jeune, à cause de la feruenr de la
chaleur naturelle qui bouillonne en
luy par le moyen de l'abondance de
l'humide radical, il a vn grand appetit & prend plus d'alimét & nourriture qu'il ne luy en faut pour la
conseruation de cét humide radical,

& le surplus sert d'accroissement à toutes les parties homogenées du corps.

VI.

Mais apres qu'il est paruenu à certain periode & à sa quantité naturelle (car toutes les choses qui croissent au monde ont leur quantité reglée & determinée, antrement elles croistroyent iusques à l'infinité) l'aliment qu'il prend ne sert qu'à entretenir l'humide radical & s'il en prend plus que la chaleur n'en peut digerer, il luy nuit au lieu de luy profiter, de maniere que le corps peut bien se grofsir & s'engresser, deuenir gros & gras, mais non pas grand: car la grandeur est de toutes les dimensions.

Aristot. ca 4. lib. 2. de anima.

VII.

Mais en fin sur les derniers ans l'aliment ne pouuant reparer autant d'humide radical qu'il s'en perd & consume: & la chaleur naturelle par mesme moyen se debilitant & affoiblissant, le corps s'attenuë & s'affoiblit aussi iusques à ce que par la mort la chaleur naturelle est du tout esteinte.

IIX.

Or est-il que les animaux reçoi-

ment leur nourriture au rebours des
plantes. Car aufsi bien (comme di-
foit vn ancien) les animaux font des
arbres ou des plantes renuerfées:
dautant que les animaux prennent
leur nourriture par la bouche, qui
eft en la partie fuperieure du corps,
& les plantes par la racine, qui eft la
partie inferieure & cachée dans la
terre : de laquelle elles attirent certaine humeur qui s'eftend par toutes les parties du corps, mefmes iufques aux plus petites branches, &
fe conuertit en leur fubftance fans
qu'il la faille cuire ou digerer côme
la viande des animaux. Et en cête
forte fe fait leur accroiffement.

IX. Mais auant que la viande ou l'a-
liment fe change en la fubftance des
animaux il y a trois concoctions ou
cuifons precedentes : c'eft à dire, il
faut que l'aliment cuife trois fois en
trois diuers lieux de noftre corps:
& chafque concoction ou cuifon à
vn preparatif. La côcoction ou cui-
Fernel. fon, felon les Medecins, eft vn chan-
c. 12. lib. gement de fubftance en vn meilleur
3. meth. eftat de nature, lequel changement
medendi.

se fait par le moyen de la chaleur naturelle. Car la concoction ne change pas seulement les qualités, mais
aussi la substance mesme de la chose,
ainsi que nous verrons en suite.

La premiere concoction donc se X.
fait dans l'estomach : & le preparatif d'icelle se fait en la bouche mas-
chant auec les dens la viande dure &
solide : car si elle est liquide elle s'escoule tout à coup en l'estomach.
Estāt ainsi en l'estomach elle s'y cuit,
cóme fait la chair dãs vn pot, bouïl-
lant par le moyen de la chaleur naturelle, laquelle y est excitée par l'appetit : & l'appetit est de deux sortes :
l'vn du chaud & du sec que nous appellons appetit ou desir de manger,
& en vn mot *faim* : l'autre est du froid
& de l'humide, qui est l'appetit ou
desir de boire & en vn mot *soif.*

Or quand i'ay dit que la viande XI.
solide est maschée auec les dens auāt
qu'estre enuoyée à l'estomach, cela
s'entend des animaux qui ont des
dens. Car les animaux qui n'ont
point de dens n'ont point aussi ce
preparatif : non pas mesme ceux qui

M vj

n'ont des dens que deſſous comme
les beſtes à corne, par ce que la matiere des dens de deſſus eſt changée
& employée aux cornes : mais la nature qui eſt toute prouidente leur a
fourni vn autre moyen de ramollir
& mettre en paſte leur aliment
leur ayant fait comme vn auant
eſtomach que les naturaliſtes appellēt *omaſum, la pance ou gras boyau,* dans
lequel retirant quelque temps l'a-
liment qu'ils n'ont pas peu entierement maſcher, ils le ramolliſſent &
cuiſent aucunement par le moyen
de la chaleur : & puis eſtant à recoy
& à repos ils l'attirent derechef en
leur bouche & le trouuant plus mol
ils le remaſchent, & à parler proprement, le ruminent : car le ruminer
eſt propre aux ſeuls animaux à corne : & apres l'auoir ainſi ruminé le
renuoyent dans l'eſtomach pour y
faire la premiere concoction.

XII.   Apres que la viande a bouïlli aſſez dans l'eſtomach & s'eſtāt là toute conſolidée dans vne maſſe, que
les medecins appellent *Chile,* le preparatif de la ſeconde concoction ſe

fait dans les veines appellées *Meseraï-*
ques, c'est à dire, qui font entre les inteftins, lefquelles attirent à foy céte
maffe ou chile & la defchargent dás
vne groffe veine appellée *la veine por-*
te, de laquelle tout s'efcoule dans les
boyaux, où fe fait la feconde concoction.

Cela fait la matiere fecale & les **XIII.**
excremés tant fecs qu'humides font
feparés de la fubftáce nutritiue & re-
jettés en bas par les conduits naturels. Et la fubftance nutritiue demeurant par ce moyen nette, pur-
gée, & preparée à la troifiefme con-
coctió, elle eft traduite des inteftins
au foye, où fe fait céte troifiefme &
derniere concoction, & le tout fe
tourne en fang dont le foye retenant ce qu'il luy en faut diftribue le
demeurant à toutes les parties du
corps.

Ce fang en fin s'efcoulant ainfi par **XIV.**
tout le corps eft changé en vne liqueur blanche comme laict, mais
plus claire & fubtile & fe tourne en
la mefme nature & fubftance que
celle de la partie à laquelle il fe ioint.

& vnit par le moyen des pores : se
fait chair auec la chair, os auec les
os, nerf auec les nerfs, & ainsi des
autres parties.

Voilà comment l'aliment se chãge en nostre substance. Reste encore
à obseruer quelques autres poincts
touchant l'accroissement.

Suite des obseruations particulieres
sur l'accroissement.

CHAP. XIV.

Sommaire.

I. *Que toutes les parties du corps ac-*
croissent ensemble. II. *En quoy l'accroisse-*
ment est different de la gresse & carno-
sité. III. *Atrophie maladie qui empes-*
che la nourriture de quelque partie du
corps. IV. *L'accroissement se fait d'vne*
matiere externe. V. *La chose demeure*
apres l'accroissement la mesme quelle estoit
au precedent, non pas apres la generation.
VI. *La matiere seule croist, & neant-*
moins la faculté de croistre vient de la for-

me. VII. *L'accroissement se fait sans penetration de dimensions.* IIX. *L'aliment est dissemblable au corps alimenté auant l'accroissement, & semblable en l'accroissement.*

E Philosophe discourant en sa Physique de l'accroissemét remarque encore sur iceluy principalemét six choses. La premiere que toutes les parties du corps tant homogenées & semblables que heterogenées & dissemblables prennent leur accroissement ensemble, non pas successiuement les vnes apres les autres, ou les vnes sans les autres.

En quoy l'accroissement est different de l'enfleure, de la gresse, & de la carnosité, lesquelles se font seulement en certaines parties du corps. Car on void par experience que les os, ny les nerfs, ny les veines, ny plusieurs autres parties ne croissent pas és personnes enflées, grosses, & grasses, & charnües.

Que s'il y a quelquefois des mem-

Aristot. cap. 5. lib. 1. de gener. & corrupt.

I.

II.

III.

bres ou parties du corps si indispo-
sées qu'elles ne croissent point du
tout, ains demeurét en mesme estat,
cela ne vient pas du defaut de nature, ains par accident & d'vne maladie que les Medecins appellent *atro-*
phie, c'est à dire, priuation ou empeschement de nourriture.

IV.   La seconde c'est que l'accroissemét
se fait par l'accés & jonction de quelque matiere externe : qui n'est autre
chose que l'aliment ou viande de laquelle le corps est nourri & accreu.

V.   La troisiesme que ce qui croist est
la mesme chose apres l'accroissemét
qu'elle estoit auant iceluy. Ainsi
l'homme demeure touf-jours homme, & l'arbre arbre apres son accroissement. En quoy l'accroissement differe d'auec la generation,
par ce que la chose engendrée n'est
pas la mesme qu'elle estoit auant la
generation. C'est pourquoy lors que
d'vne goute d'eau en sont faites dix
d'air, ou de dix d'air vne d'eau, ce
n'est point accroissemét ou decroissement, ains generation & corruption.

La quatriefme, que ce qui croift VI.
eft vrayement la matiere du corps,
quoy que la faculté de croiftre vienne de la forme. Ainfi quand vn arbre croift c'eft fa matiere qui deuiét
plus grande: mais ce qui le fait croiftre c'eft l'ame vegetante, laquelle
eft fa forme.

La cinquiefme, que l'accroiffe- VII.
ment fe fait fans aucune penetration de dimenfions : c'eft à dire,
fans que la matiere externe, qui eft
l'aliment ou viande, fe mefle auec
effort ou debris dans les parties du
corps:ains il fe fait par le moyen des
pores , & conduits treflubtils par
lefquels (comme i'ay dit au chap.
precedent) la viande reduite apres
les trois concoctions en vne liqueur
tref pure,claire , & fubtile entre &
fe joinct aux parties du corps áuffi
aifeement que nous voyons ordinairement couler la fueur par les
mefmes pores , defquels les corps
narurels font tous couuerts. Que
fi en l'accroiffement il y auoit penetration de dimenfions, nous en
reffentiriós de la douleur auffi bien

que si on nous perçoit ou poignoit
viuement dans la chair & dans les
os.

IIX.   La sixiesme, c'est que l'aliment
duquel le corps se nourrit est à diuers respect semblable & dissemblable à iceluy : semblable, apres
que par le moyen des trois concoctions il est vni & changé en la mesme substance de la partie alimentée:
dissemblable , auant céte mesme
vnion. Soit assez arresté à l'accroissement.

Observations particulieres sur le mouuement local.
CHAP. XV.

Sommaire.

E mouuement local ou remuement d'vn corps naturel d'vn lieu en autre reçoit quatre diuifions ou diftinctions principales : laiffant à part celles qui fe peuuent prendre de la contrarieté des lieux, côme de haut en bas, du cofté droit au gauche, du Leuant au couchant, du Midy au Septentrion, d'autant qu'elles font plus aifées & familieres.

La premiere donc de ces quatre diuifions ou diftinctions, c'eft que le mouuement eft des chofes fenfibles ou infenfibles : les fenfibles fe remuent d'elles-mefmes & peuuent eftre remuées d'ailleurs : les infenfibles ne fe remuent pas d'elles-mefmes, ains feulement peuuent eftre remuées : toutefois eftant agitées d'vn mouuement violent elles fe mouuent & tendent à leur centre d'elles-mefmes.   **I.**

La feconde diftinction c'eft que le mouuemét local eft naturel ou violent:naturel comme quand les chofes legeres tendent en haut & les pe-   **II.**

santes en bas de leur propre mouuement & sans y estre meuës ny pous-
sées d'aucune cause externe:violent,
comme quand quelque chose est
agitée & poussée contre son mouuemét naturel, ou bien en sorte que
son mouuement naturel, en est precipité & hasté. Par exemple, quand
on jette en haut vne pierre,ou quelque autre corps lourd & pesant, elle
monte contre son mouuement naturel, & si on la pousse rudement en
bas, quoy qu'elle y doiue tendre cóme à son centre, si est ce qu'elle y
choit plustot qu'elle n'eust fait sans
la violence du moteur.

III.   La troisiesme distinction c'est que
ce mouuement est droit ou circulaire : le droit se fait en droite ligne &
de poinct à poinct à mesme niueau,
comme celuy d'vn traict d'vne buté
à autre : le circulaire se fait en rond,
tournant & retournant tousiours
en soy-mesme, comme le mouuement des Cieux. Ie ne dis rien du
mouuement oblique par ce qu'il
participe de tous ces deux-là.

IV.   La quatriesme c'est que le mou-

ſiement local eſt continuel ou rebrouſſé, c'eſt à dire fait auec repouſ-
ſement, retour, reflexion, ou rejaliſſement. Le mouuement continué
fait ſon cours iuſques à ſon periode
ou extremité ſans interruption ny
rencontre : comme quand vne fleſ-
che eſt decochée d'vne bute à l'autre ſans faire rencontre d'aucũ corps
qui la repouſſe arriere. Le mouuement rebrouſſé eſt de deux ſortes,
ou naturel ou accidentaire. Le naturel ſe fait ſans rencontre d'aucun
corps qui cauſe le rebrouſſement, reflexion ou rejaliſſement, ains de la
propre & innée vertu du mobile, l'a-
gitation de la cauſe externe ceſſant :
l'accidentaire au contraire eſt cauſé
du conflict & entre-heurt de deux
corps. Par exemple ſi vne pierre eſt
jettée en haut, tandis que la vertu
impulſiue du moteur la pouſſera, elle môtera touſ jours : mais céte vertu luy defaillant, elle reprendra ſon
mouuement naturel & recherra en
bas : & partant céte reflexion ſera
toute naturelle. Que ſi allât à côt elle rencôtre vne autre pierre ou quel-

qu'autre corps plus lourd qui la repouſſe en bas auant qu'elle ſoit par-
uenuë là où ce que la force & l'agitation du moteur l'euſt peu cõdui-
re, ce rebrouſſement & reflexion de
mouuement eſt notoirement accidentaire.

V.   Or à ce propos ſe fait ordinairement vn tel doubte: à ſçauoir ſi céte
reflexion empeſche la continuation
du mouuement, & ſi elle ſe fait auec
quelque repos du mobile: c'eſt à dire, à parler plus clairement, ſi en cela il y a vn ſeul mouuement, ou ſi le
mouuemẽt eſt double & diſtinct. A
quoy diuers Docteurs ont reſpondu
diuerſement. Mais la plus cõmune
opinion c'eſt que ſur le poinct dẽla
reflexion naturelle il y a vn court repos, & par conſequent diſcontinuation & interruption de mouuemẽt,
& non pas en la reflexion accidentaire. Toutefois il me ſemble qu'il y
a interruption & diſcontinuation
de mouuement auſſi toſt en l'vne
qu'en l'autre: d'autant que l'entré-
heurt de deux corps ſolides ne ſe
peut faire qu'auec quelque temps &

surſoyance de mouuemẽt, ainſi que
l'experience le fait voir en pluſieurs
choſes : côme au jeu de la paulme:
car ſi on pouſſe vne bale fraiſchemẽt
blanchie contre la muraille noircie,
elle la blanchira & reſ-jalira arriere:
ce qui ne ſe peut faire ſans quelque
arreſt & repos. Que ſi on me replique qu'en la reflexion naturelle il y
a notoirement double mouuement
en ce qu'apres que la vertu impulſi-
ſiue du moteur violent ceſſe, il faut
dire que le mouuement violent ceſſe auſſi, & que le mouuement naturel luy ſuccede : mais qu'en la reflexion accidentaire la vertu impulſiue
du moteur violent ſe continuant, le
mouuement auſſi eſt continué & vn
meſme : d'autant que le rencontre
d'vn autre corps ſolide fait que le
mobile ne pouuant paſſer outre, reſ-
jalit en haut ou arriere auec la meſme violence qu'il fuſt allé plus auãt
ſans ce rencontre-là: Ie puis repartir
à cela que le reſialiſſemẽt qui ſe fait
apres le rencôtre de deux corps ſolides, dont l'vn eſtoit pouſſé auec violence, ne vient pas ſeulement de cé-

te violence du moteur, mais auſſi du heurt & conflict de l'autre corps: comme l'on void ordinairemét que ſi le mobile rencontre vn corps mol il ne reſ-jalit ny gueres loign ny gue-re haut: mais s'il en rencontre vn fort dur & ſolide il reſ-jalit fort haut ou fort loign arriere. Et partant y ayant double impulſion, l'vne de la violence du moteur, l'autre de l'eu-tre heurt des corps ſolides, il y a auſſi diſcontinuation du premier mouuement.

Il y a encore quelques autres re-marques touchant le mouuement local, leſquelles nous remettrons au diſcours du Vuide au liure ſuy-uant.

Fin du troiſieſme liure.

LE
QVATRIESME
LIVRE DE LA PHY-
SIQVE OV SCIENCE
naturelle.

En liaison du subject de ce liure auec les precedens.

CHAPITRE I.

Sommaire,

I. *Le subject de ce liure est le Lieu, le Vuide, l'Infini, & le Temps.* II. *Pourquoy il faut ici traiter du Lieu.* III. *Pourquoy du Vuide.* IV. *Pourquoy de l'Infini.* V. *Pourquoy du Temps.*

PRES auoir discouru des principes & causes des choses naturelles, des mouuemens & changemens d'icel-

N

lés auant que venir à la consideration des choses mesmes, quatre proprietés se presentent pour nostre
object, sur lesquelles il nous faut
vn peu arrester pour sçauoir si elles
léur peuuent estre vrayement attribuées. Ces quatre proprietés sont
le Lieu, *le Vuide*, *l'Infini*, *& le Temps*,
choses toutes abstrufes & de secrete
recherche, d'autant qu'elles se def-
robent de la cognoissance de nos
sens exterieurs, ausquels nous defe-
rons naturellement beaucoup : &
font seulement perceptibles par le
discours de nostre entendement,
les conceptions duquel s'estendent
aux choses inuisibles, insensibles &
plus subtiles, ainsi que les sens exterieurs aux visibles, sensibles, &
grossieres. Toutefois afin qu'il ne
semble pas que i'en parle seulemét à
l'imitation des autres qui ont escrit
de la Physique, ou par curiosité, &,
comme l'on dit communément, à
bastons rompus plustot que bien à
propos & selon la suite du subject,
ie veux au preallable monstrer la
liaison de la matiere de ce liure auec

ce que i'ay traicté aux precedens, &
faire veoir d'ailleurs que la confideration de ces quatre chofes eft toute propre au Phyficien ou Natura-
lifte.

Premierement donc il eft bien à
propos de traiter en ce quatriefme
liure, du Lieu, tant par ce que ci-deuant i'ay fonuent fait mention du
Lieu & du mouuement local : que
par ce auffi que c'eft vne proprieté
infeparable des corps naturels, qui
font tous contenus, bornés & me-
furés par leur lieu, & tendent de
leur propre mouuement à leur lieu
naturel : d'autant que là gift leur
conferuation & repos.

Apres l'objeét du Lieu celuy du
Vuide fe prefente afin d'inftruire
les ignorans, lefquels s'imaginent
que les corps fimples inuifibles &
à eux incognus, comme l'air, à trauers lefquels fe fait le mouuement
d'vn lieu en autre ne font point
corps, & fe perfuadent volontiers
que c'eft pluftoft quelque efpace
vuide & denué de tous corps : veu

II.

III.

N ij

meſmes que ç'a eſté l'opinion d'aucuns anciens Philoſophes, & qu'encore aujourd'huy il y en a qui taſ-
chent à la remettre ſus, ne pouuant
rien croire que ce qu'ils voyét pour
paroiſtre autant reformés és choſes
naturelles qu'és ſur-naturelles.
Ioinct qu'en propos familiers nous
vſons ordinairement du terme
de *Vuide* & *Vuider*, comme s'il y a-
uoit quelque choſe de vuide en la
nature : laquelle au contraire n'abhorre rien plus que cela.

IV. Pour le troiſieſme objet, la diſ-
pute de l'infini ſuit auſſi bien à
propos celle du Lieu & du Vuide:
d'autant qu'apres auoir môſtré qué
tout corps eſtant en la ſurface interieure d'vn autre corps, & celuy-
ci en celle d'vn autre, & touſ-
jours ainſi du corps contenu au
contenant, cela ſemble induire vne
infinité de corps les vns ſur les autres: ou ſi on y met quelque fin &
quelques bornes, il ſemblera pour
le moins qu'au deſſus des corps il y
a quelque eſpace vuide infini : veu
meſmes que noſtre concèption, la-

quelle n'a nul arrest , nous porte à
céte croyance , comme elle a fait
pluſieurs anciens Philoſophes : de
maniere que de là on ne peut euiter
l'occaſiõ de rechercher s'il y a quelque choſe infinie en la nature, ou s'il
y en peut auoir, & ſi cela eſt repugnant à la toute puiſſance de Dieu.

Pour le quatrieſme, ayant ci-deuant fait ſouuent mention du Tẽps
recherchant ſi Dieu a creé le monde en vn inſtant ou auec quelque
eſpace de temps, qui ne pouuoit
eſtre auant le remüement des corps
celeſtes: & remonſtré deſpuis que
tous les mouuemens (excepté ceux
qui reſpondent à la ſubſtãce) ſe font
auec quelque eſpace de temps , lequel d'ailleurs eſt vne proprieté par
laquelle nous meſurons la durée de
toutes les choſes corruptibles & periſſables, vne cognoiſſance plus exacte du Temps nous eſt neceſſaire.

Au demeurant i'accorde bien
que ie ſembleray vn peu prolixe au
traicté des quatre choſes ſuſ-dites :
toutefois par ce que ie me ſuis deſia
obligé d'arreſter principalemẽt aux

poincts les plus difficiles, en m'ac-
quitât de ma promesse ie feray voir
au studieux lecteur que le subjet le
vaut bien estant non seulement vtile, mais aussi fort agreable. Car,
comme dit vn Poëte Latin,

Qui le plaisir à l'vtilité joinct
En escriuant, le gaigne de tout poinct.
Commençons donc par le Lieu.

Du Lieu.

CHAP. II.

Sommaire.

I. *Quelque chose se dit estre en certain*
lieu en trois sortes, de soy, pour le respect
de ses parties, ou pour estre en quelque au-
tre chose. II. *Quelque chose se dit estre*
en lieu circonscriptiuement ou definitiue-
ment. III. *Dieu n'est pas en certain lieu,*
ains est par tout: & commēt il est dit estre
particulierement au Ciel. IV. *Il y a six*
differences du Lieu, deuant & derriere,
haut & bas, à droict & à gauche. V. *Le*
lieu est commun ou particulier.

Ovr faciliter l'intelligence du lieu, auant que bailler sa definition, il faut retenir les quatre distinctions qui s'ensuyuent. La premiere c'est que nous disons quelque chose estre en certain lieu en trois façons: *de soy*, comme tout corps naturel lequel est naturellemēt de soy en quelque lieu : *à cause de quelqu' vne de ses parties*, cōme l'arbre qui est dit estre en terre par ce que ses racis font fichées dans la terre: ou *par le moyen de quelque autre chose à laquelle elle est attachée ou enclose en icelle* : ainsi la couleur est en quelque lieu, par ce qu'elle est au corps, qui est tousiours de soy en certain lieu : de mesme aussi le nocher est dit estre sur mer, par ce qu'il est dans la nef, laquelle est sur la mer.

La seconde distinction c'est que les choses sont en certain lieu *circonscriptiuement* ou *definitiuement*, comme j'ay dit ailleurs. Les choses corporelles sont en certain lieu circonscriptiuemēt, c'est à dire, encernées, bornées & mesurées par la sur-face

interieure du corps qui les contiét,
comme l'eau dans vn vaiſſeau, en
ſorte que chaſque partie du corps
logé ou contenu s'accommode &
reſpond au lieu contenant. Les Eſprits (excepté Dieu ſeul) ſont en
quelque lieu definitiuement, c'eſt à
dire, en ſorte qu'eſtans là ils ne peuuent pas agir ailleurs, bien qu'ils s'y
puiſſent rendre tout ſoudain : comme lors qu'vn bon Ange m'inſpire
& ſuggere dans mon eſtude de bonnes conceptions, ou vn mauuais de
mauuaiſes, il n'en peut pas inſpirer
ny ſuggerer ailleurs à vn autre.

III.　　I'ay excepté Dieu ſeul, par ce qu'il
eſt infini & ne peut eſtre borné ny
arreſté par aucun lieu ny circonſcri-
ptiuement ny definitiuement : car
c'eſt luy qui remplit toutes choſes:
& ſans ſa preſence tout ſe confon-
droit, aneantiroit & retourneroit
en rien, comme ayant eſté creé de
rien. Et bien que les ſaintes eſcritu-
res ſemblent nous enſeigner qu'il
eſt particulierement au Ciel, ce n'eſt
pas à dire qu'il ne ſoit par tout : mais
il eſt dit eſtre particulierement au

Ciel, par ce que le Ciel estant le plus
noble, excellent & auguste lieu du
Monde, il est estimé cōme le throf-
ne de Dieu.

La troisiesme distinction c'est que
le lieu à six differences contraires
l'vne à l'autre, à sçauoir *deuant &
derriere, haut & bas, à droit & à gauche.*
Car en quelque part que se puisse re-
müer vn corps, il faut de necessité
que son mouuemēt respōde à quelqu'vne de ces six differences locales.

La quatriesme & derniere distinction, c'est que le lieu est commun
ou particulier. Le lieu cōmun c'est
celuy qui contient & enferre dans
son pourpris & closture plusieurs
corps. Ainsi vne ville est le lieu de
tous les habitans d'icelle : vne maison le lieu de toute vne famille : la
bourse le lieu des escus : vne bouti-
que le lieu de plusieurs sortes de
marchandise : vn carquois le lieu des
flesches. Or ce n'est pas du lieu commun, ains du lieu propre & particulier que nous entendons ici parler.
Venons donc à sa definition.

N v

Math. 5.

IV.

*Aristos.
cap. 1.
lib. 4.
Physic.*

V.

Qu'est-ce que Lieu.

CHAP. III.

Sommaire.

I. *Que le Lieu n'est ny forme, ny matiere.* II. *Que le Lieu n'est point espace.* III. *Qu'est-ce que Lieu selon Aristote.* IV. *Qu'est-ce qu'il faut ici entendre par surface.* V. *Que la surface contenante est egale au corps contenu.* VI. *Objection de laquelle la resolution est remise ailleurs.*

LE genre estant la premiere piece de la definition & y ayant diuerses opinions touchant le genre du lieu, il faut auant que le definir demeurer d'accord de son genre pour establir vne definition asseurée.

I.   Aucuns donc ont dit que le Lieu, estoit vne matiere, d'autres vne forme, d'autres encore vn espace: contre lesquels le Philosophe a disputé

en sa Physique. L'opinion de ceux
qui ont dit que le Lieu estoit matiere ou forme (quoy que Platon soit
du nombre)est si ridicule qu'elle ne
merite point d'estre examinée, d'autant qu'il est tout manifeste que la
matiere & la forme sont de l'essence
de la chose, & principes, causes &
parties du composé, & le Lieu n'est
ny principe,ny cause,ny partie, ains
vn accident ou proprieté du corps.

Mais ceux qui ont tenu que le
Lieu est vn espace,a esté suiuie & approuuée de plusieurs grands personnages de diuers siecles , comme
de Chrysippe, d'Epicure, des Aca-
demiciens, de Procle, & mesmes de
Philopone, lequel d'ailleurs est assés
Aristotelique : toutefois ils se sont
tous expliqués diuersement, trouuant chascun à redire sur l'intellect
de l'autre . Car les vns ont tenu que
cét espace estoit vuide de corps, &
neantmoins apte à receuoir & contenir les corps: qui est notoirement
faux. Car la nature abhorre sur toutes choses le vuide, & ce qui semble
vuide à l'opinion du vulgaire , est

N vj

rempli d'air, comme nous monstrerons ci-aprés. D'autres ont tenu
que cét espace n'estoit pas tout à
fait vuide, comme nous conceuous
vn neant : ains que c'estoit certaine
substance laquelle n'occupoit point
de place estant par mesme moien
apte à receuoir & côtenir les corps:
toutefois qu'il ne demeure jamais
vuide de corps, par ce que l'vn sortant vn autre y rentre & remplit sa
place. Mais ie leur demande si cét
espace est vne substáce, il faut qu'elle
soit corporelle ou incorporelle. Si
elle estoit corporelle sans occuper
place elle seroit penetrée par toute
sorte de corps à mesure qu'vn corps
se logeroit:car ce qui n'ocupe point
de place ne cede point, comme fait
l'air:& ce seroit introduire penetration de dimensions contre nature.
D'ailleurs il faudroit qu'elle fust en
quelque lieu,& ce lieu encore en vn
autre lieu, & ainsi iusqu'à l'infinité,
qui est aussi contre nature. Si c'est
vne substance incorporelle, elle n'a
point de dimensions & par ainsi elle ne peut s'estendre autant que le

corps contenu, comme il eſt requis.
D'autres encore ont dit que cét eſpace eſtoit vn corps inanimé, indiuiſible, immobile, & immateriel.
En quoy il y auroit repugnance manifeſte: d'autant que ſi c'eſt vn corps
il ne peut eſtre indiuiſible, ny immateriel, ny à grand peine immobile.

Les derniers Philoſophes (outre III.
pluſieurs des anciens) voyant que
nulle de ces opinions-là n'eſtoit
ſouſtenable, chaſcune induiſant
quelque abſurdité, incommodité,
ou repugnance, ſe ſont rangés à celle du Philoſophe, qui definit le Lieu
en céte ſorte: *Le Lieu c'eſt la ſurface* *Ati c.4.*
prochaine immobile du corps qui encerne *l.4 .Phy.*
& contient vn autre corps: Et d'autant
que les termes de céte definition
ſont obſcurs & difficiles il les faut
eſclarcir les vns apres les autres.

Par la ſur-face donc il faut enten- IV.
dre céte eſpece de quátité continüe
ou coniointe, laquelle reſulte de
deux ſeules dimenſions longueur &
largeur ſans eſpeſſeur ny ſolidité aucune, ainſi que i'ay enſeigné en ma

Logique. Or il n'est pas dit seulement que le lieu est vne surface, mais
que c'est *la prochaine surface immobile*
du corps contenant vn autre. Nous parlerós de l'immobilité du lieu au cha.
suiuãt: exposons seulemét ici quelle est céte surface prochaine. Par la
surface prochaine donc le Philosophe entend la surface interieure du
corps contenãt, laquelle enuironne
& touche de tous costés le corps
contenu. Par exemple le lieu du vin
dans le vaisseau ce n'est pas le bois,
le verre, ou autre matiere du vaisseau, ce n'est pas di-je le vaisseau
mesme, ny sa surface superieure, exterieure, & visible, mais bien l'interieure, prochaine & celle qui touche & reciproquemét est touchée &
tachée du vin au dedans du vaisseau
De mesme les Cieux (excepté le plus
haut qui contient tous les autres du
lieu duquel nous parlerós ci-aprés)
sont les vns dans la surface interieure, creuse & conuexe des autres: &
le feu dãs la Sphere de la Lune, l'air
dans celle du feu, l'eau dans celle de
l'air, & la terre seroit entierement

dans celle de l'eau, si pour le salut de
l'homme & des animaux terrestres
Dieu ne l'auoit en partie descou-
uerte.

I'ay des-ja dit que par la surface
il faut ici entédre vne quantité sans
espesseur ny grosseur aucune : de
maniere qu'ores qu'elle contienne
vn corps, si est-ce qu'elle n'est pas
pourtant plus ample que le corps
contenu, ains luy est égale, en égalité de contenance (comme parlent
les interpretes d'Aristote) non pas
en égalité de dimension, qui est seulement entre deux corps égaux : car
il faut conceuoir céte surface comme vne ombre auec sa seule extension, c'est à dire auec la seule longueur & largeur. Tout ainsi donc
qu'vne ombre qui couure vn corps
n'est pas pourtant plus ample que
ce corps là, de mesme la surface
interieure du corps contenant n'est
pas plus ample que le corps contenu: d'autant qu'en céte egalité on ne
considere aucunemét la solidité ou
espesseur, ainsi que raisonne tres-
bien le Philosophe.

V.

Aristot.
cap. 1.
lib. 6.
Physic.

Mais quoy? si le lieu qui contient
vn corps n'eſt pas plus ample que le
corps contenu, ne faudroit-il pas
de neceſſité que le corps contenu
croiſſant, le lieu creuſt auſſi? autrement ne demourroit-il pas inegal &
plus petit contre tout ordre naturel? & d'ailleurs le corps contenu
croiſſant, & non pas le lieu, ne pene-
treroit-il pas le corps contenu, qui
feroit auſſi vne abſurdité contre nature? Nous reſoudrons céte difficulté ci-aprés en ce meſme liure, trai-
tant du Vuide, où ce qu'elle reuiendra encore mieux à propos. Maintenant il nous reſte à deuuider vne
plus grãd' d'ifficulté à ſçauoir pourquoy eſt ce que le Philoſophe ne
s'eſt pas contenté de dire en la ſuſ-
dite definition que le Lieu eſt la ſurface prochaine du corps contenant,
mais a encore adjouſté qu'elle eſt
immobile?

De l'immobilité du Lieu.

CHAP. IV.

Sommaire.

I. *Qu'il semble que le* Lieu *soit plus muable que le corps mesme.* II. *Opinion x touchãt l'immobilité du* Lieu. III. *Autre opinion plus saine.* IV. *Opinion imaginaire de S. Thomas d'Aquin.* V. *Resolution des obiections qui se font ordinairement contre l'immobilité du* Lieu. VI. *Autre resolution ordinaire non receuable ny probable.*

E seul mot d'*Immobile* que le Philosophe a adiousté à la susdite definition du Lieu a empesché tous ceux qui ont escrit sur ce subject apres luy : car il semble que tant s'en faut que le Lieu soit immobile, qu'au contraire il est fort changeant & müable, voire plus que les corps mesmes : d'autant que les corps ne peuuét estre remués, traduits ny em

I

portés de lieu en autre sans changer
de lieu : & d'ailleurs ores que les
corps soyent fixes & immobiles,
comme vne maison, vne tour, vn
arbre, si est-ce que leur lieu peut
estre müable. Car l'air qui les en-
uirône estât agité des vens se remüe
& se chãge, ces corps-là demourans
immobiles. De mesme est-il d'vn
rocher dans la mer ou dans vne riuiere : parce que l'eau courant &
coülant tousiours, le lieu du rocher
par mesme moien se change, bien
que le rocher ne bouge point du
tout:

*Ronsard
en ses
amours.*
II.

> *Ains sans auoir de l'orage souci*
> *Plus est battu & moins change de*
> *place.*

Il y a des sçauans & signalés personnages qui en rendent vne raison
plus subtile que probable : c'est que
le Philosophe n'a point defini toute sorte de lieu ains seulemét le lieu
des corps naturels en tant qu'ils se
mouuent en droite ligne, en haut
ou en bas. Toutefois céte restriction
est impertinente, veu que le Philosophe traicte par mesme discours

du lieu des Cieux qui ne se mouuent point en céte sorte-là.

D'autres tiennent que le Lieu est immobile de soy, bien que les corps changent de lieu. III.

S. Thomas d'Aquin n'approuue point céte opinion, & neantmoins allegue vne autre raison qui ne me peut aucunement contenter : à sçauoir qu'il se faut imaginer vne distãce de chasque lieu à certaines parties du Monde (imaginaires aussi, car il ne dit pas quelles) au respect de laquelle distance, le lieu, quoy que changeant, est dit immobile. Mais tout cela ne consistant qu'en vaines imaginations ie m'estonne de ce que céte opinion est receuë en plusieurs escholes de Philosophie: tant il y a de cerueaux foibles & neátmoins opiniastres lesquels s'obligent si estroitement à la doctrine de certains personnages qu'ils les suiuent à tort & à trauers sans se souuenir de céte dorée sentence du Philosophe, *Ie suis ami de Socrates, ie suis ami de Platon, mais ie le suis encore plus de la verité.* Ce sont dis-je des IV.

Aristot. cap. 6. lib. 1. Ethic.

ames foibles qui reſſemblent à certains ſoldats leſquels ſe rendent ſi
deuotieux au ſeruice de quelque ſei-
gneur qu'ils le ſuiuent auſſi toſt à
vne guerre iniuſte qu'à vne iuſte.

V. I'aime donc mieux me ranger à
l'opinion precedente laquelle eſt
autoriſée de ces deux grands perſonnages Philopone & Auerroës: & ſuiuant icelle reſoudre les ſuſdites objections qui ſe font touchant le chā-
gement du lieu d'vne maiſon, d'vne
tour, d'vn arbre & autres ſemblables, reſpondant que cela ſe fait accidentairement & non pas de la nature du lieu. Car ſi l'air qui enuironne ces corps-là eſt agité des vens,
ou l'eau qui enuironne vn rocher
s'eſcoule à tous momens vne onde
pouſſant à val l'autre, & par ainſi
leur lieu ſe change: on void que tout
cela ſe fait par violence, & non pas
d'vne mobilité naturelle du Lieu: de
maniere que les vens accoiſés, & (s'il
ſe pouuoit) le cours & mouuement
de l'eau eſtāt arreſté, le lieu demouroit du tout immobile. Ioint que
nonobſtant céte violence on peut

dire que c'eſt touſ-jours le meſme
lieu par equiualence, comme il arriueroit à celuy qui bailleroit ſa
bourſe à garder à vn autre lequel en
tirant vn eſcu, luy en fourniroit à
ſon beſoign vn autre. Car de meſme
d'autre air remplit ſoudain la place
de celuy qui eſt agité & reculé par le
vent, & d'autre eau ſuccede en la
place de celle qui s'eſcoule. Voilà
quant à l'immobilité du Lieu. Reſte
encore à ſçauoir ſi le premier Mobile ou plus haut des Cieux eſt en certain lieu : & d'ailleurs ſi les Cieux ſe
mouuent d'vn mouuement local,
c'eſt à dire ſi en ſe remuant ils changent de Lieu.

Si le premier Mobile eſt en certain
lieu, & ſi les Cieux changent
de lieu par leur mouuement.

Chap. V.

Sommaire.

I. Le doubte de la premiere des deux

questions proposées. II. Opinion 1 tou-
chant la resolution d'icelle. III. Opinion
2. IV. Opinion 3 & plus saine, que le
Premier Mobile est contenu de sa propre
surface superieure. V. La seconde que-
stion proposée. VI. La vraye resolution
d'icelle que les Cieux ne changent jamais
de lieu. VII. Opinion de S. Thomas
d'Aquin touchant céte question. IIX.
La refutation d'icelle : & que les Cieux
changent d'assiete par leur mouuement
eu egard à nous, mais que jamais ils ne
changent proprement de lieu.

I.

S VR le discours du Lieu & mesme sur l'explositiõ de la susdite definition se font encore deux que-stions naturelles, entre autres, qui meritent d'estre resoluës.

La premiere, à sçauoir si le pre-mier Mobile est en certain lieu : car veu qu'il n'y a aucun autre corps au dessus d'iceluy, il ne peut aussi estre en certain lieu, puis que le lieu est la surface interieure du corps qui enuironne vn autre.

II.
A quoy diuers Philosophes ont

diuersement respondu. Alexandre
Aphrodisien prenant les termes du
Philosophe trop cruëmét a dit simplement que le premier Mobile ne
pouuoit estre en aucun lieu.

Les Philosophes Arabes suiuis
d'Albert le grand, voulans subtili-
ser sur les autres ont tenu que le lieu
du premier Mobile c'estoit le centre
du Monde, qui est la terre, prenans
leur fondement de ce qu'il tourne
touſ-jours à l'entour d'icelle à egale
distäce & interualle, & par ce moyen
eu egard à la terre qu'il semble estre
immobile.

Mais la plus commune & plus saine opinion c'est que le premier Mobile est contenu de sa propre surface
superieure, comme de son lieu naturel. Car s'il estoit contenu de la
surface interieure d'vn autre corps,
& celuy-ci encore d'vn autre, & que
touſ-jours en suite il y eust des corps
les vns sur les autres, ce seroit introduire vne multitude infinie de corps
côtre nature, qui ne peut souffrir l'infinité. C'est pourquoy le Philosophe
dit que le Ciel parlant du premier

III.
Auerr.
commēt.
43. in 4.
Physic.
Alber.
mag.
tract. 1.
cap. 13.
Ibid.

IV.

Aristot,
cap. 5.
lib. 4.
Physic.

Mobile) n'estoit en aucun lieu, c'est
à dire, en la surface d'aucun autre
corps : par ce qu'au dessus diceluy il
n'y a plus rien: combien que ie sça-
che que les Theologiens tiennent
qu'au dessus du premier Mobile est
le Ciel, qu'ils appellent Empyrée.
Mais d'en rechercher la verité cela
est trop au dessus de nous. Toutefois nous en dirons quelque chose
ci apres en son lieu. Tant y a que la
question proposée se doibt entendre du plus haut des Cieux, soit
mobile ou immobile.

V.   L'autre question est à sçauoir si
les Cieux se mouuent d'vn mouuement local, c'est à dire si roulant co-
tinuellement ils changent de lieu.
Ce que ie resoudray en peu de paroles sans m'attendre à concilier les
diuerses opinions des cōmentateurs
d'Aristote.

VI.   Ie dy donc que les Cieux ne se
mouuent point localement, & ne
chāgent point de lieu, dautāt qu'ils
tournent seulement dans la circonference, & s'il faut ainsi dire, dans
la bordure & cōtour de leur Sphere.
Et ne

Et ne ſçauroy approuuer l'opiniõ VII.
de Sainct Thomas d'Aquin en cét
endroit(quoyqu'il ſoit ſuiui de pluſieurs)en cequ'il ſouſtient que,pour
le moins au reſpect de leurs parties, les Cieux ſe mouuent localement , d'autant qu'ilſ roulent du
Leuant au Couchant changeant
touſiours de place eu egard à leurs
parties, leſquelles par cè moien ſe
trouuent en diuers lieux en diuers
temps.

Mais c'eſt s'abuſer & meſcom- IIX.
pter. Car outre ce que les parties
ne peuuent changer de lieu ſans que
leur tout ſoit dit en changer : d'ailleurs ce n'eſt pas proprement changer de lieu que les parties des Cieux
ſoyent tantoſt au Leuant, tantoſt au
Couchant , d'autant que ce n'eſt
qu'vne reuolutiou & vn contour
qui ſe fait touſiours en meſme lieu,
& comme i'ay deſia dit dans la meſme circonference d'vn meſme orbe
ou ſphere: qui eſt,à noſtre reſpect &
eu egard à la terre changer non pas
de lieu, ains ſeulement d'aſſiete. Car
proprement vn corps chãge de lieu

O

lors qu'il outrepasse la surface du
corps qui le contient & encerne. Ce
qui n'arriue jamais au mouuement
des Cieux ny en leur tout , ny en
leurs parties.   Voilà ces deux questions vuidées. Mais il s'en presente
encore deux autres , lesquelles i'o-
mettrois volontiers si ie ne voulois
tesmoigner à tout le monde qu'és
mysteres diuins & aux coups de la
toute-puissance de Dieu il ne faut
point faire bouclier des raisons naturelles ains d'vne ferme croyance
auec vne submission esloignée de
toute presomption & vanité mon-
daine.

Si deux corps peuuent estre en mes-
me lieu, ou vn corps en diuers
lieux en mesme temps.

Chap. VI.

Sommaire.

I. *Exemples pour prouuer que deux*
corps peuuent estre en mesme lieu en mes-

me temps. II. *Responſe aux objectiõs
propoſées : & que cela ne ſe peut faire naturellement.* III. *Erreur d'aucuns touchant céte queſtiõ & qu'eſt-ce qu'il en
faut croire.* IV. *Comment* DIEU *fait que
deux corps ſoyent en meſme temps en meſme lieu.* V. *Qu'eſt-ce-qu'il faut croire
touchant la ſeconde queſtiõ propoſée.*

PLuſieurs ſe ſont trauail-
lés en vain a rechercher
des preuues pour mon-
ſtrer que deux corps peu-
uent eſtre naturellement en vn meſme lieu en meſme temps , & n'en
pouuant trouuer aucune, ont allegué certains exemples d'experience mal conceuë & mal cognuë:
comme qu'vn verre plein de cendres peut receuoir encore autant
d'eau, ou bien autant de pieces de
monoye que s'il eſtoit vuide.
Qu'vn pain trempé dans l'eau ſera imbibé d'icelle en toutes ſes parties: & ainſi de pluſieurs autres experiences qui nous font voir (diſét-
ils) qu'vn corps penetre dans l'autre, les parties de l'vn occupant meſ-

me lieu & mesme place auec les parties de l'autre.

I I.   Mais il est aisé de respondre que
quand vn vaisseau rempli de cendres reçoit autant d'eau que s'il
eust esté vuide, ou à plus prez, cela
ne vient pas d'aucune penetration
de dimensions & que les parties
d'vn corps s'asséent & se logent en
mesme lieu que les parties del'autre
mais c'est que les cédres estāt chaudes ou tiedes (car autrement le vaisseau ne receūra pas tāt d'eau) euapo-
rēt vne bonne partie de l'eau, & que
le plus subtil des cédres mesmes s'e-
hale : & que d'ailleurs les cendres
n'estant point comme vn corps solide, ainsi pleines d'entr'ouuertures,
de pores, & comme de petis creux
& subtils conduits, l'eau s'y escoule
& s'y loge. Pour le regard des pieces
de monnoye cela est visible qu'elles
ne sont pas en mesme lieu que l'eau,
bien que l'eau ne se verse point, par
ce qu'elle se hausse sur le milieu au
dessus du verre : qui monstre qu'elle
cede à ces corps-là comme estans
solides : & mesmes elle s'escoule &

se verse aussi tost que les bords du verre sont humectés. Quant à l'eau dont le pain est imbibé, c'est chose toute manifeste que le pain n'est pas vn corps si rassis & solide qu'il ne soit œilleté de mille petis creux, par lesquels & dans lesquels receuant l'eau, il est soudain humecté, non pas pourtant que l'eau occupe vn mesme lieu, ains celuy de l'air lequel y estant enclos se retire & luy cede.

Nous sçauons qu'il y a trop de gés lesquels fuyant Scylla (comme lon dit communement) sont tombés en Charybde, c'est à dire sont tombés d'vne extremité en l'autre, ayant esté si hardis que d'auácer sur ce propos que Dieu mesme ne pouuoit pas faire que deux corps fussent en vn mesme lieu en mesme temps. Mais par ce que l'Eglise auec les saincts Peres a determiné ce poinct au contraire, ie ne le mettray point en controuerse, & diray seulement que la premiere opinion est vn erreur & la seconde vn horreur : & qu'il faut croire que nous auons en ceci des exemples : comme que le fils

III.

Cyrillus de Christi occursu Damasc. ca. 19. lib. 4. de fide orthod. August. cap. 8. lib. 22. de ciuita. Dei.

de Dieu eſt nay sãs faire aucune ouuerture au ventre de la treſ-glorieu-
ſe vierge ſa mere : qu'il eſt ſorti de
meſme du ſainct ſepulchre à ſa re-
ſurrectiõ,& entré au logis ou eſtoiẽt
aſſéblés ſes diſciples les portes eſtãs
bien cloſes & fermées pour la crainte des Iuifs.

IV.

Que ſi quelque meſcreant trop
curieux me demande comment céla
ſe peut faire, ie luy reſpondray du
ſens des meſmes ſaincts Peres & des
docteurs Scholaſtiques,mais en termes plus clairs, qu'il faut conſiderer
deux choſes en la quantité , l'vne la
repletion du lieu : c'eſt à dire que ſa
nature eſt d'occuper & remplir certain lieu : l'autre d'auoir certaine aſſiete, c'eſt à dire de remplir & occuper lieu auec certaine diſpoſition de
toutes ſes parties. Or pour la repletion ou occupation de lieu cela ne
luy peut eſtre oſté ſans deſtruire
tout à fait ſa nature : elle ne peut
dy-je,demeurer quantité ſans occuper certain lieu : mais l'aſſiete luy
peut eſtre aucunemẽt ſoubſtraite &
retranchée : parce que Dieu la peut

disposer en sorte qu'elle n'occupera
pas tant de place qu'elle faisoit. Car
vn marchãd peut embaler & empac-
queter vne grand piece de drap, l'a-
gençant en la maniere qu'il l'entéd,
en vn plus petit volume que ne fairoit pas vn autre qui ne l'entéd pas,
pourquoy Dieu tout-puiſſant &
tout ſage, qui a creé toutes choſes
de rien ne pourra-il pas diſpoſer en
ſorte vne quantité qu'elle n'occupe
pas tant de place qu'elle faiſoit afin
d'en laiſſer à vn autre corps?

Pour le regard de l'autre queſtiõ
à ſçauoir-mon ſi vn corps peut eſtre
en diuers lieux en meſme temps, ie
croy que naturellement cela ne ſe
peut faire non plus que pluſieurs
corps ne ſe peuuent trouuer en meſme temps en vn meſme lieu : mais
que par la toute-puiſſance de Dieu
l'vn ſe peut auſſi bien que l'autre,
ie dy que Dieu peut tous les deux,
& par ainſi (puis qu'il l'a voulu &
l'a dict) que le corps de ſon fils eſt
en tous les Sacremens de la ſain-
cte-ſacrée Euchariſtie, & en chaſque petite piece d'iceux. Que ſi c'e-

ſtoit choſe qui ſe peut monſtrer par
raiſon naturelle il ne ſeroit pas beſoign de foy , & noſtre croyance
n'auroit aucun merite. Et d'autant
que céte queſtion eſt tous les jours
preſchée & controuerſee en public
& en priué par toute ſorte de gens
& qu'elle eſt d'vne conſideration
toute diuine & ſur-naturelle ie n'en
diray rien d'auantage ſi ce n'eſt que
i'en croy ce que ie n'en puis cōpren-
dre. Voilà quant à la premiere partie de ce liure : Paſſons maintenant
à la ſeconde qui eſt du Vuide.

Du Vuide.

Chap. VII.

Sommaire.

I. *L'experience preuue tres-certaine &
mere des ſciences & des arts.* II. *Opinion* 1 *qu'il y a Vuide infini dedans
& dehors le Monde.* III. *Opinion* 2
qu'il n'y a Vuide qu'au de là le Monde.
IV. *Opinion* 3 *qu'il n'y a point du tout de*

Vuide. **V.** *Plutarque impute malicieu-*
sement à Aristote des faulses opinions.
VI. *Difference entre Rien, Vuide, Place,*
& Lieu.

DE toutes les raisons qu'on peut rendre des choses naturelles les plus fortes & du tout inuincibles sont celles qui sont fondées sur l'experience: car c'est celle-là (dit tres-bien le Philosophe) laquelle a enfanté les sciences & les arts: c'est celle qui nous conduit à la cognoissance de quelque chose non pas par cōjectures & raisons imaginaires, mais par des preuues visibles & sensibles. C'est pourquoy les anciens Philosophes estans en grand' controuerse touchant le Vuide entre autres raisons se sont fondés principalemét sur l'experiéce pour mieux autoriser leurs opinions, lesquelles sont trois differentes entr'elles.

La premieré, que le Vuide est infini en amplitude tant au dedans qu'au dehors du Monde: de laquelle ont esté Leucippe, Demetrius, Me-

O v

I.
Arist. c. x
l. 1. Me-
taphysic.

II.

trodore, Epicure, & Democrite.

III. La seconde, qu'il n'y a point de Vuide dans le pourpris du Monde, ains seulement au de là & hors le Monde : de laquelle ont esté les Stoiques.

IV. La troisiesme, qu'il n'y a point du tout de Vuide ny dedans ny dehors le Monde : laquelle opinion ont tenu des premiers Thales Milesien, Empedocles & leurs sectateurs: & comme estant vraye a esté despuis si bien soustenuë & confirmée par Aristote que les autres deux se sont euanouïes.

V. Et m'estonne que Plutarque ait osé imputer à Aristote qu'il approuuoit le Vuide hors le Monde entant qu'il en est besoign pour le souspirail des Cieux qui sont de nature ignée. Car au contraire il combat toutes les opinions de ceux qui ont voulu introduire aucunement le vuide , & particulierement & par exprés en diuers lieux du liure 4 de sa Physique : & au liure 1 du Ciel il dit aussi en mots exprés qu'au de là du Ciel il n'y a point de Vuide. Mais

Plutar. c.
18. l. 1. de
placit.
Philoso.

cap. 9.

c'est la coustume de Plutarque, comme estant Platonicien, de mordre à tort ou à trauers Aristote luy imputant de faulses opinions ausquelles il n'a jamais pensé: & quelquefois ne le pouuant couuertement conuaincre l'appelle opiniastre: comme lors qu'il a dit qu'Aristote a côbatu plus opiniastremét que philosophiquemét les idées de Platô, côme si ce n'estoiét pas des phátasies & Chimeres.

Plutar. in Opusc. côtra Epicē Color.

Or retournât à nostre propos nous pouuons reduire les 3. susdites opiniôs touchât le vuide à 2. principales & côtraires: l'vne qu'il y a vuide soit au dehors ou dedans le Monde, ou en tous les deux: l'autre qu'il n'y en a point du tout. Et afin que nous n'errions pas aux termes, il faut sçauoir la differéce qu'il y a entre Rien, Vuide, Place, & Lieu. Rien est la priuation de toutes choses & ne presuppose ny acte ny faculté. Vuide (selon l'opinion de ceux qui l'introduisoyét) c'est vn espace denué de corps qui peut estre neantmoins rempli des corps. Place c'est vn lieu ordôné & reglé pour quelque corps.

encore que ce corps n'y soit pas &
se prend auec plus d'extension &
amplitude que le Lieu naturel. Or
qu'est-ce que Lieu nous l'auons dit
ci-deuant.

Cela ainsi presupposé, il nous faut
examiner les raisons qui seruent
pour confirmer l'vne & l'autre opinion commençant par l'affirmatiue
à sçauoir qu'il y a du vuide, non pas
pour l'approuuer (car cela est du
tout faux & contre nature) mais
plustost pour la reprouuer & de
struisant les fondemens d'icelle fortifier & confirmer d'auantage l'autre qui est veritable.

Par quelles raisons aucuns Philoso-
phes ont voulu introduire le Vui-
de, & comment il y faut respon-
dre.

CHAP. IIX.

Sommaire.

I. *Raison* I. *inferant qu'il y a Vuide,*

autrement qu'il n'y peut auoir de mouue-
ment local, ou s'il y en auoit que ce seroit
auec penetration de dimensions. II. Rai-
son 2. inferant qu'il y a Vuide, autrement
que nul corps ne sçauroit croistre. III.
Raison 3 induisant le Vuide ou l'infinité
des corps. IV. Experience 1 pour confir-
mer qu'il y a Vuide. V. Autre expe-
rience. VI. Experience 3. VII. Res-
ponse à la 1. raison. 1 IIX. Response à la 2
Raison. IX. Response à la 3 raison.
X. Response à la 1. experience. XI. Res-
ponse à la 2. experience. XII. Response
à la 3 experience.

TOVTES les plus fortes
raisons sur lesquelles se
sont fondés ceux qui ont
voulu introduire le Vui-
de en la nature peuuent estre reduites à quatre chefs principaux. Les
trois premiers inferent absurdité,&
le quatriesme est fortifié d'vne experience pretenduë.

En premier lieu donc ils argumé-
toyent en céte sorte : s'il n'y a point
d'espace vuide au Mõde & que tout
lieu & toute place soit occupée de

quelque corps, il n'y peut auoir de
mouuement local, c'est à dire, il ne
se peut faire qu'vn corps se remuë
d'vn lieu en autre : car si tout est occupé où se logeroit-il? ou s'il se peut
encore loger auec vn autre corps,
ce seroit introduire penetration de
dimensions, qui est contre nature,
Parquoy il y a quelque espace vuide
pour receuoir les corps.

II.   Le second argument est tel : s'il
n'y auoit point de vuide au Monde
nul corps ne pourroit croistre, dautant que l'aliment par le moyen duquel se fait l'accroissement ne pourroit pas s'espandre & s'escouler par
toutes les parties du corps à cause
du conflict & rencontre des autres
corps qui occuperoyēt sa place. Or
est-il que les corps croissent par le
moyen de l'aliment & nourriture
qu'ils reçoiuent : il faut donc croire
qu'il y a quelque espace vuide en la
nature & mesmes és corps qui croissent.

III.   Le troisresme est formé sur ce dileme. Qu'vn homme soit logé sur
la surface exterieure du plus haut

des Cieux, ou il pourra estendre son
bras au delà , ou il ne pourra pas.
S'il peut, il y a donc quelque espace
vuide , ou quelque corps qui cede.
Or il n'y a point de corps au dessus
du plus haut des Cieux : il y a donc
quelque espace vuide. Si au contraire cét homme-là ne peut pas
haulser son bras au dessus , il faut
qu'il soit empesché de quelque
corps solide qui ne cede point:& an
dessus de ce corps il y a encore d'autres corps iusqu'à l'infinité , ou bien
il y a du vuide, Or il n'y a point infinité de corps,il y a donc du Vuide.

La quatriesme raison est fondée IV.
sur l'experience en plusieurs sortes.
Premierement qu'vn tonneau soit
rempli de vin, & puis que sans en
rien verser ny repandre on vuide
ce mesme vin dans des peaux ou des
bouteilles , le vin & les peaux ou
bouteilles tout ensemble r'entrerôt
dans le mesme tonneau duquel n'a-
uoit esté tiré que le vin seulement :
dont il appert qu'il y a quelque espace vuide dans le tonneau.

Voicy vne autre experiéce : Qu'ō V.

remplisse vn verre de cendres ou de chaux viue iusques au bout, il receura encore autant d'eau que pourra contenir vn autre verre aussi grand & aussi capable que celuy auquel sont ces cendres ou chaux viue.

VII.   Encore vn troisiesme exemple: Qu'on remplisse de neige iusqu'au bout vn vaisseau & qu'on l'estoupe &|bousche si bien qu'il n'y puisse rien entrer ny sortir ou s'exhaler: si est-ce que l'approchant du feu la neige estant fonduë ne le remplira pas : & par ainsi il y demourra quelque espace vuide.

Voilà les argumens desquels se seruoient anciennement ceux qui soustenoyent qu'il y auoit du vuide en la nature:ausquelz il faut respondre par ordre.

IIX.   Au premier donc ie dy que le chágement de lieu n'infere point l'empeschement du mouuement local, ny la penetration des dimensions: ains que cela se fait les corps cedans les vns aux autres, à sçauoir les plus foibles tendres & fresles aux plus forts, durs & solides. Ainsi l'air , &

l'eau,& le feu cedent & font place à nos cofps quand nous paffons à tra-uers iceux. Car à trauers ceux qui font trop durs & font refiftence il n'y a point de mouuement local à tout le moins naturel , ains feule-ment par violence, artifice ou indu-ftrie, laquelle fouuent furmôte tou-tes les difficultés.

Au fecond il faut faire mefme refponfe en niant la confequence: d'autant que par toutes les parties des corps qui croiffent par le moien de l'aliment , il y a de l'air fubtil & des efprits lefquels rempliffent les pores, & neantmoins cedent à l'ali-ment furuenant & luy font place pour s'efpandre par tout le corps, ainfi que i'ay dit-ci-deuant.

Le dileme fur lequel eft bafti le troifiefme argument,eft captieux & trompeux : & ne merite autre ref-ponfe que la negation de l'hypothe-fe: d'autant que cela n'arriua jamais & n'arriuera qu'vn homme auec fa carcaffe mortelle lourde & pefante foit releué au plus haut des Cieux, ny luy ny autre tel corps. Mais en

IIX.

IX.

effect il n'y a rien au dessus du plus
haut des Cieux : & quand ie dy rien
c'est moins que de dire vn espace
vuide : d'autant que le vuide (comme
i'ay monstré ci-dessus) presuppose
vne faculté de receuoir en soy quelque corps , & rien ou neant est la
priuation de toutes choses.

X. Au premier exemple de l'experience ie respons que presupposant
que le vin est vn corps liquide & fort
fumeux (comme il est aisé à juger de
ce qu'estant espaché il moüille plus
de place deux fois que l'eau) s'il est
remué d'vn grand vaisseau en plusieurs petis, ses fumées & ses esprits
parties tres-subtiles sont serrées &
rangées à l'estroit & en moins de
place dans vn petit vaisseau qu'elles
n'estoyent dans vn grand , auquel
elles se pouuoyét estendre & espandre au long & au large. Ioinct que
par ce remüement il s'exhale beaucoup de ces fumées & esprits de maniere que le vin en est affoibli. Et
par ainsi ce n'est pas qu'il y eust du
vuide au grand vaisseau quand il reçoit derechef & le vin & les peaux

ou bouteilles.

Le second exemple de l'experience **XI.**
est resolu par le Philosophe mesme
en ses problemes : où ce qu'il ensci-
gne que les cendres estant fort po- *secti 25.*
reuses, & remplies de petites entr'- *quæst. 8.*
ouuertures & subtils cõduits à mes-
me que l'eau y est infuse, l'air qui
remplit ces pores-là luy cede, luy
fait place & s'euapore, & l'eau succede à sa place : & en céte sorte les
cendres s'espessissent & resserrét par
le meslange de l'eau. Ioinct que si
les cendres sont vn peu chaudes ou
seulement tiedes elles euaporent &
par leur chaleur reduisent en fumée
vne bóne partie de l'eau, & la chaux
viue encore plus comme la fumée
qui en sort lors qu'on jette de l'eau
dessus, le fait remarquer : & mesmes
auec l'eau les plus subtiles parties
des cendres & de la chaux viue s'ex-
halent & s'enuolent.

Pour bien se demesler du troisies- **XII.**
me exemple de l'experience il faut
sçauoir que les corps extremement
blancs comme la neige, l'escume,
le baume, le coton, sont aëriens,

c'eſt à dire, qu'il y a en eux beaucoup d'air & d'eſprits enclos :
mais ſur tout en la neige, qui n'eſt
que de l'eau meſlée & congelée par
le froid. La neige donc eſtant en
maſſe, à cauſe de l'air enclos en icelle, occupe beaucoup plus de place
qu'eſtant reduite en eau : toutefois
il n'y a pas pourtant dans le vaiſſeau
aucun eſpace vuide apres que la neige eſt fonduë : dautant que l'air qui
y eſtoit enclos, eſtant ſeparé de l'eau,
remplit ce meſme eſpace qui ſemble vuide au deſſus de l'eau.

Apres auoir ainſi reſpondu aux
obiections & argumens qui ſe peuuent faire pour monſtrer qu'il y a
du vuide en la nature : il reſte à eſtablir la vraye opinion & par raiſon
& par experience meſme.

Qu'il ny a point de vuide en la
nature.

Chap. X.

Sommaire.

I. *Raifon* I *prife du mouuement local du haut en bas.* II. *Que la celerité ou tardité du mouuement ne vient pas feulement de la refiftence du corps metoyen, ains auffi de la pefanteur ou legereté du mobile, & mefmes de fa figure.* III. *Raifon* 2 *tirée de ce que la Nature ne fait rien en vain.* IV. *Raifon* 3 *tirée de la difpofition & liaifon de tout l'vniuers.* V. *Experience* I. VI. *Experience* 2 VII. *Experience* 3 IIX. *Experience* 4. IX. *Experience* 5.

T OV T ainfi que ceux qui ont voulu introduire le Vuide en la nature fe font feruis non feulement de raifons difcurfiues, mais auffi d'exemples d'vne experience pretendue pour fortifier dauantage leur opinion erronée : de mefmes apres auoir deftruit leur erreur il faut reftablir la verité par des argumens contraires fondés pareillement & fur la raifon difcurfiue & fur l'experience.

Le premier argument donc eft tel : Si l'efpace que nous difons eftre ré-

I.

pli d'air, à trauers lequel se fait le mouuement local estoit vuide, les corps les plus legers descendroyent d'vn mouuement egal à celuy des corps graues & pesans, nul corps ne leur resistant : de maniere qu'vne plume cherroit par vn egal espace de haut en bas aussi tost qu'vne lourde masse de plomb. Or est-il que les corps pesans descendent plus viste q ceux qui sont legers : partant il faut qu'en cét espace qui semble vuide il y ait quelque corps, lequel resistant plus à vn mobile qu'à l'autre, cause la celerité ou tardité du mouuemet.

II.

Arist. c. 8. lib. 4. Physic.

C'est ainsi qu'argumente le Philosophe : toutefois il faut obseruer que ce n'est pas de son sens & de son opinion, ains de la doctrine d'aucuns Philosophes de son temps. Car la verité est que cét argument est manque : par ce que la celerité ou tardité du mouuement ne vient pas seulement de la resistence du corps metoyen ou entre-deux (que les Latins appellent *medium*) ains aussi de la pesanteur ou legereté du mobile. Et par ainsi quand bien il y auroit du vuide defpuis le Ciel iufqu'à la terre, fi eft-ce qu'vne maffe de plōb tomberoit plus vifte par cét efpace vuide que ne fairoit pas vne plume. Et d'ailleurs prefuposãt au côtraire qu'il n'y ait point de vuide en la nature (côme la verité eft telle) la figure du mobile hafte beaucoup ou retarde fó mouuemēt: car la figure angulaire, poinctuë ou corniie eft plus propre à fendre & rópre l'ētre-deux que n'eft pas vne plate. C'eft pourquoy nous voyons par experience qu'vne pierre plate pouffée pardeffus l'eau roulera loin rafclãt la furface de l'eau, au lieu qu'vne pierre brãchiie ou corniie s'en ira foudain à fond: & la raifon de ceci eft que plus grand' quantité d'air, ou d'eau s'oppofe à vne figure plate qu'à vne figure poinctüe.

Arift. c. 6. l. 4. de Cælo.

Le fecond argument peut eftre trenché court en céte forte: Il n'y a rien de vain ny en vain en la nature: Or le Vuide , s'il eftoit , feroit en vain, voire la vanité mefme partant il n'y a point de vuide en la nature.

III.

IV.   Pour le troisiesme nous pouuons dire que la plus riche & merueilleuse beauté de l'vniuers consiste en l'harmonie, liaison & enchainure de tous les corps, laquelle seroit desnoüée, rōpue & debiffée s'il y auoit du vuide entre les corps.

V.   La quatriesme preuue est fondée sur l'experience: laquelle nous fait veoir auec admiration que la Nature ne peut souffrir le vuide forçant pluftot les choses à se mouuoir outre leur propre nature que de permettre qu'aucun espace demeure vuide & denué de corps: comme les exemples qui s'ensuiuent en rédent vne preuue familiaire. Ainsi voyós nous ordinairement qu'il faut faire vn souspirail au dessus du poinçon ou tonneau afin que le vin forte par vn autre pertuis, lors mesmement que ce pertuis est si petit que le vin ne peut pas en mesme temps s'escouler & receuoir l'air qui doibt entrer pour remplir sa place: de maniere que le vin qui est vn corps liquide, s'arreste pluftot comme vn corps solide, outre sa nature, que

de

de sortir & laisser vn espace vuide
dans le vaisseau.

Le mesme se void és ampoules, **VI.**
phioles, & autres petites bouteilles qui ont l'ouuerture fort e-
stroicte. Car si on veut verser tout
à coup l'eau ou autre liqueur dont
elles sont remplies, elle ne coule
point du tout, & arreste plustot son
flux naturel que de laisser sa place
vuide si on ne donne loisir à l'air d'y
entrer.

Vn soufflet se romp plustot que **VII.**
s'eslargir si on bousche le trou par
lequel il reçoit l'air & le souspirail.

Es clepsydres ou horologes à eau **IIX.**
des anciens il y auoit vn petit pertuis au dessus par lequel l'air en-
troit à mesure que l'eau s'escouloit
par le bas: autrement jamais ne s'en
fust escoulé vne seule goute.

Si on met vn chalumeau ou autre **IX.**
tel instrument creux & ouuert aux
deux bouts dans vn vaisseau rempli
de vin ou autre liqueur, en sorte que
d'vn bout il touche au vin & de l'autre quelqu'vn hume & attire à soy
l'air, en mesme temps il sentira mõ-

P

ter le vin outre son naturel pour
remplir soudain la place de l'air attrait qui estoit dans le chalumeau.

Ce sont-là des experiences assez
familiaires pour faire voir clairement que la Nature n'abhorre rien
plus que le Vuide, voire mesmes
que pour l'euiter en tout & par tout
elle bande toutes ses forces faisant
monter les corps pesans outre leur
naturel. Ce que Bartas a gentiment
descrit en ces vers,

Mais tous corps sont liés d'un si ferme
   assemblage
Qu'il n'est rien vuide entr'eux. C'est pour-
   quoy le breuuage
Hors du tonneau percé ne se peut escouler
Qu'on n'ait d'un souspirail fait ouuerture
   à l'air.
C'est pourquoy le soufflet dont la bouche
   est bouchée
Ne peut estre eslargi. C'est pourquoy l'eau
   cachée
Dans un vase bien clos ne se glace en hy-
   uer.
La clepsydre ne peut les jardins abbreuuer
S'on ferme sa gargouille: & l'argentine
   source

Qui dans le plomb creufé fait fon efclaue
    courfe
Forçant fon naturel ref-jalit vers les
    Cieux
Tant & tant à tous corps le vuide eſt o-
    dieux.

Apres auoir difcouru du Vuide
il s'enfuit maintenant, pour garder
l'ordre propofé au commencement
de ce liure, que nous traictions de
l'Infini.

De l'Infini.

CHAP. XI.

Sommaire.

I. *Diuerſes ſciences conſiderent diuer-*
ſement l'Infini. II. *L'ordre de ce traicté.*
III. *Qu'eſt-ce qu'infini.* IV. *Reſueries*
d'aucuns anciens Philoſophes touchant
l'Infini. V. *Infini en eſſence.* VI. *In-*
fini en maſſe. VII. *Infini en multitu-*
de. IIX. *Infini par puiſſance, & ce*
par addition ou detraction. IX. *Com-*
ment eſt-ce que toute groſſeur eſt dicte in-
finiement diuiſible. X. *Contrarieté de*

*l'infini par addition & de l'infini par de-
traction.* XI. *Infini de durée ou eternel,
c'est le temps selon Aristote.* XII. *La
conception humaine infinie.* XIII. *Les
corps spheriques ou circulaires sont appel-
les Infinis.*

I.   TOVTES les trois sortes
de science contemplatiue
discourent de l'Infini, toutefois chascune diuersement. Car
la Metaphysique ou Theologie a
l'Infini pour son principal & sur-e-
minent object: ie dis le seul & vrayement Infini en essence, qui est Dieu.
Les Mathematiques considerent
l'Infini non pas en essence, ains seulement comme proprieté de la quãtité: & la Physique comme proprieté du corps naturel, si d'auenture il y
auoit quelque corps infini.

II.   Or pour regler & disposer plus
methodiquement ce discours de
l'Infini qui contient le troisiesme
chef de ce liure, nous le diuiserons
en trois chapitres. En celuy-ci nous
dirons premieremẽt qu'esce qu'infini, & combien il y a de sortes d'in-

fini. Au suyuant nous examinerons
les raisons & argumens des anciens
Philosophes touchant ce subject.
Au troisiesme nous monstrerons
qu'il n'y a rien actuellement infini
en la nature : ie dis en la nature, parce que Dieu, qui est vrayement es-
sentiellement & actuellement infini est pardessus la nature, & mesmes
auteur de la nature. Et de là nous
prendrons occasion de rechercher si
Dieu peut créer quelque chose a-
ctuellement infinie. Venons dõc au
premier chef.

    L'Infini (selon le Philosophe) III.
est-ce qui ne peut estre outrepassé ny borné: *Arist. c.*
c'est à dire, qui n'a ny bout ny fin, 4. *lib.*
auquel rien ne peut estre adjousté, 3. *Abyss.*
& bien qu'on en retranchast tous-
jours quelque chose il seroit neantmoins inespuisable. C'est pourquoy
mesmes en langage familier nous
appellons vn homme infiniement
riche lors que pour grandes despen-
ses qu'il face, il luy reste tousiours
dequoy en faire d'auantage. Voylà
en gros qu'est-ce qu'infini.

    Et laissant à part les resveries IV.

d'aucuns anciens Philofophes, lefquels s'imaginoyent diuerfes chofes infinies comme Heraclite le feu, Diogenes l'air, Thâles l'eau Anaxagoras les homœomeries c'eft à dire, parcelles femblables, Democrite les atómes ou petits corps indiuifibles, dont chafcun d'eux fouftenoit que toutes chofes eftoient engendrées : venons à ce qui eft de plus vray femblable, & remarquons fept fortes d'infini.

V. La premiere, c'eft l'infini en effence, qui eft Dieu feul infini en céte forte.

VI. La feconde, c'eft l'infini en maffe, comme la matiere premiere : car eftant certain que toute maffe & quantité finie eft en fin toute confumée à force qu'ŏ en tire & retranche continuellement, il en aduiendroit de mefme à la matiere premiere fi elle eftoit finie. Mais aŭ contraire la generation des chofes eftát continuelle & jamais la matiere ne defaillant & ne pouuát defaillir ny diminuer, il s'enfuit qu'elle eft infinie.

La troisiesme c'est l'infini en mul- V II.
titude : lequel les anciens Philosophes prouuoyent par ce dileme :
Tout corps fini est terminé & borné par quelque autre corps qui le
contient : partant il faut dire que
tousiours apres vn corps s'en trouuera vn autre qui le contiendra &
bornera, ou bien qu'il se faudra en
fin arrester à certain corps qui bornera tous les autres sans estre borné
ny contenu d'aucun : & en l'vne &
l'autre façon il faudroit accorder
l'infinité. Car s'il y a sans fin corps
sur corps l'vn au dessus de l'autre,
voila infinie multitude de corps :
que s'il faut en fin s'arrester à quelqu'vn qui borne & contienne tous
les autres sans estre borné, contenu,
ny outrepassé d'aucun, il est donc infini. Et par ainsi il faut accorder l'infini en multitude, ou tōber en céte
absurdité que d'introduire vn seul
corps infini.

La quatriesme sorte est de l'infini IIX.
non pas en effect, ains seulement
par faculté & puissance, & ce ou par
addition ou par detraction. Par ad-

dition, comme le nombre. Car on
ne sçauroit propoſer ny meſmes
imaginer vn nombre ſi grand qu'il
ne puiſſe eſtre augmenté en y adjou-
ſtant vn autre nombre, voire vne
ſeule vnité ou chiffre. Par detraction
ou diuiſion, comme vne groſſeur,
qui eſt dicte en Latin *magnitudo*, c'eſt
à dire, vne quantité auec toutes ſes
dimenſions, tant ſoit elle petite: car
quant elle ſeroit encore moindre
qu'vn grain de ſablon, ſi eſt-ce qu'en
tant qu'elle a toutes ſes dimenſions
elle eſt touſiours diuiſible, & y peut
on conceuoir à la mode des Mathematiciens vne infinité de parties,
comme en vne ligne vne infinité de
poincts.

IX.   Vray eſt que les parties de telle
groſſeur ne ſe doiuent point entendre egales en quantité, comme en
pieds, en pas, en palmes, pas, aulnes,
ſtades, lieuës, degrés : car en céte
ſorte on trouueroit la fin non ſeulement d'vn petit corps mais auſſi du
plus grand du monde, ſuyuant l'a-
xiome naturel, *Toute choſe finie eſt en*
fin côſumée par le retranchemêt de ſes par-

Ariſt. c.
9. lib. 1.
Phyſic.

ties:mais cela se peut faire la diuisant
en parties proportionnelles, comme en deux moitiés, & chacune de
ses moitiés encore en deux, & ainsi
iusqu'à l'infinité : & en céte sorte,
l'explique tres-bien S. Thomas d'A-
quin.

*Tho. que.
de poten-
tia. q. 4.
ar. 1.*

X. Or ces deux exemples d'infini
sont du tout contraires. Car il ne se
peut proposer nombre si grand,
qu'on n'en puisse donner encor' vn
plus grand : mais il y en a vn si petit,
qu'ō n'en sçauroit trouuer vn moindre, à sçauoir *deux* : car l'vnité n'est
pas nombre, ains seulement principe du nombre. Au contraire il n'y a
point de corps, ny piece d'iceluy si
petite qu'on n'en puisse pour le
moins imaginer vne moindre en la
diuisant : mais il y en a vn si grand,
à sçauoir le plus haut des Cieux, qu'il
ne s'en peut trouuer vn plus grand.

XI. La cinquiesme sorte d'infini c'est
le temps, qui est appellé par le Philosophe *infini en durée*, que nous pouuons dire tout en vn mot *eternel* :
dautant (dit-il) qu'il n'a iamais eu
commencemēt & iamais n'aura fin,

comme il le prouue raisonnant en
céte façon : Si quelquefois le temps
n'auoit point esté, ou bien qu'à l'aduenir il deut cesser d'estre, il s'ensuiuroit qu'vn temps auroit esté auquel
il n'y auroit point eu de temps, ou
bien qu'vn temps seroit à l'aduenir
auquel il n'y auroit point de temps:
chose du tout absurde & contraire
en soy-mesme.

XII.　La sixiesme, c'est la conception
de nostre ame, laquelle d'vn vol is-
nel penetre iusqu'au plus haut des
Cieux, & au dessus d'iceluy s'imagine touf-jours sans fin des choses
les vnes sur les autres.

XIII.　La septiesme & derniere sorte de
l'infini est des corps sphæriques ou
cercles esquels on ne sçauroit trouuer aucun bout, ny commencement
ny fin.

Voilà en combien de sortes se peut
prendre ce mot *infini* : maintenant
il faut examiner si ces significations
sont propres & receuables,

Que nulle des susdites sortes d'infini n'est propre que la premiere.

CHAP. XII.

Sommaire.

I. *Qu'il n'y a point d'infini actuelle-ment en la nature. Que la matiere pre-miere n'est point infinie.* III. *Le plus haut des Cieux est fini & borné par sa propre surface & circonference.* IV. *Qu'il n'y a point d'infini actuellement par addition ou diuisiõ.* V. *Que le Tēps n'est point infini.* VI. *Que la conception humaine est plustot volage qu'infinie.* VII. *Que les cercles ou corps spheriques & ronds ne sont point infinis.*

EVX qui ont voulu esta-blir plusieurs sortes d'in-fini a l'imitation d'aucuns anciés Philosophes voyãt qu'il ne s'en trouuoit que Dieu seul, & que la Nature ne peut permettre l'infinité, ont eu recours à la distin-

ction vulgaire difant qu'il y a infini
actuellement, & infini par puiffance : qu'à la verité Dieu feul, comme
eftant au deffus de toute la nature
eft effentiellement & actuellement
infini: mais pourtât qu'il n'y a point
d'inconuenient ny repugnance que
par puiffance il n'y ait des chofes infinies en la nature, c'eft à dire, qu'il
n'en y puiffe auoir fans repugner à
l'ordre eftabli en la nature. D'autres
ont imaginé encore d'autres diftinctions pour appuyer les abfurdités
ruineufefqu'on agite par difputes és
efcholes fur ce fujet. Mais pour moy
fans m'arrefter à telles controuerfes
inutiles, croyât qu'il n'y a rié vrayement infini que Dieu feul, comme
i'ay def-ja dit, ie me contenteray de
refoudre en peu de mots les raifons
fur lefquelles les autres fix diuerfes
fignifications d'infini font fondées:
& puis au chapitre fuiuant ie mon-
ftreray plus expreffément que la Nature ne peut aucunement fouffrir
l'infinité.

II. Pour le regard donc de la 2 forte,
d'infini elle eft fondée fur vne pro-

pofitiō faulfe:car les chofes naturelles ne font point engēdrées de quelque piece de matiere premiere, qui
foit prife & retráchée d'icelle cóme
d'vne groffe maffe pour feruir à vne
chofe,& vne autre piece à vne autre:
ains par le fuccés d'vne nouuelle
forme en vne mefme matiere à caufe de la priuation de la forme precedente. Car la matiere s'accommode
en quantité & en qualité à la forme,
comme nous auōs monftré ailleurs.
Et partant il ne fe faut pas imaginer
vne matiere inefpuiffable & infinie
pour fournir à la generation de toutes chofes.

Le fondement de la troifiefme ef- III.
pece d'infini peut eftre facilement
deftruit par le moyē de ce que nous
auons ci-deuant enfeigné, que le
plus haut des Cieux borne & contient tous les autres corps du Móde,
& toutefois n'eft pas borné ny contenu d'aucun autre corps, ains de fa
feule furface & circonference, qui
fuffit pour le rendre fini.

Pour la quatriefme elle a plus d'ap- IV.
parence que nulle des autres : neát-

moins elle est imaginaire puis qu'elle n'est iamais actuellement (quoy
qu'aucuns l'estiment autrement)
ains seulement par les subtiles imaginations des Mathematiciens. Car
iamais on ne trouuera vn nombre
actuellement infini, puis qu'on y
peut tousiours adiouster : ny vne
grosseur, vn corps ou partie d'iceluy
diuisée en infinies parcelles.

V.   Quant à la cinquiesme elle depend d'vn faux principe, à sçauoir
que le temps n'a iamais eu commé-
cement, & n'aura iamais fin : & la
preuue de ce principe est aussi absurde que l'absurdité qu'elle conclud:
d'autant que le temps n'estant autre
chose que la mesure de la durée des
choses mortelles & perissables : il a
commencé auec icelles à la creation
du monde, & finira auec elles à leur
embrasement ou renouuellement
du monde.

VI.   La sixiesme est vne chose aussi
vaine, legere & volage que la conception de nostre ame mesme, laquelle participant de la diuinité, qui
est infinie, a de vray des eslancemens

comme infinis & ressentans son origine, toutefois reuenant à soy-mesme elle les arreste : ou si elle les suit
indiscretement elle se perd apres.

La septiesme & derniere est fon- **VII.**
dée sur la figure des cercles, corps
spheriques ou ronds, lesquels semblent infinis au vulgaire par ce qu'il
n'y a point de bout, point de commencement ny fin. Mais bien qu'ils
n'ayent point de bout certain ny determiné, si est-ce qu'il ne s'ensuit
pas qu'ils soyent infinis, dautãt que
leur bout est par tout où ce qu'on
le voudra choisir, & puis discourant
tout à l'entour vne seule fois, il est
aisé à iuger que ce sont choses finies,
& qu'on ne le sçauroit recourir que
par les mesmes parties des-ja par-
couruës.

Apres auoir ainsi destruit tous les
fondemens sur lesquels estoyent basties toutes les susdites sortes d'infini, il reste maintenant à monstrer
par d'autres raisons qu'il n'y peut
pas mesme auoir rien d'infini en la
Nature, & moins sur tout aucun
corps. Car le but principal du Phy-

ficien touchant ce subjet, c'est de
sçauoir s'il y a ou peut auoir aucun
corps infini en la Nature.

Qu'il n'y a point de corps infini en la
Nature, qu'il n'en y peut pas auoir,
& que c'est chose repugnante à la
toute-puissance diuine d'en créer
quelqu'vn.

Chap. XIII.

Sommaire.

I. *Argument* 1 *pris de ce qu'vn corps*
infini ne se pourroit mouuoir. II. *Ar-*
gument 2 *pris de ce qu'vn corps infini ne*
pourroit receuoir aucune figure. III.
Argument 3 *fondé sur ce qu'vn corps*
infini occuperoit toute la place des autres
corps. IV. *Argument* 4 *tiré de ce qu'vn*
corps infini ne peut auoir aucunes parties
finies ny infinies. V. *Quelles choses sont*
repugnantes à la toute-puissance de Dieu.
VI. *Repugnance de la part de* Dieu.
VII. *Repugnance de la part de l'ordre*
naturel. IIX. *Repugnance de la part*

*du fubiect mefme. IX. Que ces repu-
gnances ne limitent & ne reftreignent
aucunement la toute-puiffance de Dieu.
X. Obiection & la refponfe à icelle.*

Ombien que la raifon naturelle puiffe dicter mefmes aux plus rudes & ignorãs qu'il n'y fçauroit auoir de corps infini en la nature, fi eft-ce qu'il le faut encore confirmer par des preuues, & argumens inuincibles : lefquels ie reduiray à quatre principaux.

Le premier eft tel: Tous les corps qui font en la nature fe peuuent mouuoir ou en haut ou en bas, ou circulairement & en rond: Or vn corps infini ne fe pourroit aucunemét mouuoir ny en haut ny en bas: d'autant qu'il luy faudroit changer de lieu, ce qui ne fe peut: car s'il pouuoit changer de lieu il ne feroit pas infini. Il ne peut nõ plus fe mouuoir circulairement & en rond: d'autant que fi c'eft dans vn autre corps, il feroit borné par iceluy: fi c'eft dans fa circonference il feroit auffi borné

I.

d'icelle, comme le Ciel, & par conſequent il ne ſeroit pas infini.

II. Le ſecond: Tout corps à certaine figure qui le borne: or l'infini ne peut eſtre borné; il n'y peut donc auoir de corps infini.

III. Le troiſieſme: s'il y auoit quelque corps infini, il occuperoit la place de tous les autres corps: de maniere qu'il faudroit qu'il fuſt ſeul: car autrement il ſeroit borné & limité dés autres: Or nous voyós au contraire qu'il y a pluſieurs autres & diuers corps, chaſcun deſquels a ſon lieu & ſa place, & que la nature ſe plait à la diuerſité: par cóſequent il ny peut auoir de corps infini en la nature.

IV. Le quatrieſme: s'il y auoit quelque corps infini en la nature ou ſes parties ſeroyent finies ou infinies: or elles ne peuuent eſtre finies ny infinies: il n'y peut donc auoir aucun corps infini en la nature. Ses parties ne peuuent eſtre finies, d'autant que d'icelles ne pourroit reſulter qu'vn tout fini. Elles ne peuuent eſtre auſſi infinies: d'autant que chaſ-

que partie ne peut pas estre egale à son tout: ce qui arriueroit si
elles estoyent aussi bien infinies que
le corps duquel elles seroyent parties. Et par ainsi il n'y peut point
auoir de corps infini en aucune
sorte.

Mais quoy ? le Dieu souuerain   V.
duquel la vertu, la puissance, la
bonté, la sagesse est infinie, ne peut-
il pas créer vn corps infini? y a-il rié
qui luy soit impossible ? celuy qui
peut tout faire de rien ne pourra-il
pas beaucoup faire de quelque chose? I'accorde que ie toucheray céte
corde à regret: mais puis que i'y suis
engagé il la faut doucement pinser.
Il est certain que celuy qui reuoque
en doubte la toute-puissance de
Dieu ne merite point autre preuue que d'estre reprouué & censé in-
sensé, irreligieux & impie, & cóme
tel appliqué au dernier supplice.
Toutefois il faut considerer que céte toute-puissance de Dieu n'est
point vague, dereglée & indiscrete,
ains que comme tout est en luy auec
vne perfection incomprehensible,

pour euiter le desordre qui voisine de prez l'imperfection, sa toute-puissance s'estend sans limita-
tion ny exception quelconque à
toutes les choses esquelles il n'y a
point de repugnance ou resistence
de la part de Dieu mesme, ny côtra-
diction en la nature ou ordre naturel, ny de la part du subject.

VI.   De la part de Dieu il y peut escheoir repugnance, comme quand
nous disons que Dieu ne peut faire du mal : qu'il ne peut se destruire soi-mesme : qu'il ne peut faire
qu'il ne soit Dieu. & mesme qu'il
ne peut créer vn corps infini, c'est
à dire infiniement grand. Car s'il
ponuoit cela tant s'en faut que ce
fust vn argument de sa toute puissance, qu'au contraire ce seroit le
raualler, voire mesmes l'anneantir:
d'autant qu'à l'infini rien ne peut
estre adjousté, c'est à dire qu'il n'y
peut rien auoir de plus grand que ce
qui est infiniement grand. Et partât
si Dieu auoit creé vn corps infiniement grand, il ne pourroit plus rien
faire, ce corps-là occupant la place

de tous les autres corps qui pourroyent eftre: de maniere qu'en voulant manifefter vne puiffance infinie, ce feroit l'obfcurcir & fleftrir,
ce feroit dy-je s'empefcher foy-
mefme.

Il y peut auoir auffi de la contra. **VII.**
diction en l'ordre naturel : comme
quand on demande fi Dieu peut
faire que ce qui a efté n'ait point e-
fté, ou qu'vne montaigne demeurant montagne & la plus haute des
montaignes foit neantmoins vne
vallée: d'autant que ce n'eft pas pouuoir faire ains desfaire, c'eft renuer-
fer l'eftre des chofes, & les confondre auec defordre, lequel fuit l'imperfection, qui eft toute efloignée
de la diuinité: qui a fait toutes chofes auec poids, nombre, & mefure, *Sapi. 11.*
ainfi qu'il efcrit en la Sapience.

Aucunefois auffi il y a de la repu- **IIX.**
gnance & refiftence du cofté du fubject: comme que Dieu crée vn homme ou vn Ange infiniement parfait:
d'autant que telle condition n'appartient qu'au feul Createur non
pas à la creature : laquelle peut bien

eſtre treſparfaite & accomplie, mais
non pas infiniement.

IX. C'eſt ainſi que ſe doibt reſoudre la
queſtion touchant la toute-puiſſance de Dieu, qui peut meſme des
choſes qui nous ſemblent impoſſi-
bles, par ce que nous ne les ſçauriõs
comprendre, & qu'elles excedent
noſtre capacité, comme les principaux articles de noſtre foy. Et pourtant ne pouuoir pas des choſes im-
poſſibles ce n'eſt pas defaut de pouuoir & ne diminüe aucunement la
toute-puiſſance de Dieu. Car comme nous n'eſtimõs pas vn œil moins
clair-voyant par ce qu'il n'entend
pas le ſon des cloches, ou vne oreil-
le ſourde pour ne voir pas les couleurs, par ce que ce n'eſt pas ſon object : de meſme les choſes impoſſi-
bles & qui s'empeſchent elles meſmes d'eſtre faites ainſi, pour n'eſtre
point objects de puiſſance, ne dero-
gent pourtãt en rien à l'infinie puiſſance de Dieu.

X. Que ſi on me replique encore que
les effects doiuent reſpondre à leur
cauſe, & que partant Dieu qui eſt in-

fini doibt produire des effects infinis : Ie refpons auec les Theologiés
qu'il fuffit pour tefmoigner fon infi-
té qu'il opere & agiffe par des moyés
infinis, bien que les effects ne foyét
pas infinis. Ainfi la creation du Móde eft vn coup de puiffance infinie :
fa difpofition & conferuation vn
coup de fageffe infinie, la redemptió
humaine vn traict de bonté infinie,
ores que nulle creature ne foit infinie.

Sur ce fubiect les plus curieux en
trouueront d'auantage dans Sainct
Thomas d'Aquin, Albert le grand,
Durand, & autres Scholaftiques.
Maintenant il eft temps de traicter
du temps qui eft le quatriefme &
dernier chef de ce liure.

Thom. 2.
contra
gentes
cap. 25.
Albert.1
fentent.
diftinct.
2. art. 4.
& 6.
Durand.
1. diftin.
42. quæ.
1. & 2.

Du Temps.

CHAP. XIV.

Sommaire.

I. Le temps eft extremement fluide.

II. *Mal-aisé à exprimer.* III. *Qu'est-ce que Temps.* IV. *Le Temps est vne quantité conioincte.* V. *Nombre pris pour mesure.* VI. *Nombre nombrant & nombre nombré, mesure mesurante ou actiue & mesurée, passiue ou formelle.* VII. *Le Temps est vn nombre nombré ou mesuré ou mesurée.* IIX. *Le seul mouuement qui respond à la substance se fait à l'instant.* IX. *Le temps est proprement mesure du mouuement, & par accident mesure du repos.* X. *Qu'est-ce qu'il faut entendre par ces mots de la definition du Tēps, selō ce qui va deuāt & aprés.* XI. *Que le temps & le mouuement sont reciproquement mesurés l'vn par l'autre.* XII. *Le mouuement peut estre acceleré ou retardé, le Temps non.*

I.

Il ny a rien de plus familier & plus commun en la bouche des hommes qué le Temps : car chascun parle ordinairement des siecles, des ans, des mois, des sepmaines, des jours, des nuicts, des heures, qui sont parties du Temps : & neantmoins
l'explication

l'explication & l'intelligence en est
aussi difficile que des choses les plus
secretes & estrangées de nous. Ce
n'est pas pourtant que les termes
nous defaillent pour signifier le
temps & ses parties : mais il est si
fluide & coule si soudainement qu'il
eschape & se desrobe non seulemét
à nos parolles, qui volent, comme
dit Homere; mais aussi à nostre conception mesme, qui est la chose la
plus legere, volage, & soudaine du
monde. Le temps (dit Ouide) est
semblable au cours des fleuues rapides:

> *Le Temps s'escoule & court d'vne vi-*
> *stesse isnelle*
>
> *Comme vn fleuue rapide à source pe-*
> *rennelle:*
>
> *Les flots s'entre-poussans s'entre-sui-*
> *uent tousjours:*
>
> *Et de mesme le Temps d'vn continuel*
> *cours*
>
> *Va & passe soudain comme prenant la*
> *fuite*
>
> *Entraynant d'autres temps vne nou-*
> *uelle suite.*

Et s'il est mal-aisé de conceuoir &

Q

imprimer en noſtre entendement
qu'eſt-ce que Temps, encore l'eſt il
plus de l'exprimer aux autres. C'eſt
pourquoy S. Auguſtin perſonnage
treſ-eloqué̈t,& qui ne ſemble auoir
rien ignoré, confeſſe neantmoins
qu'il ne ſçauroit donner l'intelligéce du Temps: *Si perſonne (dit-il) ne me*
demande qu'eſt-ce que le Temps, ie le ſçay:
ſi ie le veux donner à entendre à celuy qui
me le demande, ie ne ſçay que c'eſt. Les
Sages desEgyptiens pour ſignifier la
nature du Téps & la difficulté qu'il
y a de la comprendre depeignoyent
en leurs lettres hieroglyphiques vn
ſerpét lequel cachoit ſa queuë ſoubs
ſon goſier. Car tout ainſi que le ſer-
pent fait pluſieurs tours de ſa queuë,
auſſi fait le temps, lequel par vne
volubilité cõtinuelle retourne touſ-
jours en ſoy-meſme: & par ſa queuë
cachée ſoubs le goſier, ils vouloyent
monſtrer qu'il n'y a homme ſi diſert
qui puiſſe exprimer naïfuement
qu'eſt-ce que du Temps. Toutefois
nous ne laiſſerons pas d'en diſcou-
rir à l'imitation des Philoſophes, &
taſcherons de nous expliquer auec

Auguſt.
lib. 11.
Confeſſ.
cap. 14.

tant de facilité qu'il nous sera possible. Commençons donc par la definition du Temps, qui est l'instrument le plus propre à notifier l'essence & la nature des choses.

Le Temps c'est la mesure du mouuement III.
& repos des choses naturelles selon ce qui
va deuant & apres : laquelle definition ie veux faciliter par l'exposition particuliere des termes d'i-
celle.

Le Temps donc est ici pris pour IV.
vne quantité continue & conjoin- *liu.3.ch.*
te, comme i'ay monstré en ma Lo- 7.
gique. Que si quelqu'vn m'obice
l'argument de Stratō, à sçauoir que
le Temps estant vne quantité continuë il est mal defini par le Nombre,
qui est vne quātité dis-jointe : il faut
respōdre, non pas comme les Scholastiques, que le Temps en soy est
vne quantité continuë & coniointe, & en tāt qu'il est conceu de nous,
dis-jointe : & qu'en céte seconde signification il est defini par le Philosophe. Distinction certes tres-absur-
de & ridicule, d'autant qu'il le faudroit definir & conceuoir autremét

Q ij

qu'il n'est pas de soy-mesme : mais
il faut dire que par le nõbre (cõme
ie remarqueray encore en suite) il
ne faut pas ici entendre ce nombre
là qui est quantité dis-jointe, ains la
mesure, & mesmes la mesure mesurée, passiue ou formelle, qui est cõti-
nue & conjoincte.

V.

Cela ainsi presupposé ie dy que
le Temps est la mesure du mouuement & repos, à l'imitation du Philosophe, qui l'appelle plus ordinairement *nombre* que *mesure*: toutefois
l'vn vaut l'autre. Car, comme nous
enseigne Auerroës , les Grecs vsur-
pent souuent ce mot *nombre* pour
mesure. Mais par ce qu'en nostre langue le mot de *mesure* conuiét mieux
à ce propos que celuy de *nombre*, i'ay
mieux aymé l'employer que l'autre.

Aristot.
cap. 11.
& 12.
lib. 4.
Physic.

VI.

Or tout ainsi que i'ay monstré
en ma Logique qu'il y a nombré
nombrant & nombre nombré ; de
mesme faut-il ici distinguer la mesure en mesurante ou actiue, & mesurée ou passiue & formelle. I'appelle la mesure mesurante ou actiue

liu. 3.
chap. 7.

celle qui sert à mesurer les dimensions de quelque corps, comme vne
aulne, vne lieuë, arpent, stade, cou-
dée, pas, pied, palme, & mesmes les
degrés par lesquels les Mathematiciens mesurent l'eleuation du pole.
La mesure mesurée c'est la dimésion
du corps mesurable: laquelle est aussi appellée formelle, par ce qu'elle est
attachée & coniointe à la matiere &
au corps mesme, & n'est point estrā-
gere ny separée d'iceluy comme l'a-
ctiuë. Par exemple, si vne muraille
a dix couldées de hauteur, vn jardin
cent pas de lógueur, ou vne sale tré-
te pieds de largeur, céte hauteur mesme, céte lógueur, & céte largeur sőt
des mesures mesurées, passiues &
formelles, par ce qu'elles sont en
la chose mesme qu'il faut mesurer.

Cela ainsi entendu il faut voir si **VII.**
le temps est nombre nombrant ou
nombré, & mesure mesurante ou
mesurée. Surquoy aucuns ont formé en vain plusieurs doubtes &
controuerses inutiles : lesquelles ie   *Aristot.*
passeray soubs silence & me tien-   *cap. 11.*
dray à la resolution du Philosophe,   *lib. 4.*
Q iij   *Physic.*

lequel determinant céte question
tient que le temps est vn nombre
nombré non pas nombrant, & par
mesme moyen aussi vne mesure mesurée non pas mesurante : d'autant
que c'est ce qui est nombré, compté,
calculé & mesuré au mouuement
des choses naturelles. Par exemple,
si ie mets vn quart d'heure à lire vn
chapitre des œuures d'Aristote, ce
mouuement, céte action est mesurée par le temps que i'ay employé en
icelle, qui est vn quart d'heure. Si
Alexandre le grand a vescu trente
ans, le cours de son aage est nombré,
calculé & mesuré par le mesme téps
qu'il a vescu au monde.

IX.   Les mots qui suyuent en la susdite definition sont *mouuement & repos
des choses naturelles*: à l'exposition desquels ie ne m'arresteray point pour
en auoir parlé suffisammét ailleurs.
Ie diray seulement qu'il faut se re-
souuenir que toutes les sortes de
mouuement se font auec quelque
espace de Temps, excepté la generation & corruption, qui se font à
vn instant par ce qu'elles respondét

à la substance.

Mais il faut bien remarquer ici IX.
que le temps est proprement la mesure du mouuement, & par accident
la mesure du repos des choses naturelles : par ce que le mouuement
tendant à certain repos, de la mesure
du mouuement, il faut en fin venir
à mesurer aussi le repos.

Les derniers mots de la defini- X.
tion du Temps sont, *selon ce qui va*
deuant & apres : par lesquels il faut
entendre la distinction des parties
du mouuement en celles qui vont
deuant & apres, c'est à dire en tant
qu'elles succedent les vnes aux autres. Car nulle sorte de mouuement
(excepté en la Substance, côme i'ay
dict souuent) ne se pouuant parfaire
que côme par degrés & auec quelque espace de temps, il faut de necessité qu'il soit diuisible en parties
qui aillent les vnes deuant, les autres apres. Par exemple, vn animal
ou vne plante ne fait pas son accroissement tout à coup : vne chose
froide ne s'eschaufe pas tout à l'instant, & vn corps ne se remüe pas en

vn moment de lieu en autre : ains le
tout se fait auec quelque interualle
de temps.

XI. Dequoy il nous faut encore colliger qu'il y a vne si estroite affinité
entre le Temps & le mouuement,
que comme le mouuement est mesuré par le temps, aussi le téps peut
estre reciproquement mesuré par le
mouuement : Par exemple , quand
i'ay obserué qu'en vne heure i'ay esté
de la ville à vn chasteau aux champs,
ie juge par mesme moyen que faisát
le mesme chemin i'ay employé vne
heure.

XII. Mais il y a grand' difference entre
les deux en ce que le mouuement
peut estre acceleré & hasté ou ra-
lenti & retardé selon l'agitation du
mobile, & le temps coule tousiours
egalement d'vne volubilité & fluidité indicible.

Voilà quant à la definition du
Temps : venons maintenant à sa distinction ou diuision & recoguois-
sance de ses parties.

Des parties du Temps.

Chap. XV.

Sommaire.

I. *Argument concluant qu'il n'y a ny parties de temps, ny temps par consequent: astendu que le present passe à l'instant, le passé n'est plus, & le futur n'est pas encore.* II. *Que les parties du temps sont conjointes par l'instant, bien qu'elles ne soyent pas permanentes.* III. *Que le temps present se prend auec extension.* IV. *Belle remarque de S. Augustin sur l'establissement des parties du temps.* V. *Que le temps est de soy teusiours present, mais au respect des choses corruptibles il est appellé passé, present, & futur.* VI. *Le temps a commencé auec le mouuement des Cieux, & finira auec iceluy.* VII. *Nous mesurons toute sorte de temps par celuy de 24. heures.*

Q v

I. Lusieurs considerant le flux continuel du temps lequel est sans aucun arrest & d'vn cours si rapide qu'il ne peut estre aucunement apprehendé ny atteint mesme par nostre conception , ont conclud qu'il ne peut auoir aucunes parties, & que par mesme moyen il n'y a point de temps, par vn tel argumét: Le temps passé, n'est plus , & ne reuiendra jamais plus: le present ne se peut dire estre que soudain il n'ait eschappé mesmes auant qu'on l'ait conçeu, n'estant que comme vn poinct en vne ligne, ainsi que dit le Philosophe. Or le poinct en la ligne n'est pas partie d'icelle ; partant ce qu'on appelle le temps present n'est point partie du temps. Quant au futur il n'est pas encore , & ne sçait on s'il viendra , ou si Dieu fera finir soudain toutes choses : Il s'ensuit donc qu'il n'y a vrayement aucune partie du téps, & par mesme moyen qu'il n'y a point de Temps : car ostât toutes les parties, le tout est osté.

Arist. c.
11. & 13.
1.4. & c.
3. li.6.
physic.

II. Aquoy il faut respondre que cét

argument conclud tresbien és choses qui ont les parties permanentes
& persistantes, mais non pas en celles qui les ont fluides & sans arrest
aucun, comme le Temps. Car autre
chose est n'auoir point du tout de
parties, ou de ne les auoir point permanentes. Ioinct que le present
liant le passé auec le futur soustient
l'estre du temps, bien qu'à parler en
Philosophe le temps present, ou,
pour mieux dire, l'instant, ne soit
pas proprement partie du téps, ains
seulement la liaison ou continuation des autres parties, comme le
poinct est la liaison ou côtinuation
de la ligne.

Et quand nous disons que le pre- **III.**
sent est partie du temps, nous le prenons auec quelque extension, à la façon du vulgaire, empruntāt du passé & du futur : comme quand ie dy
que maintenant i'escris, ou à céte
heure, ce jourd'huy, cé te sepmaine,
ce mois, l'année presente.

I'approuue fort ce que dit S. Au- **IV.**
gustin à ce propos pour l'establisse- *Aug. ca.*
ment des parties du téps, c'est que le *20.li.11*
confeß.

Temps nonobſtant ſon flux continuel demeure en arreſt en toutes ſes parties par
le moyen des facultés de noſtre ame : le
paſſé par noſtre memoire & reſſouuenan-
ce, qui le nous repreſente : le preſent par ce
que nous le conceuons nous-meſmes couler :
le futur par ce que noſtre ame l'attend &
& l'eſpere.

V.   Auſſi à la verité (& ceci eſt notable) le Temps de ſoy n'eſtant pas
appliqué aux choſes mortelles &
corruptibles eſt touſiours vn meſme & preſent, mais eu egard à ces
choſes-là il eſt appellé paſſé ; preſent, ou futur. Car celuy que nous
diſons maintenant eſtre paſſé à eſté
autrefois preſent ou à nous-meſmes ou à nos deuanciers : & le futur nous ſera preſent encore ou à
nous-meſmes ou à nos ſucceſſeurs.
Mais ces differences viennent de
ce que nous qualifions ordinairement les choſes comme nous les
conceuons, ou ſelon qu'elles ſont
accommodées aux choſes cadu-
ques & corruptibles pluſtot que
comme elles ſont à la verité de leur
nature. Ainſi donc le Temps pour

le regard de telles choses passe &
coule tousiours & leur temps finit
auec elles, comme mes jours fini-
ront auec moy : mais pourtant le
Temps ne lairra pas d'estre tandis
que le mouuement celeste durera :
& comme il a cōmencé auec luy ,
aussi finira-il auec iceluy mesme.

Et pour mieux entendre ceci il
faut sçauoir que le premier Mobile fait tourner en 24 heures tous les
autres cercles celestes d'vn mouuement contraint & rapide, comme
nous le voyons tous les jours par experience au Soleil, qui va & retourne en 24 heures, & neantmoins ne
fait son cours ordinaire & naturel
qu'en vn an entier, ainsi que ie diray ailleurs. Et de ce mouuement le
Temps est proprement la mesure,
& auec iceluy il finira , ainsi que
l'Ange asseure dans l'Apocalypse.
C'est pourquoy les Philosophes disent aussi que le Temps est en iceluy comme en son propre subject &
au premier mesuré.

Or par ce temps de vingt-qua-
tre-heures, qui font vn jour ciuil,

VI.

au li.6.
Apo.10
& ibi
Th. Aq.
Arist. ca
14. l 4.
Phy. Th.
Aqu. 1.
p.ar. que.
10 ar. 6

VII.

nous mesurons tous les autres
temps. Car des jours nous faisons
les sepmaines, des sepmaines les
mois, des mois les années, des années les ages & les siecles : & selon
que les choses durent, nous leur at-
tribuons du temps, c'est à dire, nous
mesurons leur durée par certain espace de temps: & non seulement
leur durée, mais aussi leurs particuliers mouuemens, actions & affe-
ctions tãt soyent elles courtes, sub-
diuisant les jours en heures, les heures en plusieurs parties & minutes,
comme bon nous semble. Mais a-
pres tout c'est tousiours vn mesme
Temps, c'est vne mesme mesure, de
laquelle nous faisons comme d'vne
estriuiere la ralongeant ou racour-
cissant selon la durée & mouuemẽs
des choses mortelles & corruptibles, lesquelles seules sont vrayemẽt
en Temps & subjectes au Temps,
comme il faut monstrer ensuite.

Qu'il n'y a que les choses mortelles & corruptibles qui soyent en Temps, & subjectes au Temps.

CHAP. XVI.

Sommaire.

I. Il y a trois rangs de choses qui ont chascune particulierement sa mesure. II. Dieu est mesuré par l'Eternité. III. Les Anges ou nos ames par vn jamais ou perpetuité. IV. Les choses mortelles & corruptibles par le Temps. V. Autoritez de l'escriture sainte & autres pour confirmer ce dessus. VI. Que Dieu ne peut estre mesuré par le Temps. VII. Ny les Anges ny nos ames. IIX. Ny nos corps apres la resurrection.

I.

DE toutes les choses naturelles & sur-naturelles les vnes sont sans commencement ny fin, les autres auec commencement sans

fin, d'autres encore auec commencement & fin: & à chaſque ſorte reſpond certaine meſure pour meſurer
leur eſſence.

II.   De la premiere ſorte il n'y a que
Dieu ſeul, qui ne peut eſtre meſuré
que par vne meſure deſmeſurée &
infinie qui eſt l'eternité compaigne
d'vne infinie perfection.

III.   De la ſeconde ſont les Anges &
nos ames qui ne ſont point meſurés ny par l'eternité, par ce qu'ils
ont eu commencement, & partant
ne ſont point infinis de ce coſté-là:
ny auſſi par le Temps, par ce qu'ils
n'auront jamais fin: mais ils ſont
meſurés par vn jamais ou perpetuité que les Philoſophes Latins appellent *Æuũ*, bien que ce mot en ſa
propre ſignification ne ſoit gueres
different de l'eternité: mais tant y a
qu'ils le reſtreignent à ce qui a eu
commencement & n'aura jamais
fin.

IV.   De la troiſieſme ſorte ſont toutes
les choſes naturelles du Monde, leſquelles ſont meſurées par le Tẽps,
comme nous auons deſia dict, & en

tant qu'elles sont subjectes au téps,
elles endurent du flux & cours d'i-
celuy, vieilliflant & mourant auec le
Temps.

Ceci ne reçoit point de contro- **V.**
uerfe, par ce que l'oracle diuin l'a
ainfi prononcé difant que *toutes cho-* *Ecclefia.3*
fes comprifes foubs les cieux ont leur temps, *Sene. epi.*
& à certains efpaces s'en vont & fe paf- *67.*
fent. Tous les plus fages des Payens
ont eu la mefme croyáce: Oyez Seneque
en vne de fes epiftres *Toutes chofes (dit-*
il) s'efcoulent & vont tonf-jours en deca-
dence: nos corps font rauis comme des fleu-
ues: tout ce que tu vois court auec le Téps:
la matiere en eft fluide, caduque, & fub-
jecte à tous mal-heurs.

Et le Poëte ci-deffus allegué,
   c'eft vous, ô Temps glouton & vieil- *Ouidi.15*
    leffe enuieufe, *Metamo.*
   Qui deftruifez le Monde, & d'vne dét
    fafcheufe
   Mordant rongeant les corps vous les
    faictes perir
   Les menant à leur fin auec vn lent
    mourir.

Mais Dieu, qui eft de toute eter- **VI.**
nité auant le Téps, & qui fera eter-

nellement apres que le Temps ces-
sera, ne peut estre aucunement sub-
ject au Temps : car c'est luy qui a e-
stabli le Temps mesme auec le mou-
uemét des Cieux: c'est à luy seul que
toutes choses passées & futures sont
plus presentes que celles que nous
appellons presentes pour estre l'ob-
ject de nos yeux: il est seul eternel, &
en ce qui est éternel (dit sagement Phi-
lon Iuif) *il n'y a ny passé ny futur, ny par*
consequent commencement ny fin.

Philo
Iud. de
Mundo.

VII.

    Les Anges & nos ames ne sont
point aussi subiectes au Temps, par
ce qu'ils sont créez immortels & in-
corruptibles : & s'ils estoient sub-
jects au temps ils vieilliroyent, &
vieillissant il faudroit de necessité
qu'en fin ils mourussent.

IIX.

    De mesme sera-il de nos corps a-
pres la resurrection de la chair, d'au-
tant que dez-lors ils seront rendus
immortels tant ceux des bien-heu-
reux que des damnés, les vns pour
estre reserués à vne felicité eternel-
le, les autres à vn supplice eternel.

    Or apres auoir traicté en gros &
en general des causes & principes

des corps naturels, de leurs remuëmens, changemens, & autres proprietés les plus signaleés & remarquables, il faut maintenant discourir des corps mesmes & de leurs
proprietés particulieres, commençant par les celestes, & descendant
par ordre d'iceux aux elemens, &
des elemens aux choses terrestres:
en quoy le plaisir & contentement
suyura par tout le profit & vtilité.

Fin du quatriesme liure.

LE
CINQVIESME
LIVRE DE LA PHY-
SIQVE OV SCIENCE
naturelle.

CHAPITRE I.

Sommaire.

I. *Nous sommes naturellement desireux d'apprendre, & mesmement les choses celestes.* II. *Pourquoy la cognoissance des choses celestes est mal-aisée.* III. *Qu'il faut apprendre les principes de l'Astronomie de viue voix auec l'ayde de la sphere & Astrolabe* IV. *Ce mot Ciel signifie graueure, & pourquoy ainsi appellé.* V. *Il se prend en trois sortes.* VI. *Aristote prouue par raisons naturelles qu'il y a des Cieux.*

I.

L n'y a rien si naturel à l'homme que le desir de sçauoir & entendre ce qu'il ignore : & les plus ignorans mesmes & barbares ne peuuent dementir la curiosité innée d'apprendre en s'enquerant de ce qu'ils ne sçauent pas, & honnorant ceux qui en ont la cognoissance. Et combien que les choses celestes qui annoncent (dit le Psalmiste) la gloire & les œuures merueilleuses de Dieu, nous attirent par leur excellence & beauté à leur admiration & contéplation, ainsi que remarque le Philosophe: si est-ce que particulierement les belles & nobles ames par le seul ressentiment qu'elles ont du lieu de leur extraction & origine, recherchent auec vne curiosité plus ardente l'intelligence d'icelles.

Et comme si la nature mesme eust voulu les donner pour object à nos yeux, elle nous a fait seuls de tous les animaux, droits & la teste releuée vers les Cieux pour nous habituer plus aisémét à la consideration des choses celestes & sublimes. C'est

Cic. 1. offic.

Psal. 19.

Aristot. cap. 5. lib. 1. de part. animal.

ce que chantoit tref-bien vn poëte
Latin,

> Il a fait l'homme feul la tefte releuée,
> Les autres animaux l'ayant en bas cour-
> bée :
> Et luy a commandé de contempler les
> Cieux,
> Et hauffer fon afpeët aux aftres radieux.

Ouid. I.
Meta-
morph.

Toutefois ces corps celeftes font fi
efloignés de nous qu'à grand peine
en pouuons nous parler qu'auec incertitude, ainfi que le Philofophe
mefme l'accorde. Car fi nos fens
mefmes nous trompét en leurs objets ordinaires, quelle fermeté ou
quel pied pouuons nous affeuremét
affeoir en ces chofes-là qui n'ót rien
de fi ftable que l'inftabilité, qui font
en perpetuel mouuement, & iceluy
fort different l'vn de l'autre? C'eft
pourquoy on y fait prefque de fiecle
en fiecle quelque nouuelle defcou-
uerte auffi bien qu'en la terre : Car
de nouuelles eftoiles & mefmes de
nouueaux Cieux ont efté defcou-
uerts là haut auec le téps auffi bien
que ça bas des nouuelles terres. Et
quoyque plufieurs en ayét efcrit am-

II.

Ariftot.
cap. 5.
& 12.
lib. 2. de
cœlo.

plement en diuerses langues de gros
volumes assez communs ; si est-ce
que ie ne laisseray pas d'en discourir
sommairement selon le subject de
la Physique, non pas descriuant ou
plustot transcriuât ici les preceptes
de la sphære, comme a fait n'a-gueres vn autre : bien qu'il soit plus aisé
que d'en traicter en Physicien. Car
Oronce, Clauius, Sacro bosco, &
plusieurs autres m'en fourniroient
la matiere. Mais côme il est impossible que deux puissans Monarques
voisins se puissent si bien compor-
ter & côtenir que l'vn n'entre quelquefois dans les frontieres de l'autre : & bien dangereux de si engager
trop auant. De mesme il est impossible que veu l'affinité des sciences,
traitât de l'vne on n'entre quelquefois dans les preceptes des autres,
mais de les côfondre & mesler tout
à fait c'est contre tout ordre & de-
cence.

III.   Or puis que nous voulons parler
des Cieux, commençons par l'explication de ce mot *Ciel*. Les Latins
ont fort proprement appellé le Ciel

cælum

Cælum à cælando, comme qui diroit
graueure : par ce qu'il eſt richement
graué, doré, & côme marqueté de diuerſes eſtoiles, leſquelles nous voyôs
briller là haut & rouler ſans iamais
crouler, parmi ces voutes azurées à
pas ſi bien compaſſés, qu'elles vont
touſiours d'vn meſme train, d'vn
meſme branſle & à meſme cadence.

Toutefois le Ciel ſe prend en trois
diuerſes ſignifications, ainſi que le
Philoſophe meſme l'enſeigne. Premierement pour tout ce grand &
vaſte vniuers, qui eſt autrement appellé en vn mot le *Monde.* En ſecond
lieu le Ciel ſe prend generalement
pour tous les orbes ou ſphæres celeſtes qui ſont au deſſus des elemens :
& pour le troiſieſme il ſignifie particulierement le premier mobile ou
plus haut de tous les Cieux, excepté l'Empyrée qui eſt immobile.

Voilà pour le regard du nom
du Ciel : Sçachons maintenant de
quelle matiere les Cieux ſont compoſés. Car de reuoquer en doubte
s'il y a des Cieux ce ſeroit en vain
puis que tout le monde le croit ou

IV.

*Ariſt. c.
9. l. 1. de
Cælo.*

V.

R

Genef.1. le doibt croire l'oracle diuin nous ayant reuelé leur creation. Mais d'ailleurs le Philosophe mesme prouue par raisons naturelles qu'il y doit auoir vn cinquiesme corps simple, & entre autres par celles-ci. Tout mouuement est propre à certain corps : le mouuement circulaire & en rond n'est propre aux elemés ny à pas vn des corps inferieurs, car ils tendent tous en haut ou en bas par vn mouuement direct ou droit : Il faut donc de necessité qu'il y ait vn cinquiesme corps, auquel conuienne le mouuement circulaire, & ce corps-là c'est celuy que nous appellons ciel.

Or d'autant que nous auós dit vn peu deuant que le Ciel signifie quelquefois le Monde, & qu'en cét œuûre nous parlons de toutes les choses du Monde, qui est aussi vn mot homonyme ou equiuoque & ambigu, il en faut exposer les diuerses significations en peu de mots.

Du Monde.

CHAP. II.

Sommaire.

I. *Distinction du Monde en cinq.* II.
Le Monde Archetype: & idées de Platon.
III. *Le Monde Angelique.* IV. *Le*
Monde Elementaire. V. *Le grand Mon-*
de. VI. *Le petit Monde, c'est à dire l'hō-*
me, & comment c'est l'abregé de tous les
autres Mondes. VII. *Que le Monde est*
parfait.

LEs Theologiés & Phi- I.
losophes distinguent
le Monde en cinq, à
sçauoir en l'Archety-
pe, Intellectuel ou
Angelique, Elemētaire, grand Mōde, & petit Monde.

Le monde Archetype c'est le con- II.
cepte diuin auquel sont les formes *Vide Pi-*
de toutes les creatures : toutefois *cum Mi-*
auec plus de perfection qu'elles ne *rand. in*
Heptaplo

<table>
<tr><td>

Lactant.
lib. 2.
diuini.
inst. cap.
13. Petr.
Lombar.
in I. dist.
44. Au-
gust.lib.3
contra
Acade.
Cœli
Rhod.
lib. 2.
antiq.
lect.ca.8.

</td><td>

font pas aux autres mondes. C'est ce que Platon a voulu entendre par ses idées, mal conceuës : par ce qu'il s'est imaginé ces idées en Dieu comme le modéle ou le patron des choses qui naissent au monde. Et tout ainsi qu'vn architecte fait ordinairement peindre le plan & tirer sur vne charte le pourtrait de quelque superbe edifice auant que mettre la main à l'œuure : de mesme Platon estimoit que Dieu auoit des idées, images ou pourtraits des choses qu'il vouloit produire & faire naistre au monde : & qu'il les contemploit à mesure qu'il trauailloit à la production d'icelles. Opinion du tout absurde & impie faisant Dieu semblable aux hommes ignorans & indigens.

</td></tr>
</table>

III. Le monde intellectuel ou Angelique est composé des trois hierarchies des Anges Intelligences & bien-heureux Esprits, & chasque hierarchie ordonnée en trois diuers chœurs.

IV. Le monde Elementaire c'est celuy qui est ramassé des elemens & des

Cieux qui sont aussi appellés Elemens, mesmes par le Philosophe. *Ari.c.1. l.3.deCœlo,&.c.3. l.1 meteo.*

V.

Le grand Monde c'est l'assemblage & ordonnãce de toutes les creatures.

VI.

Le petit Monde c'est le seul homme qui est ainsi fort proprement appellé des Grecs, par ce que c'est la principale piece du Mõde, dit Trismegiste, ou plustot par-ce que c'est comme l'abregé de tous les autres Mondes. *μικρο-κοσμος.* Car premierement il ressemble au monde Archetype & à la diuinité mesme puis qu'il est creé à l'image de Dieu. *Trismegi. in Ascle. Genes.1.* En second lieu il tient du monde Intellectuel ou Angelique en ce qu'il a la faculté intelligible, que se maintenant en la grace de son Createur il est appellé Ange, comme Daniel: & qu'il espere vn jour estre semblable aux Anges. *Genes.1.* Pour le troisiesme il a en soy les principales pieces abregées de tout le monde elementaire & du grand Monde. C'est pourquoy les anciens Rabins ayant mystiquement assorti les lettres du premier mot de la Genese ont trouué que le Prophete ap-

R iij

pelloit le Monde *le grand homme.* Car
auſſi eſt-ce le parangon d'iceluy. En
la teſte qui eſt la plus haute & releuée partie de ſon corps, affermie du
crane, eſt le ſiege de l'ame qui remue
tous les ſens tant interieurs qu'exterieurs, & reçoit par le ſens commun vne infinité d'objects qui s'y
repreſentent : de maniere que tout
cela reſpond au premier mobile qui
remue tous les autres globes celeſtes, & au Firmament qui eſt marqueté d'vne infinité d'eſtoiles. Le
cœur placé au milieu du corps humain, comme eſtant le principe de
chaleur, vie & mouuement qu'il
deſpart à toutes les autres parties
reſpond au Soleil, lequel eſt au milieu des ſept planetes les eſclairant
toutes de ſa lumiere, & d'ailleurs
auiue & anime par la chaleur qui
vient de la reflexion de ſes rais, tous
les corps inferieurs qui ſont organi-
zés ou diſpoſés à receuoir vie ou
mouuement. Mais d'ailleurs encore ſes conditions, complexions &
humeurs monſtrent bien qu'il ſympathiſe auec tous les ſept planetes.

Car ſes deux yeux repreſentent les
deux luminaires celeſtes le Soleil &
la Lune. L'humeur bilieuſe qui
fluë & s'eſcoule du cerueau par les
oreilles , tient des influences de
Mars & de Venus. Les deux na-
ſeaux reſpirans le flegme ſympathi-
ſent auec Iupiter & Saturne. Et la
bouche tant à cauſe de la pituite
qu'elle craſche , que de la voix arti-
culée oû parole qui ſe forme en icelle, ſe raporte fort propremét à Mercure. Quant à la carcaſſe mortelle
elle eſt compoſée des quatre elemẽs,
& en cela ſympathiſe auec tous les
autres corps mixtes.

Or quant nous parlons du Monde ſans diſtinction en la Phyſique
nous entendons communément celuy que nous auons appellé *le grand
Mõde*: lequel eſt joinct & vni en toutes ſes parties auec vne merueilleu-
ſe perfection qu'Homere a voulu
donner a entendre par ſa chaine tãt
celebrée: laquelle Iupiter tenoit là
haut és Cieux , & neantmoins tou-
choit çà bas bas en terre. Ie dy que
ce Monde eſt ſi parfait & ſi accom-

pli en toutes ses parties que rien n'y
peut estre adjousté: non pas mesmes
vn grain de sablon: de maniere que
si quelque chose accroist, quelque
autre se diminuë d'autant : & si vne
s'engendre vne autre se corrópt: &
au rebours, l'vne accroist de ce qu'v-
ne autre se diminuë, ou s'engendre
de ce qu'vne autre se corromp. Et
pour ce que le Ciel est ainsi accompli, orné & enrichi de tout ce qu'il
luy faut, les Grecs l'ont appellé
κόσμος, & les Latins à leur imitation, *Mundus*, c'est à dire, ornement. Voilà ce que i'ay voulu remarquer en passant touchant les
diuerses sinifications de ce mot
Monde : par lequel nous entendons
aussi quelquefois moralement la
façon de viure desbordée & des-
reiglée du commun : comme quand
nousdisons qu'il faut viure selon
le Monde.

Retournons maintenát au Ciel
& considerons sa matiere pour voir
si elle est differéte de celle des corps
inferieurs & soubs-luminaires.

De la matiere des Cieux.

Chap. III.

Sommaire.

I. *Trois diuerses opinions touchant ce subject : la 1 que les Cieux sont exempts de matiere : la 2 qu'ils sont d'autre matiere que les corps inferieurs. La 3 qu'ils sont de mesme matiere que les corps inferieurs.* II. *Refutation de la 1 opiniõ.* III. *La 3. opinion est la plus saine.* IV. *Les Cieux n'ont ny legereté ny pesanteur.* V. *Sote opinion d'Empedocles disant que le Ciel tomberoit à bas sans qu'il est arresté par la rapidité de son mouuement.* VI. *Les Cieux n'ont point des qualités contraires comme les elemens.* VII. *comment est-ce que lès Cieux & les elemens sont appellés corps simples.*

LEs Philosophes ny les Theologiés mesmes ne sõt pas d'accord touchãt la matiere des Cieux, estãt diuisés en trois diuerses opiniõs. Car aucuns, comme Auerroës, tiennent

I.

Auerr. cap. 2. lib. de subst. orbis.

R v

qu'ils sont exempts de toute matiere & qu'ils sont des pures & simples
formes, qui maintiennent leur estre
sans matiere: par ce que s'ils estoiét
composés de matiere ils seroient
subiects à corruption. D'autres à l'i-
mitation d'Aristote tiennét que les
Cieux sont d'vne matiere differente des corps inferieurs & soubs-lu-
naires : par ce que s'ils estoient de
mesme matiere agissant côtr'eux ils
repatiroient d'eux, c'est à dire, endu
reroient reciproquement, suiuant
la maxime de Physique que *tout ce
qui agit contre vn autre repatit & endu-
re reciproquemen de luy s'ils communiquet
tous deux en la matiere :* comme fait le
feu agissant contre l'eau, ou l'eau
contre le feu : ou vn corps solide
heurtant vn autre corps solide. Ce
que n'arriuant pas aux Cieux lors
qu'ils agissent sur les corps inferieurs, il faut croire qu'ils sont d'autre matiere. Or qu'ils ne repatissent
point il se prouue de ce qu'ils n'en
sont point alterés : car s'ils s'en alte-
roient, il y a long temps que la continuelle alteration les auroit con

duits à la corruption. C'est ainsi
qu'argumente bien subtilemét Aristote. D'autres au côtraire souftiennent que les Cieux sont d'vne mesme matiere que les autres corps naturels, toutefois autrement condi-
tionnée, qualifiée & perfectionnée.

Quant à la premiere opinion elle
est du tout impertinente : d'autant
que puis que le Ciel est vn corps naturel, il faut bien qu'il soit composé
de quelque matiere, nulle chose ne
pouuant estre dicte corporelle qu'à
cause de sa matiere, ainsi que le Philosophe raisonne en sa Physique &
ailleurs.

La seconde est fort vray-semblable, mais pourtant ie ne la voy pas
veritable. Car si les Cieux n'estoient
pas de mesme matiere en essence
que les corps naturels, il faudroit
donc introduire deux matieres premieres l'vne pour eux, & l'autre
pour les autres corps naturels : qui
seroit trop absurde. Aussi à la verité
céte opinion n'est introduite que
pour n'accorder pas que les Cieux
soient corruptibles & qu'ils sont

II.

Aristot.
cap. I.
lib. 2.
Phys. &
cap. I.
lib. 2. de
anima.

III.

R vj

de toute eternité. Et bien que ie
foubfcriue volontiers l'opinion de
ceux qui tiennent que les Cieux
ne feront point anneantis, ny corrompus, ny embrafés par le feu
au dernier iour du monde (comme
i'ay dit amplement ailleurs :) fi eſt-
ce que ie ne penſe pas que pour accorder qu'ils font de meſme matiere que les autres corps naturels il
s'enfuiue qu'ils foient auſſi corruptibles. Car i'enten que la matiere
premiere eſt leur principe commun
auec les autres corps naturels : toutefois que par ce que leur forme eſt
fort excellente & parfaite, leur
matiere n'en appete point d'autre, ainſi que l'explique tres-biẽ Æ-
gide Romain: ou bien nous pouuõs
dire, que les formes aſſiſtantes dẽs
Cieux, qui font des Eſprits ou Intelligences motrices, empeſchent le
changement de leur forme naturelle. Que fi les Cieux ne repatiſſent &
endurent reciproquemét des corps
inferieurs lors qu'ils agiſſent ſur
eux, c'eſt que leur matiere n'eſt pas
fufceptible de leurs impreſſions, &

au li. 1.
chap. 2.

Ægid.
Rom. c. 3.
4. & feq.
itcram.

Plut. li. 2
de pla.
Phi. Aug
l. 12. conf.

que la naturè a soubsmis & comme
subjugués ceux-ci aux corps superieurs & celestes, à la vertu desquels
ils ne peuuét resister. Et c'est la commune opinion des anciens Philosophes: & la resolution de la Theologie & de la pluf-part des Saincts Peres.

Ainsi donc quoy que les Cieux
communiquent en la matiere, comme principe commun, auec tous les
corps naturels du monde: si est ce
qu'ils different beaucoup és qualités & conditions de la matiere mefme. Car ils ne sont ny mixtes, comme les corps composés des quatre
elemens: autrement ils seroiét subjects à mille alterations & changemens causées du conflict & combat des qualités elementaires qui
sont côtraires, comme nous dirons
ci-apres en son lieu : Et ne sont pas
aussi conditionnés comme les quatre elemens, par ce que les elemens
ont en eux de la legereté ou pesanteur: & d'ailleurs des qualités contraires, qui les font alterer & mesmes changer & transformer les vns

*c. 20. Pet
Lomb. l. 2
distinct.
14. c. 1.*

IV.

*au liu. 6.
ch. 5.*

aux autres, Ce qui n'est pas és Cieux.
Car nous pouuons juger qu'ils ne
sont ny legers ny pesans de ce que
nous voyons les estoiles tousiours
d'vne mesme grandeur: Que si elles
se haussoient elles paroistroiët plus
petites, comme font tous les corps
à mesure qu'ils s'esloignent de nostre aspect: ou bien si elles s'abbais-
soient, elles paroistroient plus grandes, comme sans doubte tous corps
semblent plus grãds à mesure qu'ils
s'approchent de nous. Or les estoilles ne paroissent pas plus grandes
vne fois qu'autre si ce n'est lors qu'à
leur leuer ou coucher les nüages qui
sont entr'elles & nostre aspect, les
font paroistre plus grandes, pour la
raison que nous dirons ci apres: Il
s'ensuit donc que les Cieux n'ont
ny legereté ny pesanteur quelconque.

    Et n'est point considerable l'opi-
nion absurde d'Empedocles qui s'i-
maginoit que les Cieux tomberoiët
à bas sans ce qu'ils sont retenus par
la rapidité de leur mouuemét, tout
ainsi qu'vn vaisseau rempli d'eau

ſtant tourné rapidement en rond, il ne s'en verſe goute, la celerité du mouuemēt preuenant le verſement de l'eau.

VI.

S'il y auoit auſſi de la contrarieté és Cieux, comme és elemés, ils agiroient & patiroient reſpectiuemét les vns des autres:& par conſequent s'altereroient, chāgeroient & tranſformeroient les vns és autres, cóme les elemens : qui eſt vne choſe notoirement faulſe.

VII.

Or quand nous appellons les Cieux & les Elemens *corps ſimples*, ce n'eſt pas à dire qu'ils ne ſoient compoſés de matiere & de forme : mais cela ſe dit à la difference des corps mixtes leſquels ne reſultent pas de céte compoſition ſimple de la matiere & de la forme, ains du meſlange & aſſemblage des quatre elemens.

Voilà quant à la matiere des Cieux : Diſons maintenant quelque choſe de leur figure.

De la figure des Cieux.

CHAP. IV.

Sommaire.

I. *Raison 1 pour monstrer que la figure des Cieux est ronde, tirée de la capacité de céte figure.* II. *Raison 2 tirée de ce que c'est la figure la plus propre au mouuemēt.* III. *Raison 3 tirée de ce que si le Ciel estoit d'autre figure que ronde, les estoiles sembleroient en quelques lieux plus grandes qu'en d'autres.* IV. *Raison 4 concluant les absurdités qui s'ensuiuroient si les Cieux n'estoient ronds.*

Aristot.
c. 4. li. 2.
de Cœlo.
Ptolem.
lib. 1.
Max.
cõstruct.
cap. 2.

A RISTOTE, Ptolemée & d'autres apres eux raportent plusieurs raisons, pour monstrer qu'il faut de necessité que les Cieux soient de figure circulaire & ronde : desquelles ie choisiray les plus puissantes & pressantes.

I. La premiere c'est que le Ciel contient & enclost en sa connexité tous les autres corps, & comme dit Ronsard,

Le ciel vouté encerne tout le monde.
Il faut donc luy attribuer la figure la plus capable & la plus propre à contenir qui est la circulaire.

La seconde c'est qu'au corps le plus mobile est deuë la figure la plus propre & aduenante au mouuemēt : Or le Ciel est le corps le plus mobile : Il luy faut donc attribuer la figure ronde au circulaire, qui est la plus propre au mouuement.

  II.

La troisiesme ; si le Ciel estoit d'autre figure que ronde le Soleil la Lune, & les autres estoiles paroistroient en vn mesme iour vne fois plus grandes qu'vn autre : par ce que faisant le circuit du Monde en 24. heures, elles sembleroient s'approchant de la terre plus grandes que s'en esloignás. Or cela n'arriue point qu'en mesme iour elles paroissent à quelque heure plus grádes qu'à vn autre : Le Ciel donc ne peut estre d'autre figure que ronde & circulaire. Ie dis qu'il n'arriue ia-

  III.

mais que le Soleil, la Lune ou les
autres estoiles paroissent plus grandes en vn mesme iour si ce n'est à
leur leuer ou coucher. Ce qui aduient, non pas qu'elles soient lors
plus proches de la terre : mais à cause des nuages & vapeurs qui sont
lors entr'elles & nostre aspect, lesquelles dilatent & font estendre nostre veuë, & par ce moyen nous representent les corps celestes plus
grands que de coustume : côme il ad-
uiët à ceux qui regardêt vn corps au
dessous de l'eau, ou auec des lunetes.

IV. La quatriesme raison c'est que si
les Cieux estoient d'autre figure que
ronde, comme angulaire, ou bien
ouale, il s'ésuiuroit qu'il y auroit du
vuide entre les angles, ou que roulant & se mouuant ils s'entre-heur-
teroiént & fracasseroient par l'entre-heurt de leurs angles : ou, qui est
contre nature, qu'il y auroit penetration de dimensions : Cela, dy-je,
s'ensuiuroit de necessité attendu
que le mouuement des Cieux est
diuers, & plus lent és vns qu'aux autres, ainsi que ie diray ci-apres.

De la matiere & figure des Estoilles.

CHAP. V.

Sommaire.

I. Les anciens se persuadoient que les Cieux estoient ignées à cause de leur couleur & chaleur : & pourquoy nous voyõs briller les estoiles non pas les Cieux. II. Raison 1 pour refuter la susdite opinion. III. Raison 2. IV. Que les corps celestes ne se nourrissent point de vapeurs. V. Que plusieurs choses eschaufent sans qu'elles soyent ignées. VI. Les corps celestes eschaufent par la reflexion de leurs rayons. VII. Que les corps celestes eschaufent plus lors qu'ils dardent directement leurs rayons sur la face de la terre. IIX. Que les estoiles sont rondes, & comment cela se fait.

I L semble que la couleur & la chaleur des estoiles soient vn argumét & preuue certaine de leur nature ignée. Car elles sont brillantes & d'vne couleur esclatante de mesme que le feu, & d'ailleurs eschaufent les corps inferieurs. C'est pourquoy le Psalmiste mesme dit que nul ne se peut cacher de la chaleur du Soleil: & presque tous les anciens Philosophes l'auoient ainsi tenu iusques à ce qu'Aristote réuersa céte opinion par de si bónes & fortes raisons que despuis la commune doctrine a esté que les Cieux & les estoiles estoient d'vne cinquiesme nature differente de tous les elemens: toutefois que les estoiles seules brillét à nos yeux, non pas les Cieux mesmes, parce que bié qu'ils soient diaphanes, tráparás & lumineux, n'estant pas si solides que les estoiles, leurs rayons n'ont pas la vigueur de penetrer iusques ça bas, ou plustot nostre veuë est trop foible pour les apperceuoir, comme ceux des estoiles qui sont és

Psal. 18.

Plato in Timæo.

Arist. l. 2 de cælo. & li. I. *meteor.*

spheres ou globes celestes comme
vn nœud calleux & dur en vn aix,
estant neantmoins de mesme piece.

Certainement aussi cête opinion
là estoit trop absurde. Car si les
Cieux estoient ignées & de nature
de feu, ils monteroient en haut cóme le feu:ce qui n'est pas, & ne peut
estre:par ce qu'il n'y a point de lieu
au dessus d'eux, où ce qu'ils puissent
monter: comme nous auons monstré ci-deuant : & quand bien il **y**
en auroit, ils seroient, dés plusieurs
siecles passés, montés si haut qu'ils
ne sçauroiét plus estre veus de nous,
& auroient laissé vne vastité d'espace vuide presque infinie entr'eux &
les elemens: ou bien (ainsi que d'autres disent) il faudroit qu'ils descen-
dissent à la region elementaire du
feu, comme à leur lieu naturel.

D'ailleurs le feu ayant vn contraire,pour le moins en ses qualités,qui
est l'eau, il faudroit que si les Cieux
estoyent de nature ignée, ils eussent
aussi vn autre corps simple contraire en qualités : par ce que jamais la

II.

III.

nature ne produit vn contraire ſans
l'autre. Ce que n'eſtät non plus, les
Cieux ne peuuent eſtre de nature
ignée.

IV.   Mais encore eſtoit plus impertinente la ſuite de cet erreur és anciés
qui croyoient que les corps celeſtes
ſe repaiſſoient des vapeurs qu'ils at-
tiroient à eux par leurs vertus & influences: comme ſi les vapeurs de la
terre & des eaux pouuoient monter iuſques au Ciel. Car tant s'en
faut qu'elles s'eſleuent iuſques là,
qu'elles ne ſurpaſſent pas meſmes
la moyenne region de l'air , & les
coupeaux des hautes montagnes,
comme nous verrons en ſon lieu.

au liu. 7. Ioinct que s'il falloit nourrir les
ch. 2.   corps celeſtes de vapeurs , il y a lõg-
temps que la terre ſeroit tout à fait
deſſechée & par les eaux eſpuiſées
par tant & tãt de corps celeſtes deſquels les moindres ſont plus grands
que toute la terre.

V.   Il eſt donc certain que les
Cieux & les eſtoiles ſont d'vne
meſme nature , & quoy qu'ils eſ-
chaufét les corps inferieurs, qu'ils

ne sont pas pourtant ignées: d'autát
que plusieurs choses eschaufent qui
ne sont pas pourtant ignées, comme par le mouuement, lequel estant
tref soudain & tref-rapide és corps
celestes, ce n'est pas merueille s'ils
eschaufent.

Mais la raison la plus certaine,
pour laquelle ils eschaufent les
corps inferieurs, c'est qu'ils eschaufent l'air qui nous enuironne ça bas
par la reflexion de leurs rayons, lesquels heurtant & rencontrant des
corps solides ref-jalissent en haut,
& par ce ref jalissement, reflexion ou
reuerberation eschaufent l'air : &
d'autant plus qu'ils sont plus lumineux , d'autant plus ils eschaufent.
C'est pourquoy le Soleil eschaufe
plus que la Lune ny pas vne des autres estoiles : & les nuicts pour céte
mesme cause sont plus chaudes à la
pleine-lune qu'en autre temps seló
la saison.

VI.

Et par ce que la reflexion des
rayons est plus forte & bat plus rudement l'air quand ils descendent à
plomb & en droite ligne sur nos

VII.

teftes: à cété caufe lors que le Soleil s'efleue au plus haut de noftre hemifphere, dardant fes rais directemét fur la face de la terre, il fait plus chaud que quand il les darde obliquement & de cofté, parce que la reflexion en eftant moins forte, l'air aufsi en eft moins efchaufé.

IIX. Quant à la figure des eftoiles elle eft ronde & circulaire comme celle des Cieux mefmes : ainfi que (fans qu'il foit befoign d'en recercher d'autres preuues) il eft aifé à voir au Soleil & à la Lune. Car il faut faire pareil iugement de toutes les autres eftoiles : toutefois nous ne le pouuons fi bien voir à caufe qu'elles brillent. Cela donc eftant tenu pour manifefte paffons à vne autre queftion, à fçauoir fi les Cieux font des corps animés & viuans.

Si les Cieux sont des corps animés & viuans.

CHAP. VI.

Sommaire.

I. *Les anciens ont creu que les Cieux estoient animés & viuans.* II. *Refutation de cet erreur.* III. *Aristote a mieux dit que les Cieux estoient animés par l'assistance des esprits moteurs.* IV. *L'opinion d'Aristote approuuée des Theologiens & Philosophes, & fondée en l'escriture saincte.*

L'Opinion que les premiers Philosophes eurent des Cieux lesquels ils se persuaderent estre des animaux, fut vne semence d'erreur qui prit racine si auant és plus belles ames que presque toutes en produisirent des rejettons de pernicieuses erronnées. Et quoy que les diuerses sectes des Philosophes fussent assez discordantes

en d'autres poincts moins impor-
tans, elles s'accorderēt neantmoins
en cela:& Mercure Trimegiste, Platon, Iamblique, Philon Iuif, Alci-
nous, Plotin & autres grands personnages ont tenu & maintenu cét
erreur, Virgile mesme a voulu estre
de la partie chantant ces vers,

> *Dés le commencement & naissance du*
> *Monde*
> *Certain esprit auiue & le haut ciel,*
> *& l'onde,*
> *Et la terre au dedans, le globe estincel-*
> *lant,*
> *De la sœur de Phœbus, & tout astre*
> *brillant:*
> *Et cét esprit infus dãs eux en céte sorte*
> *Se mesle en ces grands corps, les agite,*
> *& emporte.*

Origene a passé plus outre & surpassé les autres en cét erreur, n'attribuant pas seulement la vie & le sentiment aux corps celestes, mais aussi
la raison & l'inclination à la vertu &
au vice.

Laquelle opinion a esté doctemēt
refutée par Lactance, & condamnée
de la pluspart des Saincts Peres, cō-

Trimeg.
in Pœm.
Plato in
Tim.
Iambl.de
myst.
Phylo
passim.
Alcin.
& Plot.
de doct.
Plat.
Virg. 6.
Æneid.

Orig.l.1.
de princ.
c. 7.&
homil.
vlt. in
Num.

II.

me tres absurde & ridicule. Car quelles fonctions d'animal peut-on remarquer és Cieux? ont ils des mébres & des organes ou instrumens des sens cóme les animaux? voyent-ils? oyent-ils, goustent-ils, flairent-ils, touchent-ils, imaginét-ils, conçoiuent-ils, se resouuiennent-ils des choses passées? mangent-ils, se nourrissét-ils, croissét-ils, engédrét-ils leur semblable? Vrayement il n'y a auiourd'huy hóme si sot ny si hebeté qui se laisse persuader de telles absurdités. L'admiration & perfection de ces celestes flambeaux a transporté ces pauures payens si auant que mesme plusieurs d'entr'eux ont estimé le Soleil, la Lune, & les autres estoiles des vrayes diuinités. Mais pour nous elle nous en doibt faire admirer dauantage l'auteur. C'est ce que nous enseigne à ce propos la Sapience diuine en ces termes: *Que ceux lesquels espris de la beauté des corps celestes les ont estimés* Dieux, *apprennent de là combien leur Createur est beaucoup plus beau.*

Quant à Aristote il a bien appellé

S ij

Lactant. l. 2. diui. institut. Basil. homi. 3. in Gen. Ambros. lib. 2. hexam. Damasc. c. 5. l. 2. de fide Cyrill. l. 2. contra Iulian. Hieroni. epis. 5 9. ad Auitũ. August. l. 1. retract. c. 5 & lib. 2. cap. 7.

sap. 13.

III.

les Cieux animés , mais nõ pas à la façon des autres qui leur ont attribué vne ame informante:car il leur attribue seulemẽt vne ame assistante,c'est à dire, qu'il n'a pas entendu qu'ils fussent animés cõme les animaux , qui ont vne ame infuse dans leurs corps, & espanduë par toutes les parties d'iceluy , ainsi que nous dirons au liure 8 : ains à cause des Esprits moteurs, Anges ou Intelligences qui remüent ces grosses boules celestes: le siege desquelles il dit estre au Leuant : & qu'à céte cause toutes choses y sont produites auec plus de perfection, y croissant plus belles , plus fecondes, & plus riches: de là viennent les pierres les plus fines & precieuses, les onguens les plus aromatiques, les espices & drogueries les plus exquises & excellentes : c'est là que tournent la veuë la plus part des peuples du monde pour adorer la diuinité. D'ailleurs seroit il possible qu'vne chose inanimée eust son mouuement & son cours si bien reglé qu'il ne mãquast jamais d'vn seul poinct

Ariftot.
c.6.l.8.
Physic.
& lib. 1.
de Animo
& 2. de
Cælo. &
lib.11.
Metaph.

despuis la creation du Monde, sans
l'ayde & interuention de quelque
esprit ou intelligence?

Certes ces raisons ont esté trouuées si probables qu'elles ont esté
approuuées & receuës des Theologiens & Philosophes Chrestiens,
non pas despuis quelques années,
ains despuis la naissance du Christianisme. Car S. Denis Areopagite, qui viuoit du temps de Iesus
Christ & des Apostres a escrit suiuant cela que les Anges guident &
reglent le mouuement des Cieux.
Ioinct que si chacun de nous, chasque ville & prouince ou royaume a
vn bon genie, vn Ange tutelaire,
protecteur & gardien selon la Theologie, pourquoy les Cieux n'en auront-ils pas? Il semble mesme que
Iob entéd parler de ces Esprits moteurs quand il dit que *ceux qui portent
le Monde se courbent deuant Dieu.*

C'est assez ici arresté. Apprenons
maintenãt la distinction & differéce des Estoiles & puis nous rechercherons le nombre des Cieux.

IV.

Dionys.
Areopag.
de cœles.
hierar.

Iob. 9.

S iij

La distinction des Estoiles fixes & planetes.

CHAP. VII.

Sommaire.

I. *Diuision des Estoiles en fixes & errantes ou Planetes.* II. *Que les Estoiles fixes font au Firmament, les Planetes chafcune en vn globe particulier: & pourquoy les fixes brillent non pas les Planetes.* III. *Pourquoy les vnes font appellées fixes, les autres errantes.* IV. *Le nōbre des estoiles est innombrable quoy que les Astrologues n'en marquent que 1022.* V. *La distinction de 1022. estoiles en six rangs de grādeur: & de l'immensité du Ciel & des estoiles.*

I. ES Astrologues distinguent les Estoiles en celles qui font fixes & celles qui font errantes ou vagabondes , que les Grecs appellent *Planetes.*

Les estoiles fixes sont toutes au Firmament qui est le huictiesme Ciel: & chasque Planete a son globe ou sphere au dessoubs du Firmament selon l'ordre que nous monstrerons ci-apres. C'est pourquoy aussi les estoiles fixes estant beaucoup plus haut & plus esloignées de nous semblent briller, ce que ne font pas les planetes: parce que les rayons de nostre veüe paruiennent plus entiers aux objets plus proches qu'à ceux qui en sõt beaucoup plus esloignés.

Les estoiles fixes sont ainsi appellées par ce que roulant & tournant auec le Firmament elles demeurent tousiours à mesme distance & interualle les vnes des autres sans jamais s'approcher ny esloigner: & les Planetes ou estoiles errantes & vagabondes ont pris leur nom, non pas de ce qu'elles vaguent & se promeinẽt par les Cieux, comme les animaux sur la terre, ou les poissons dans la mer, ainsi qu'Origene & plusieurs des anciens ont imaginé: mais de ce qu'estant en di-

Arist. c. 8. l. 2. de Cælo

Origen. lib. 1. de princip. cap. 1.

uerſes ſpheres qui font leur cours
plus lentement les vnes que les autres, il faut de neceſſité que tantoſt
elles s'eſloignent, que tantoſt elles
s'approchent, & quelquefois ſe cõ-
joignent.

IV. Nous parlerons ci-apres de l'ordre & mouuement des ſept Planetes: & pour le regard des eſtoiles fixes ie diray ſeulement que bien que
leur nombre ſoit innombrable, ainſi que le Philoſophe meſmes a co-
lib. de gneu, & comme nous pouuons col-
Mundo liger de l'eſcriture ſainte par les pro-
ad Alex. meſſes que Dieu fit à Abraham & à
Dauid: ſi eſt-ce que les Aſtrologues
Geneſ.15. n'en marquent que 1022. compriſes
Ierem. 33 en 28. ſignes (quoy que Pline en
mette 1600 en 72 ſignes:) & puis les
ſubdiuiſent en ſix diuers rangs ſelon
qu'elles ſont les vnes plus grandes
que les autres.

V. Au rang de la premiere grãdeur ils
en cõptent 15. Pour la ſeconde grãdeur 45. Pour la troiſieſme 208.
Pour la quatrieſme 474. Pour la
cinquieſme 217. Pour la ſixieſme &
derniere 49. Et tous ces nombres

d'eſtoiles en y adiouſtant d'ailleurs
5.qu'ils appellēt couuertes ou nubi-
leuſes, & 9 encore qu'ils appellent
obſcures, reuiennent iuſtement au
ſuſdit nombre de 1022. Et n'en mar-
quét pas d'auātage, parce que les autres ſont moins claires & lumineu-
ſes ou pluſtot beaucoup plus petites
que celles-là : la moindre deſquelles
eſt plus grande (diſent-ils) deux fois
que la terre & l'eau enſemble : qui
nous doit faire croire que les Cieux
ſont des corps extremement grands
& comme immenſes. Auſſi la terre à leur comparaiſon n'eſt qu'vn
poinct & cōme le centre du Mōde,
ainſi que remarque treſ-bien Seneque : *O que les bornes des mortels ſont ri-*
diculcs! Ce lieu-ci auquel nous nauiguons,
auquel nous faiſōs la guerre,auquel nō⁹ re-
glōs des royaumes,certes n'eſt qu'vn poinct.
Car que peut eſtre la grandeur de la
terre à leur reſpect, conſideré que
l'eau (comme nous dirons en ſon
lieu) contient naturellement dix
fois autāt que la terre:& l'air dix fois
autant que l'eau, & le feu dix fois autant que l'air, & que les Cieux ſont

S v

apres tous-jours beaucoup pl' grãds
& vaſtes les vns que les autres? Voilà pour le regard des eſtoiles fixes:
Apprenons maintenant l'ordre des
ſept planetes,& en combien de téps
ils font leur cours naturel.

De l'ordre des Planetes & en com-bien de temps ils parachевent leur cours.

CHAP. IIX.

Sommaire.

I. *L'ordre des Planetes a eſté remarqué par leurs diuers mouuemens & par leurs eclipſes.* II. *Pourquoy Venus ny Mercure ne font pas eclipſer le Soleil.* III. *Le vray ordre des ſept Planetes.* IV. *En cõbien de temps chaſque Planete fait ſon cours.* V. *Pourquoy Venus & Mercure font leur cours en autant de temps que le Soleil.*

'ORDRE des pla-
netes a esté remarqué
par deux moiés prin-
cipaux: l'vn que d'au-
tant plus qu'ils sont
esloignés du premier mobile, d'autant plus viste paracheuent ils leur
cours: ainsi que dit tresbien Bartas
en ces vers:

Mais tant plus que chascun de ces plãchers
  voisine
L'inescroulable mur de la maison diuine,
Il fait plus de chemin, & deffend plus
  de jours
A retrouuer le poinct où commence son
  cours:

tant par ce que leur globe est plus
petit, que par ce aussi qu'il resiste
plus aisément aux mouuemens des
globes superieurs. Car tous les
Cieux estant contigus, nõ pas pourtant continués c'est à dire d'vne
mesme piece, les superieurs emportent & entraynent les inferieurs
à leur bransle & mouuement. L'autre moien c'est que de necessité il
faut que le Planete qui nous en cache vn autre, soit plus bas que celuy

qui est caché. C'est pourquoy on a
tresbien jugé que la Lune est à vne
sphere plus basse que le Soleil, parce
qu'elle le fait eclipser & nous empe-
che de le voir lors qu'elle se rencontre entre luy & nostre aspect.

II.   Que si on m'obijce auec Platon,
Aristote, & autres anciens Philosophes & Astrologues qu'õ n'a jamais
apperceu que Venus. ny Mercure
facét eclypser le Soleil, & que partát
il est incertain s'ils sont au dessoubs
ou au dessus du Soleil : ie ne diray.
pas comme vn autre (qui a transcrit
toute la sphere en sa Physique Françoise & omis le plus beau & plus
mal-aisé de la Physique mesme) que
jamais Venus ny Mercure ne se rencontrent en céte opposition ou in-
terposition, car c'est dementir les
Astrologues, & auoir mal obserué
le cours des Astres : mais (comme
remarque tref-bien Clauius) que le
Soleil estant plusieurs fois plus grãd
que Venus ny Mercure il ne peut
eclipser ny se cacher par leur inter-
position. On me pourra repliquer
que le Soleil est aussi beaucoup plus

grand que la Lune , & que par
ainſi il faudroit pareillement inferer qu'elle ne le ſçauroit faire eclipſer par ſon interuention . Mais
i'ay mon repart tout preſt, c'eſt qu'il
faut conſiderer, ſelon l'Optique &
ſelon l'experience ordinaire, que les
obſtacles les plus proches au deuant
de noſtre veuë nous empeſchent
beaucoup plus de voir que meſmes
des plus grands quand ils en ſont
fort eſloignés. La Lune donc eſtant
beaucoup plus pres de nous que
Mercure ny Venus , & meſme plus
grande (car c'eſt vn des deux grands
luminaires celeſtes) ce n'eſt pas mer- *Geneſ.* 1.
ueille ſi elle nous cache le Soleil par
ſon interpoſition pluſtoſt que ces
deux autres Planetes moindres &
plus eſloignés.

   Cela ainſi entendu nous eſtabliſ- III.
ſons, ſelon la commune opinion des
Aſtrologues, l'ordre des ſept planetes, chaſcun en ſon globe l'vn au
deſſus de l'autre , en la maniere que
s'enſuit ; *La Lune, Mercure , Venus, le*
Soleil , Mars, Iupiter, Saturne.

   Pour le regard de leur cours les   IV.

Aftrologues demeurent auffi d'accord que Saturne l'acheue en 29.ans,
154 iours, & enuiron 4 heures : Iupiter en 11 ans, 313 iours, & enuiron
14 heures. Mars en vn an 321 iour,
& enuiron 19 heures. Le Soleil en
vn an complet, c'eft à dire en 365
iours & enuiron 6 heures. Venus
& Mercure prefque de mefme. La
Lune en 27 iours, 7 heures, & quelques minutes.

V.   Or pourquoy Venus & Mercure ont leur mouuement prefque du
tout conforme à celuy du Soleil,
c'eft, felon S. Thomas d'Aquin, par
ce que le Soleil s'ayde de leur focie-
té & accoinctance pour la generation & conferuation des chofes inferieures.

     Voilà pour le regard des fept
Planetes : Recherchős maintenant
quel eft le nombre des Cieux.

Du nombre des Cieux.

CHAP. IX.

Sommaire.

 Es anciens Astrológues & Philosophes Chaldéens, Egyptiens, Grecs, & Latins n'ont cogneu que huict Cieux (peu en ont remarqué neuf.) à sçauoir les globes ou orbes des sept planetes, dont nous auons parlé ci-deuant, & le Firmamét qu'ils ont creu estre le premier mobile.

I. *Plato in Tim. & 10. de Repub. Arist. c. 8. l. 18. Metaph. Plin. c. 8. l. 2. hist. natur.*

Despuis Timocharis & Hipar- III.

que obseruerét que les estoiles fixes
par vn mouuement fort lent tour-
noyoient d'Occidét en Orient aussi
bien que les planetes : toutefois à
cause de la tardité du mouuement
ils en parloient auec peu de certitude, iusques à ce que Ptolemée có-
firma céte obseruation enuiron 131
an apres nostre redemption ; & mô-
stra qu'au dessus du Firmament il y
deuoit auoir vne neufuiesme sphere, puis qu'il y auoit en iceluy double mouuement : d'autant qu'vn
corps ne peut auoir de soy qu'vn
seul mouuemét qui luy soit propre.

III.　　Alphonse Roy de Castille & quelques autres ayát encore long temps
apres obserué vn troisiesme mouuement au Firmament, qu'ils appellét
mouuemét de trepidatió, cóme qui
diroit tremblement, infererent de là
qu'il y auoit vn dixiesme ciel au dessus des sept planetes. Or ce mouuement de trepidation fut ainsi appellé de ce qu'ils remarquerét que certaines estoiles s'auancent & se retirent d'vn pole à l'autre fort lentement croisant par ce moyen les au-

tres deux mouuemens du Firmament, lefquels eftant cóme en conflict, il femble qu'on ne les peut có-
ceuoir fans la trepidation ou ef-
branlement du Firmament: ny plus
ny moins qu'on ne fçauroit conceuoir qu'vn mefme corps mobile foit
diftrait & tiré en diuers lieux tout à
vn temps fans qu'il foit esbranlé. Et
le fufdit neufuiefme globe, ou, felon
aucuns, iceluy auec le dixiefme eft
appellé *le Ciel Chryftallin* ou *glacial:*
par ce que n'ayant point d'eftoiles
en fon orbe, il eft egalement folide
vni & plain comme du cryftal ou de
la glace. Aucuns ont mieux aimé
dire qu'il eftoit ainfi appellé par ce
qu'il contient les eaux que l'efcri- Genef. 1.
ture fainĉte dit eftre au deffus du Pfal. 148
Firmament, & au deffus des Cieux:
laquelle opinion nous refuterons
ci apres.

IV.

Il y a des Aftrologues modernes
lefquels difent auoir obferué quatre diuers mouuemens au Firmament ou huiĉtiefme fphere, concluant de là qu'outre les fept globes
ou orbes des planetes, il y a quatre

cieux mobiles, qui seroient onze
sans y comprendre le ciel Empyrée
lequel est immobile, comme nous
dirons au chapitre suiuant. Car outre les deux mouuemens absolus
l'vn prouenant du premier mobile,
qui emporte en 24 heures tous les
globes celestes d'Orient en Occident, & l'autre mouuement propre
au Firmament par lequel il tourne
au rebours, mais fort lentement,
d'Occident en Orient : ils disent
qu'au lieu du susdit mouuement de
trepidation ou tremblement, il y a
deux mouuemens de libration ou
balancement qui procedét de deux
globes superieurs lesquels doiuent
estre entre l'onziesme Ciel ou premier mobile (selon leur opinion) &
Firmament ou huictiesme le sphere,
de laquelle opinion Copernicus est
auteur , & Clauius grand Mathematicien de nostre temps s'y est
rangé auec plusieurs autres.

Clauius
in sphæ-
ræ.

V.   Aucuns des Saints Peres ont esté
si scrupuleux à receuoir la doctrine
des Astrologues que les vns n'ont
voulu accorder qu'il y eust qu'vn

seul Ciel , comme sainct Chryso-
stome:d'autres deux,comme Theo-
doret & sainct Iean Damascene:
quelques vns trois pour le plus :cõ-
me sainct Ambroise se fondans sur
ce que sainct Paul dit auoir esté raui
iusques au troisiesme Ciel. Toutefois és sciences humaines nous ne
sõmes pas obligés de preferer leurs
opinions à celles de plusieurs autres
qui en rendent raison par demõstra-
tions & preuues certaines.

Or de iuger s'il vaut mieux suiure céte nouuelle obseruation de
Copernicus que celle du Roy Alphonse , ou celle du Roy Alphonse
plustot que celle des anciens Chaldéens, Babiloniés, Egyptiés, Grecs,
& Latins, qui ont establi en diuers
siecles diuers nombre des Cieux, &
les derniers tousiours le plus grand,
ie le laisse au iugement des plus
grands speculateurs des astres que
ie ne suis : & diray seulement sur ce
subiect que les nouuelles obseruations estant bien demonstrées doiuent estre receües : parce que toute
la science Astronomique ne vient

Chrysost.
hom. 4.
in Genes.
Theodor.
quæst. II.
in Genes.
Damasc.
lib. 2. *de*
fide orth.
cap. 6.
Paul. 2.
Corinth.
cap. 12.
Ambros.
c. 2 *l.* 2.
Hexam.
VI.

que des obseruations qui ont esté faites de siecle en siecle, ausquelles les noüueaux Astronomes ont tousiours adjousté quelque nouueauté.

Tant y a qu'au dessus de tous les Cieux mobiles, quelque nombre qu'on en veuille admettre, les Theologiens d'vn commun accord establissent encore vn Ciel immobile, qu'ils appellent Empyrée : duquel il nous faut particuliereme͂t discourir : & puis nous rechercherons s'il y a des eaux au dessus des Cieux, & si elles sont la matiere du ciel Chrystallin, & en suitte exposerons les diuerses significations de ce mot, Firmament, la distinction desquelles est fort vtile à la Theologie, Physique, & Astrologie.

Du ciel Empyrée.

Chap. X.

Sommaire.

I. *Que le Ciel Empyrée estant le sejour
de la beatitude eternelle ne doibt point e-
stre mobile.* II. *Qu'à céte cause il est dict
estre le throsne de* DIEV. III. *Que pour
mesme raison il est appellé repos.* IV.
*Pourquoy le Ciel Empyrée est appellé le ciel
des Cieux.*

DIEV mesme ayant souuent promis à ses esleus le ciel pour leur heritage & sejour eternel, nul ne doibt reuoquer en doubte céte promesse: mais aussi consideré que tous les Cieux remarqués par les Astrologues en tant & tant de siecles passés estant mobiles, & roulant (entre-autres) d'vn mouuement si rapide qu'en 2 4 heures ils tournent & re-tournent tous à leur poinct duquel ils sont partis : les Theologiens ont tres-bien jugé que ce seroit vne trop lourde impertinence & grossiere absurdité d'establir la felicité eter-nelle en ces cieux là, comme si vne partie du souuerain bien consistoit à bransler, courir & rouler la dedãs,

I.

comme dans vn carrosse tiré à plusieurs cheuaux. C'est pourquoy ils
tiennent d'vn commun consentement qu'au dessus de tous les Cieux
mobiles, quelque nombre qu'il y en
puisse auoir, il y a encore vn Ciel
qu'ils appellét *Empyrée*, comme qui
diroit *ignée* ou *de feu*, non pas qu'il
soit de feu ny de nature ignée, ains
à cause de l'esclat de sa splendeur:
lequel est le domicile de Dieu, de ses
Anges, & des ames bien-heureuses,
qui en sont comme les astres loüans
Iob. 38. sa gloire immense, mesmes selon
l'escriture saincte.

II. Et pour monstrer son immobilité & fermeté il est appellé meta-
phoriquemét en l'Euangile, *le throsne de Dieu* : non pas que Dieu y soit
Math. 5. circonscriptiuement ny definitiuement (car il est en tout & par tout
réplissant les Cieux & la terre) mais
ce lieu par prerogatiue & pour le
bon plaisir de Dieu (ainsi que disent
les Theologiens) luy est attribué
comme pour sa principale demeure: & à céte cause luy mesme nous
a enseigné de l'appeller en nos prie-

res, Pere qui es és Cieux, quoy qu'il soit par tout.

Pour confirmer encore d'auanta-ge l'immobilité du ciel Empyrée nous pouuons adjouster que l'Egli-se priant pour les trespassés, leur souhaite *vn repos eternel* : lequel Vir-gile, bien qu'il fust payen, semble auoir cogneu lors qu'il fait ainsi par-ler Enée consolant ses compai-gnons,

> *Par diuers accidens dont le nombre est*
> *sans nombre*
>
> *Par mains & maint hazard & malheu-*
> *reux encombre*
>
> *Nous tendons vagabons au pays des La-*
> *tins,*
>
> *Où gist nostre repos promis par les de-*
> *stins.*

Le ciel Empyrée est quelquefois appellé en l'escriture par excellence le Ciel des cieux, pour dire le plus no-ble, le plus auguste, & le Ciel qui est au dessus de tous les autres Cieux les contenant tous en sa conuexité, comme la premiere peau d'vn oi-gnon côtient toutes ces autres pel-licules & ronds qui sont au dedans:

III.

Virg lib.
1. Æneï.

IV.
Psal. 113
& 114.

ou comme le marq contient tous
les autres poids au dedans de foy,
quoy que d'ailleurs auſſi les plus petits ſoient contenus au dedans des
plus grãds, car de meſme le ciel Empyrée, cõtient non ſeulemẽt tous les
autres Cieux, mais auſſi les elemens
& tous les autres corps du Monde,
qui ſont neantmoins au deſſoubs &
au dedans les vns des autres: & à céte cauſe il peut eſtre appellé particulierement *Monde*, puis que le Philoſophe appelloit ainſi le plus haut
des Cieux contenãt tous les autres.

*Ariſt. c.
9. l. I. de
Cœlo.*

---

*Des diuerſes ſignifications de ce
mot Firmament, & s'il y
a des eaux au deſſus des
Cieux.*

Chap. XI.

Sommaire.

I. *Moyſe en vn meſme chapitre ſemble
ſignifier trois choſes diuerſes par le Firmament.* II. *Firmament mis pour eſten-
duë.*

*duë. III. Qu'il n'y a point des eaux au
deſſus des Cieux ny du vray Firmament.
IV. Quelles eaux & quel Firmament il
faut entendre par l'eſcriture ſainte quand
il eſt dit qu'il y a des eaux au deſſus & au
deſſoubs du Firmament. V. Obſerua-
tion ſur la phraſe Hebraïque qui ne peut
dire ciel au ſingulier, ains Cieux au pluriel.*

Luſieurs grands perſon-
nages ont entendu di-
uerſes choſes par le Fir-
mamēt, & ont varié ſur
l'expoſition de ce mot, par ce que
Moyſe en vn meſme chap. dit vne
fois qu'il ſepare les eaux des eaux, &
puis qu'é iceluiſont les deux celeſtes
flambeaux, & apres encore que les
oiſeaux volent ſur la ſurface d'iceluy.

I.

Geneſ. 1.

Mais pour ne m'amuſer pas à rapporter leurs diuerſes interpretatiōs
apres les auoir aſſorties & effleuré le
meilleur d'icelles ie diray ce qui m'ē
ſemble: C'eſt qu'il faut remarquer
que le terme Hebraïque *Raquiah* ne
ſignifie pas proprement *Firmament,*

II.

T

comme l'ont tourné les Grecs &
Latins, ains *extension* ou *estenduë*,
comprenant toute céte vastité des
corps superieurs qui sont despuis la
surface de l'eau & de la terre iusqu'au plus haut des Cieux : Moyse
ayant ainsi vsé grossierement de ce
mot pour s'accommoder à la rudesse de ces gens grossiers qui ne fai-
soient que sortir de la captiuité d'E-
gypte. Car le vulgaire ignorāt croit
que toute icelle estenduë ou vastité
soit le Ciel. Et en ce mesme sens le
Prophete a dit que le Soleil & la
Lune estoient au Firmament, ou
plustost en la mesme estenduë, &
que les oiseaux voletoient sur la surface d'iceluy, continuant tous-jours
céte façon de parler populaire &
vulgaire. Mais les gens doctes n'ont
pas laissé pourtāt leur doctrine pour
suiure céte exposition rude & grossiere.

III. Pareillement c'est vne croyance
trop rustique de se persuader qu'au
dessus des Cieux & du vray Firmament il y ait des eaux. Car l'eau estāt
pesante, comment se tiendroit elle

sur des corps ronds qui n'ont ny legereté ny pesanteur quelconque? commēt se feroient ces eaux là ainsi esleuées si haut contre leur nature? Que si on me replique que c'est la volonté de Dieu : Ie l'accorde, mais encore n'a-il rien fait indiscretemēt & sans consideration certaine, ains tout auec poids, nombre, & mesure, ainsi qu'il est escrit en la sapience. A quoy seruiroient donc ces eaux-là? seroit-ce à refrigerer les Cieux, comme estant, selon aucuns, chauds & ignées? Nous auons desja monstré le contraire : car il y faudroit bien des eaux à refrigerer tant & de si grāds corps despuis si long temps. Ioint que par le voisinage des contraires qualités du feu & de l'eau, il y auroit de l'alteration grande en ces corps-là, & mesmes la corruptiō s'en seroit auec le temps ensuiuie.

Sap. 11.

IV.

Il faut donc entendre par ces eaux q̃ le Prophete a dit estre au dessus & dessous du Firmamēt, les nuages qui sont haut en l'air, dont la pluye s'engēdre, & les eaux qui sont sur la face de la terre : & l'air qui est entre les

deux est appellé Firmament, par ce
qu'il leur sert de fermeté, & asseurées bornes pour les distinguer : &
c'est sur la surface de ce Firmament-
là que volét les oiseaux. Car on sçait
bien qu'ils ne volent pas au Ciel: &
que d'ordinaire le Ciel est pris pour
l'air és escritures tant sainctes que
profanes, comme i'ay remarqué ci-
deuant. C'est pourquoy nous appellons aussi l'Iris arc-en-Ciel, quoy
qu'elle soit en l'air.

au lieu. 1.
chap. 4.

VI.   Que si quelqu'vn m'obijce que
céte interpretation seroit receuable
si l'escriture disoit seulement *qu'il y*
a des eaux au dessus du ciel, mais elle dit
au dessus des cieux : qui ne se prennent
point au nombre pluriel pour l'air:
Ie respós que la version Grecque &
Latine est en ce lieu-là accommo-
dée à la phrase Hebraique qui ne
peut dire Ciel au nombre singulier,
ains seulement *s'hamaim,* c'est à dire
cieux au pluriel. Et ce dessus bien
entendu il sera aisé de resoudre plusieurs difficultés qui se presentent
ordinairement sur ce subjet. Disons
maintenant quelque chose des in-

Psal. 148

fluences celestes sur les corps inferieurs.

---

*Que les corps celestes agissent sur les
corps inferieurs non seulemēt par
leur mouuement & lumiere mais
aussi par certaine vertu oculte &
influence secrete.*

CHAP. XII.

Sommaire.

I. *Trois diuerses opinions touchant ce
subjet : la 1 que les corps celestes agissent
sur tous les corps inferieurs & mesmes sur
nos ames : la 2 qu'ils n'agissent point du
tout sur les choses inferieures : la 3 qu'ils a-
gissent directement & premierement sur
les corps, & secondairement sur nos ames.
II. Que la 3 opinion est la plus saine : &
que la 1 est trop absoluë & fondement d'i-
dololatrie. III. Contre la secōde opinion :
& que le Soleil agit sur les corps inferieurs. IV. Que la Lune agit aussi sur les
corps inferieurs. V. L'opinion de ceux qui
ont tenu que les corps celestes n'agissent sur*

les corps inferieurs que par leur mouue-
ment & lumiere. VI. Raison 1 contre
icelle opinion. VII. Raison 2. IIX. Rai-
son 3. IX. Raison 4.

I.

L y a trois diuerses o-
pinions touchant ce
subject: dont les deux
sont en l'extremité,
l'autre en la medio-
crité. Car aucuns tiennent que tant
nostre ame que nostre corps est sub-
jecte à la vertu & influëce des corps
celestes: de maniere qu'ils raportent
là toutes les conditions du corps &
de l'ame, & tous les euenemens ou
accidens humains. D'autres au côtraire nient tout à fait ce pouuoir
& domination des corps celestes,
tant sur les corps que sur les ames.
Mais ceux qui en jugent plus sainement tiennent l'entre-deux &
maintiennent la verité, qui est que
sans doubte les corps celestes agissent sur les corps soubs-luminaires & sur tout ce monde inferieur,
directement & premierement sur
les corps, & secondairement sur

ños ames : lesquelles (comme i'ay
dit ailleurs) par la contagion des
corps reçoiuent souuent leurs impressions & inclinations tantost au
bien, tantost au mal: non pas pourtant de necessité, ains seulement
auec quelque propension, laquelle
peut estre contre-pesée & corrigée
par la discipline & exercice de la
vertu:Car le sage(dit tresbien Ptolemée)domine & maistrise les astres,
c'est à dire resiste & surmonte leurs
impressions. C'est pourquoy Socrates accordoit bien qu'il estoit luxu-
rieux de sõ naturel, mais qu'il auoit
corrigé ce vice inné par le moien de
la Philosophie.

Au l. 2.
chap. 11.

C'est donc à céte troisiesme opinion que nous deuõs nous ràger, tenant les autres pour erronées. Car la
premiere est trop absoluë, & a don-
né(comme remarque tresbien saint
Thomas d'Aquin) fondement à
plusieurs heresies & mesmes à l'ido-
lolatrie,raportant les effects de tou-
teschoses aux Cieux cõme à la premiere cause. Ioinct que nostre ame
estant toute diuine,immortelle, &

II.

Tho.2.d.
15.q.1.
art.2.

incorporelle ne peut receuoir im-
preſſiõs d'aucune matiere, ſi ce n'eſt
(ainſi que i'ay deſia dit) du corps auquel elle eſt infuſe, à cauſe de leur e-
ſtroicte liaiſon.

III. Et comme celle-là eſt trop abſo-
luë en l'affirmation, auſſi eſt l'autre
en la negation, eſtant notoirement
contraire à l'experience. Car nous
voyons que le Soleil par ſa preſence
nous apporte le iour & la clarté, &
par meſme moyen eſchaufe noſtre
hemiſphere. C'eſt luy qui eſt cauſe
des diuerſes ſaiſons de l'année: qui
fait germer les plantes, meurir
leurs fruits, & meſme engendre
l'hõme (ainſi que dit le Philoſophe)
Ariſt. 2. auec l'homme, cõme cauſe vniuer-
Phyſ. c. 2 ſelle de la generation de toutes choſes. C'eſt luy qui eſleue les exhalai-
ſõs & vapeurs de la terre & des eaux,
dont s'engendrent les meteores.

IV. La Lune auſſi (comme eſtant au
plus bas des cieux & plus proche de
nous) apporte diuerſes cõſtitutions
à tous les corps inferieurs, quoyque
plus notoirement aux vns qu'aux
autres. Nous voyons auec admira-

tion qu'estant pleine toutes choses
ont plus de vigueur qu'à son declin:
qu'il y a plus grand' quantité de cerueau en la teste des animaux, plus
de moüelle dans leurs os. Les hui-
stres & autres tels poissons à coquil-
le sont plus pleins & meilleurs à
mãger. D'ailleurs pour semer, plan-
ter, couper le bois, vendenger & faire toute sorte de mesnage rustique,
il faut principalement obseruer les
lunaisons outre la constitution de
quelques autres estoiles. Les Medecins en leurs purgations, phleboto-
mies ou seignées sont, ou doiuent
estre fort exactes en la speculation
du Soleil, de la Lune, & des astres,
ainsi qu'Hippocrate, Galien, Ptolemée & autres leur enseignent.

Telles experiences & vne infinité d'autres dementent l'opiniastre-
té de ceux qui nient que les corps
celestes agissent sur le monde inferieur & soubs-lunaire. Mais il y a
encore vne autre difficulté plus opiniastrement debatuë touchant le
moyen par lequel les corps celestes
agissent sur les corps inferieurs, veu

*Arist. lib
4. de ge-
ner. ani.
c. vlt.*

*Plin lib.
2. histor.
natur. &
41.*

*Hippocr.
Aphori.
sect. 4.
Galen. li.
3. de dieb.
crit.
Ptolem.
lib. 1. de
Iudicijs.*

V.

T y

qu'ils ne peuuent pas par l'attouchement, en estant trop esloignés. La plus-part des Philosophes Arabes à l'imitation de leur Auerroës, & despuis ce grãd & admirable Pic de la Mirandole qui a si asprement censuré les Astrologues, & quelques autres tiennent que les corps celestes par la seule lumiere fortifiée de leur mouuement sans aucune influence ny cause occulte agissent sur les corps inferieurs, se fondans principalement sur ce qu'on ne peut remarquer aucun autre moyen ny instrument de leur action.

VI.

Toutefois céte opiniõ n'est point probable ny approuuée pour plusieurs raisons. La premiere d'autant que la lumiere & le mouuemét sõt des moyens cõmuns à tous les corps celestes: lesquels doiuét estre distingués entr'eux par quelque faculté particuliere, laquelle ne laisse pas d'operer & agir, quoy qu'elle nous soit incognuë & secrete. Et par ainsi nous pouuons bien juger que certains effects venãt des Cieux ne procedent pas pourtant ny de leur lumiere ny de leur mouuement, ores

Auerr.
comm. 42
in 2. de
Cælo.
Pic. Mir.
lib. 3. in
Astrolo.
cap. 5. &
seq.

que nous n'en fçachions pas la propre caufe : tout ainfi que fi on me
prefentoit quelque efpece de fruit à
moy incognüe, ie jugeray bien que
ce n'eft pas vne poire, ny vne figue,
ny vne prune, quoy ie ne fçache pas
pourtant defigner fa vraye efpece.
Car nous n'entendons la plufpart
des chofes que par negation. *Ie ne
fçay que c'eft, mais ie fçay bien que ce n'eft
pas telle chofe.*

La feconde c'eft que s'il falloit VII.
attribuer tant de diuers euenemens
caufes des corps celeftes, à leur lumiere ou mouuemét, il s'enfuiuroit
qu'ils deuroient arriuer toutes les
fois que les Cieux feroient en mefme conftitution, & au côtraire qu'ils
ne pourroiét jamais reuenir de mefmes que lors que les Cieux feroient
en mefme conftitution.

La troifiefme c'eft que la Theolo- IIX.
gie a refolu que quand bien le mouuement & la lumiere des corps celeftes cefferoit, les corps inferieurs
ne laifferoient pas d'agir felon leurs
complexions: laquelle refolutió eft
mefme fondée en la faincte efcritu-

re qui nous enseigne que lors que
Iosué fit arrester le cours & le mouuement du Soleil, il ne laissa pas de
combatre : & lors qu'à nostre redé-
ption le Soleil & la Lune eclipserēt
& s'obscurcirent cōtre leur coustume, les choses inferieures ne laisse-
rent pas d'aller leur train ordinaire
receuant des impressions des Cieux
par autres moyens que ny par le
mouuement ny par la lumiere.

La quatriesme raison est fondée
sur l'autorité & commun consentement de tous les grands personnages de tous les siecles qui ont tenu & enseigné que les corps celestes
agissent en plusieurs façons sur le
monde inferieur & soubs-lunaire
par des vertus occultes & influēces
secretes, comme Trismegiste, Platon, Aristote, saint Denis Areopagite, Philon Iuif, saint Augustin, saint
Basile, saint Iean Damascene, & les
Scholastiques ordinaires comme S.
Thomas d'Aquin, saint Bonauētu-
re, Albert le grād & autres, lesquels
les plus curieux pourrōt aller feuil-

IX.

*Trismeg.
in Asclep.
Plato.in
Theat.
Arist. c.
7.l.2. de
Cæli.c.4
l 1.Mete.
Dionys.
Areop.de
diui.noui
c.4. Aug.
c.4.l.13.
de ci. Dei
Basil. ho.
6.hexam
Dam de
cōs. medi.
Th. Aqu.* q.7 *art.*2.*Bona.in* 2.*d.* 1 4.*q.peu. Alb.max. in* 2.
in 2.*d.*15 *dist.*1 5. *q.*1.& *seq.*

leter ès lieux quotés à la marge : &
& adiousteray seulement encore ces
beaux vers de Bartas.

Ie ne croiray jamais &c.

Et vn peu apres : ----- *Et que tant de*
flambeaux
Qui passent en grandeur & la terre, &
les eaux,
Luisent en vain au Ciel, n'ayant point au-
tre charge
Que de se proumener par vn palais si large.
Celuy n'a point de sens &c. Et puis:
Tel est celuy qui dit que les astres n'ont pas
Pouuoir dessus les corps qui formillent ça
bas :
Bien que du Ciel courbé les effects manife-
stes
Soyent en nombre plus grand que les tor-
ches celestes.

Voilà les remarques que i'ay voulu tracer touchât les corps celestes.
Descendons maintenant aux Elemens.

Fin du cinquiesme liure.

LE SIXIESME
LIVRE DE LA PHY-
SIQVE OV SCIENCE
naturelle.

*Du nom d'Element, & qu'est-ce
qu'Element.*

CHAPITRE I.

SOMMAIRE.

I. *Element signifie & le principe ou cō-
mencement de quelque chose & la matiere dont elle est faite.* **II.** *L'usage commun porte que ce mot element se prend
pour le feu, l'air, & l'eau, & la terre.*
III. *La definition d'Element.* **IV.** *Explication de la definition d'Element.*

LE mot Latin *Element* est
assez general & commun **I.**
pour signifier non seule-
ment le principe & commencemét

de quelque chofe, mais aufsi la matiere de laquelle elle eſt faite. Ainſi
les lettres A, B, C &c. ſont appellées
elemens par ce que ce ſont les principes de la liaiſon & coniốction deſquels les ſyllabes & les mots reſul-
tết. De meſme Euclide inſcrit en ſố
œuure *des Elemẽs*, par ce qu'il y enſeigne les principes de la Geometrie.
Et le Philoſophe appelle la matiere
element, parce que c'eſt le premier
principe & la premiere piece des
choſes naturelles : & le Ciel auſsi,
parce que c'eſt le principe des cauſes
efficientes.

II.　　Toutefois l'vſage a porté que quãd
nous parlons ſimplement des elemens, nous entendons les quatre
corps ſimples qui entrent au baſtiment & compoſition de tous les
corps mixtes qui ſont au Monde, à
ſçauoir le Feu, l'Air, l'Eau, & la
Terre : & c'eſt en céte ſignification
que nous traicterons des elemens
en ce liure, commençant par la definition d'Element.

　　　　Element donc c'eſt vn corps ſimple du-
III.　*quel meſlangé auec les autres ſe fait quel-*

Ariſt. c.
7. l. 1.
Phyſ. c. 1.
lib. 3. de
Cœlo. &
c. 3. l. 1.
meteor.

que chose, & est indiuisible selon son espece.

Ie dis que c'est vn corps simple à la difference des corps mixtes ou composés d'autres corps, comme les animaux & les plátes: mais que d'ailleurs il est composé de matiere & de forme aussi bien que tous les autres corps, & quand i'ay adiousté à l'imitation du Philosophe que l'element est indiuisible selon son espece, c'est à dire, que quoy qu'il soit diuisible, chasque partie est homogenée & semblable retenant la denominaison de son tout. Ainsi chasque parcelle voire vne estincelle de feu est feu, chasque parcelle d'air est air, chasque goute d'eau est eau, & chasque petite piece de terre est terre.

I V.

Arist. c. 3. lib. 4 Metaph.

Voilà quant à la definition d'Element. Voyons en suite par quelles raisons on establit le nombre des elemens.

Qu'il n'y a que quatre elemens.

CHAP. II.

Sommaire.

I. Tous les grands personnages sont d'accord qu'il y a quatre elemens, non plus ny moins : le premier qui l'a remarqué ç'à esté Empedocle. II. Raison 1 pour confirmer le nombre des Elemens prise du nombre des quatre premieres qualités. III. Raison 2 prise des quatre divers mouuemēs directes. IV. Raison 3 prise du nombre des qualités mouuantes. V. Raison 4 prise de la dissolution des corps mixtes. VI. Que trois des elemens sont du tout manifestes.

I.

Plutar. c. 3. l 1 de placitis Philos.

E Mpedocles fut le premier qui remarqua au vray le nombre des quatre elemens, & son opinion fut si bien receuë qu'elle a esté confirmée par les suffrages & consentement de tous les Philosophes qui ont esté iusques à present. Et par ainsi encore qu'il n'y ait q̃ certains nouueaux docteurs ou doubteurs destructeurs des choses diuinines & humaines qui reuoquent en doubte le nombre des elemens, voire mesme qui n'en recognoissent pas vn selon la doctrine ancienne & approuuée de tous les grands personnages de tous les siecles passés despuis que la Philosophie est en vogue: si est-ce qu'à fin qu'il ne semble pas que nous tenons les preceptes des choses naturelles comme par quelque leger consentement que nous apportons à ceux qui nous ont deuancés, il les faut appuyer de bonnes & fortes raisons, desquelles ie choisiray les principales.

La premiere que tout ainsi qu'il y a quatre qualités premieres, le chaud, le froid, le sec, & l'humide : de mesme il faut qu'elles ayent chascune leur propre subiect : Or est-il qu'elles ne peuuent estre plus propres à aucun autre subiect qu'aux quatre corps simples que nous appellons Elemens, à sçauoir le chaud au feu, le froid à l'eau, le sec à la terre, l'humide à l'air. Il faut donc dire qu'il

II.

De his vide Achillinum, Contarenū, Fernelių de elem. Plat. in Timæo & ibi Marsil. Ficin.

*Aristot.
lib. 2. de
gener. &
corrup.
c. 2. & 3.*

y a 4 elemens, non plus ny moins.

III. La seconde, c'est que les quatre mouuemens directes differens les vns des autres confirment aussi le nombre des corps simples ausquels ils sont propres. Car il y a vn mouuement simplemēt & absoluëment en haut, qui est tout propre au feu : vn contraire mouuement simplement & absoluëment en bas, qui est tout propre à la terre : & d'ailleurs vn mouuement en haut non pas simplement & absoluëment cōme celuy du feu, mais seulement au respect d'autruy, qui est propre à l'air au respect de la terre & de l'eau : & au rebours vn quatriesme mouuement qui est en bas non absoluëment & simplement comme celuy de la terre, ains seulement au respect d'autruy : lequel conuient à l'eau au respect du feu & de l'air.

IV. La troisiesme raison depend aucunement de la precedēte. Car tout ainsi qu'il y a quatre qualités mouuātes à sçauoir vne legereté extreme vne pesanteur extreme, vne legereté encore non pas extreme, mais à

cōparaison de certaine pesanteur,&
d'ailleurs vne pesanteur non pas extreme, mais à comparaison de certaine legereté. De mesme faut il
qu'il y ait quatre corps simples à
chascun desquels soit propre & aduenante chacune d'icelles qualités
mouuantes. Ce que se rencontrant
és susdits quatre corps simples, &
non ailleurs, il faut tenir pour
certain qu'ils sont vrayemēt les elemēs desquels tous les corps mixtes
sont composés & ramassés. Car le
feu est extremement & absolüemēt
leger : par ce que iamais il ne se range au dessoubs d'aucun autre element: la terre au contraire est extremement & absolüement pesante,
par ce que iamais elle ne peut nager
sur l'eau, ny s'esleuer au dessus d'aucun autre element : l'air est leger à
comparaison de la terre & de l'eau,
par ce que iamais il ne se rāge soubs
l'vne ny l'autre & l'eau est pesante
au respect du feu & de l'air, par ce
qu'elle ne se peut esleuer au dessus
de l'vn ny de l'autre. L'experience
en est toute notoire pour le regard

dé la legereté extreme du feu, & l'extreme pesanteur de la terre: pour les
deux elemens metoyens l'air & l'eau
n'estant pas si manifeste i'en veux
donner vn exemple. Qu'on caue
au dessus de l'eau, elle s'abaissera soudain pour remplir le lieu caué en
chassant l'air comme occupant vne
place à luy indeuë. Qu'vne vessie
remplie d'air soit poussée à force au
dessoubs de l'eau, & puis qu'elle soit
creuée, on verra soudain monter
l'air & fendre l'eau auec vn bouil-
lonnement bruyant, tendant à son
lieu naturel.

V.

La 4 raison c'est que parla dissolution des corps mixtes on void ordinairement qu'ils estoient composés
des quatres susdits corps simples
puis qu'ils se resoluent en iceux.
Car c'est vn axiome tres-certain,
Hippocr. que toutes choses se resoluent en ce
de natu. dõt elles estoiẽt composées. Ce que
hum. les Alchimistes font voir ordinairement : mais encore en auons nous
des experiences familieres, comme
celle-ci raportée par Bartas.

Cela se void à l'œil dans le bruslant tison:

Son feu court vers le ciel sa natale maison, VI.
Só assu vole en fumée, en cedre chez sa terre,
Son eau boult dans ses nœuds.

Mais quoy qu'est il besoign de plus ample preuue pour les trois elemens les plus proches de nous, veu que ce sont les obiects ordinaires de nos sens, quoy qu'ils ne soiét pas en leur pureté & simplicité elementaire? Nous marchons tous les iours sur la terre : nous vagons & vogons sur l'eau, & en vsons en mille façós : nous humons l'air en respirant & pouslant au dehors celuy qui est desja eschaufé pour en attirer d'autre qui nous rafreschisse, autrement nous estoufferions dans quelques minutes de temps. Pour le regard du feu il y a plus d'apparéce de reuoquer en doubte qu'il soit element que les autres trois, par ce que celuy que nous auons ça bas n'est point elementaire, ains materiel : & que nous ne pouuons voir ny perceuoir le feu elementaire par aucun de nos sens exterieurs encore moins que l'air à cause de sa pureté, rareté & simplesse. C'est pourquoy il en faut rendre des preuues particulieres.

Qu'il y a vn feu elementaire au dessus de l'air.

CHAP. III.

Sommaire.

I. *L'opinion de ceux qui nient qu'il y ait aucun feu elementaire au dessus de l'air est fondée sur deux raisons : l'vne qu'on le verroit, l'autre qu'il brusleroit les Cieux & les corps inferieurs.* II. *Response à la premiere des sus-dites raisons.* III. *Response à la seconde raison.* IV. *La premiere raison pour côfirmer qu'il y a vn feu elementaire au dessus de l'air.* V. *Raison 2.* VI. *Raison 3.* VII. *Raison 4.* IIX. *Raison 5.*

'EST trop opiniastrement deferer aux sens exterieurs de ne vouloir rié croire que ce qui est de leur objet. Car il y a plusieurs belles & delectables couleurs en la nature que les hommes n'ont jamais veuës,

plusieurs

pluſieurs bruits & tintemarres ſe
font en l'air, dans la mer & dans la
terre que nous n'oyons pas: il y a
pluſieurs bons & ſauoureux fruicts
que nous n'auons iamais gouſtés,
pluſieurs odeurs ſouefues que nous
n'auons iamais flairées, pluſieurs
corps que nous n'auons iamais tou-
chés. C'eſt pourquoy ceux-là s'abu-
ſent lourdement leſquels niét qu'il
y ait aucun globe de feu elementaire au deſſus de l'air par ce que nous
ne le voyons pas. Laquelle raiſon ils
fortifient encore d'vne autre: c'eſt
que le feu eſtant de ſa nature extremement ardant il embraſeroit les
Cieux & les corps inferieurs. Céte
opinion a eſté ſouſtenuë par Cardan
ainſi que pluſieurs autres nouuelles
abſurdités & nouueautés abſurdes.
Ie reſpondray en premier lieu à ces
deux objections là:& apres ie prou-
ueray le contraire.

 A la premiere donc ie dis qu'il ne
s'enſuit pas qu'il n'y ait point de feu
elementaire de ce que nous ne le
voyons pas. Car nous ne voyons pas
meſme l'air qui eſt plus proche de

V

I.

II.

nous à cauſe de ſa tenuité, rareté &
ſimpleſſe : cõment eſt-ce donc que
nous verriõs le feu qui eſt beaucoup
plus eſloigné de nous , & d'ailleurs
beaucoup plus rare, pur, & ſimple q̃
l'air? Que ſi on me repart que le feu
eſt lumineux , & par conſequẽt plus
viſible que l'air, i'ay ma replique
preſte : c'eſt que céte conſequence
eſt auſſi impertinente que la precedente : d'autant que les Cieux ſont
beaucoup plus lumineux que le feu
elementaire & ſi pourtant nous ne
les voyons pas. Et d'ailleurs que le
feu elementaire n'eſt pas lumineux
à la façon de noſtre feu materiel, lequel eſt viſible par le moyen de la
matiere groſſiere de laquelle il ſe
nourrit: mais le feu elementaire qui
eſt treſ-pur & treſ-ſimple entre les
elemens eſt exempt de telle ſplen-
deur groſſierement viſible & viſi-
blement groſſiere, ainſi qu'enſeigne
doctement Auerroes.

III. A l'autre objection ie reſpons que
pour pluſieurs raiſons le feu elemẽ-
taire ne peut embraſer ny les Cieux
ny les corps inferieurs. Premiere-

ment par ce que (comme i'ay def-
ja dit) il eſt extrememenr pur, rare,
& ſimple, & partant moins apte à
bruſler. Car tout ainſi qu'vne piece de fer chaufée & rougie à la flâme
du feu eſt beaucoup plus chaude que
la flâme meſme, à cauſe de la ſolidité
de la matiere : de meſme ce feu materiel à cauſe de la matiere groſſiere
de laquelle il ſe nourrit, eſt beaucoup
plus bruſlant que l'elementaire. En
ſecond lieu par ce que les Cieux ne
ſont point paſſibles du feu, eſtans
compóſés d'vne matiere tres-pure,
exempte de telles paſſiós & impreſſions. D'ailleurs le feu elementaire eſt ſi eſloigné des corps inferieurs
qu'il ne ſçauroit leur nuire. Ioinct
que l'air qui eſt extrememenr humide corrige & modere l'extreme chaleur du feu par ſon voiſinage. Voilà
comment les ſuſ-dites objections
doiuent eſtre reſolües. Reſte maintenant à monſtrer par bonnes & fortes raiſons que le feu elemétaire eſt
placé entre le globe de la Lune &
celuy de l'air. IV.

La premiere raiſó peut eſtre pri-

se de ce que la Nature ne produit
qu'vn seul contraire à vn autre con-
traire:autrement ce ne seroit pas vn
contraire s'il n'auoit vn autre contraire:& s'il en auoit plusieurs il en
seroit souuēt destruit. Il ne faut dōc
point s'arrester au nombre des elemés qui nous sont voisins à sçauoir
la terre, l'eau, & l'air. Car la terre
qui est extremement seche a vn cōtraire treshumide qui est l'air:& par
mesme raison l'eau qui est extremement froide doibt auoir vn contraire qui soit extremement chaud, a-
fin que l'vne extremité soit temperée par l'autre. Or il n'y peut rien
auoir d'extremement chaud que le
feu, il faut donc dire qu'il y a vn feu
elementaire. Et tout ainsi que l'eau
est mise comme pour barriere entre
l'air & la terre, qui ont leurs qualités
cōtraires: pour mesme raison il faut
q̃ l'air soit placé entre le feu & l'air:
ainsi que ie diray encore ci-après.

V.   La secōde raison est que nul corps
mixte ne pourroit subsister estant
composé des autres elemens sans le
feu: d'autant qu'il y auroit vn dou-

ble froid contre vn chaud, lequel ne
leur pouuant resister seroit soudain
esteinct auec son subject:car l'eau &
la terre sont froides, & l'air chaud.
Et d'ailleurs il y auroit double humide côtre vn sec qui en seroit trop
destrempé. Et par ainsi il faut de necessité qu'il y ait vn quatriesme
corps simple chaud & sec, qui ne
peut estre autre que le feu.

La troisiesme c'est qu'y ayant vn **VI.**
corps extremement pesant en la nature, qui est la terre, il y en faut au
contraire vn extrememét leger qui
ne peut estre que le feu, afin de tenir
comme en contre-poids les choses
qui en sont côposees:car autrement
tous les corps mixtes seroient si
lourds, grossiers & pesans qu'ils
tendroient tous en bas. Or que le
feu soit extremement leger, l'Ange
de Dieu l'a clairement enseigné
quand il disoit, *Pese le feu*, pour dire
que c'est chose du tout impossible:
& nostre feu materiel mesme monte tousiours en haut comme tendât
à son lieu vers le feu elementaire, &
au dessus de l'air : qui est à la verité

fort leger, mais non pas au plus haut
degré, veu que les vapeurs & les exhalaiſons montent à ſa moyenne
region, & quoy qu'elles ayent quelque peſanteur , elles monteroient
encore plus haut ſi la ſupreme region de l'air n'eſtoit eſchauſée par le
voiſinage du feu, où elles ſeroient
ſoudain diſsipées.

VII.   Pour la quatrieſme , quelle proportion y auroit-il entre les Elemés
ſi deſpuis l'eau & la terre iuſques
au cercle de la Lune il n'y auoit
rien que de l'air ? Or eſt-il que les
Elemens doiuent eſtre proportion-
nés entr'eux, comme eſtant des par-
Ariſt.1. ties integrantes du Monde (car il y
Meteor. auroit trop d'humidité ſi l'air qui
eſt extremement humide rempliſ-
ſoit tout ce grand & vaſte eſpace:)il
faut donc croire qu'il y a vn feu elementaire au deſſus de l'air.

IIX.   La cinquieſme & derniere c'eſt
que nous reſſentós és complexions
de noſtre corps le feu auſſi bien que
les autres trois elemens, ainſi que le
Poëte ci-deſſus allegué a tresbien
remarqué.

En la maße du sang céte bourbeuse lie,
Qui s'espeßit au fonds, est la melancholie
De terrestre vertu: l'air domine le sang,
Qui pur nage au milieu : l'humeur qui
    tient le flanc
Et l'aquatique flegme: & l'escume legere
Qui s'empoulle au deßus, c'est l'ardente
    cholere.

Apres auoir ainsi establi le nombre des elemés chascun en son lieu, il faut voir s'ils sont purs en ce mesme lieu.

Si les elemens sont purs en leur lieu naturel.

CHAP. IV.

Sommaire.

I. *La pureté des elemens est considerable en leurs qualités, ou en leur substance.* II. *Que nul des elemens n'est pur en ses qualités.* III. *Que la terre n'est point pur element en sa substance.* IV. *Ny l'eau.* V. *Ny l'air.* VI. *Le seul feu est pur en sa substance en son lieu naturel.* VII.

La supreme region de l'air est aussi pure.
IIX.   Que la terre n'est pas pure mesme
pres de son centre.

I.   LA question proposée n'est pas sans grand doubte & difficulté: aussi est elle fort irresoluë entre les Philosophes. Mais pour mieux l'esclarcir il faut sçauoir que la pureté des Elémens peut estre considerée en deux façons: l'vne en leurs qualités & accidens, l'autre en leur forme, substâce & nature.

II.   Pour le regard de leurs qualités & accidés, il est certain que nul des elemens ne peut estre espuré, tant à cause que par leur voisinage & combat leurs qualités sont alterées les vnes par les autres, qu'aussi par les influéces des corps celestes:& d'ailleurs aussi en certains lieux par le meslange des corps mixtes.

III.   Quant à leur substance, forme & nature, apres auoir examiné les raisons des plus signalés Philosophes ie trouue aussi que nul des ele-

mens ne peut estre pur s'il est (i'vse-
ray des termes de l'art quoy que
grossiers)visible, sapide, ou odora-
ble: c'est à dire, s'il peut estre object
de nos yeux estant coloré, ou l'object de nostre goust ayant quelque
saueur, ou l'object de nostre odorat
ayant quelque odeur. Et par ainsi
que ce que nous appellós terre n'est
point vn pur element, ains vne masse lourde & grossiere à cause du
grand nombre des corps qui s'y engendrent & corrompent sans cesse,
qui la rendent colorée & visible en
toutes ses parties.

La mer aussi ne peut estre pur ele- IV.
ment : d'autant que sa saleure
vient du meslage de quelques corps,
comme des exhalaisons grossieres,
lesquelles ne pouuant monter plus
haut s'arrestent sur la face de la mer
& la rendent ainsi salée par leur meslange. Et mesmes les eaux douces
ont quelque saueur grasse & terrestre à cause du voisinage de la terre,
par les veines de laquelle elles coulent.

Quant à l'air, il n'est non plus es- V.

puré à cauſe des exhalaiſons & vapeurs dont il eſt eſpeſſi & condenſé;
leſquelles ſont attirées par le Soleil,
la Lune & les autres Eſtoiles. Et de
là viennent tant de nüages, pluyes,
greſles, foudres, & autres meteores:
dont nous diſcourrons ailleurs.

au liu.7.

VI.   Reſte donc que le feu eſt ſeul pur
de tous les elemens par ce qu'il eſt ſi
haut & ſi chaud que les vapeurs n'y
peuuent monter: & quãd bien elles
y paruiendroient elles ſeroient diſſipées par ſa chaleur extreme.

VII.   Et par meſme moyen auſſi la ſupreme region de l'air qui voiſine le
feu doibt eſtre pure: par ce qu'elle
n'eſt point embrouillée de ces me-
teores-là: tant à cauſe de ſa hauteur,
que par ce auſsi qu'eſtant eſchaufée
par le voiſinage du feu (comme i'ay
deſ-ja dit) telles exhalaiſons & vapeurs ſeroient ſoudain reſoluës &
diſsipées ſi elles y pouuoient paruenir.

Il y en a qui veulent dire que vers
le centre de la terre il s'y trouue des
parties de la terre pures & vrayement elementaires, mais n'en ren-

dant raison ny preuue aucune certaine, ie ne me le puis persuader. Car
l'experience nous fait voir qu'au cő-
traire d'autant plus on la fouïlle
elle est pleine de diuers mineraux &
de concauités remplies d'air ou
d'eau.

Voilà pour le regard de l'establissement des Elemens: Maintenant il
faut discourir de leurs qualités, cő-
mençant par les agentes qui sont
aussi appellées premieres.

Des qualités premieres ou agentes des quatre elemens, à sçauoir, chaud, froid, humide, & sec.

CHAP. V.

Sommaire.

I. *Pourquoy* le chaud, le froid, le
sec, & l'humide *sont appellés qualités
premieres des elemens ?* II. *Pourquoy
agentes ou actiues ?* III. *Qu'est-ce que*

chaud ? IV. *Qu'est-ce que Froid?* V. *Qu'est ce qu'Humide?* VI. *Qu'est-ce que Sec?* VII. *Doubte sur ce qu'Aristote appelle le chaud & le Froid actiues qualités, & l'Humide & le sec passiues.* IIX. *Impertinente resolution d'aucuns.* IX. *La vraye resolution de ce doubte.*

I. LEs quatre qualités elementaires *chaud, froid, humide, & sec* sont appellées *premieres*, par ce que ce sõt les premieres causes du chãgement des choses naturelles, & qu'elles sont innées simplement és elemens sans aucun meslange d'autres qualités estrangeres, non pas pourtant qu'elles soient leurs formes, n'estans qu'accidens: ou bien (comme dit Fernel) ces qualités-là sont appellés *premieres*, par ce que toutes les autres qualités remarquables qui sont és elemens dependent d'icelles, comme la legereté, la pesanteur, la rareté, la grosseur, la dureté, la mollesse, l'aspreté & rudesse qu'on sent à toucher les corps

Fernel. c. 4. li. 2. de elem.

rabouteux, la douceur qu'on sent à toucher les corps bien vnis & polis. Car selon que les sus-dites qualités premieres sont predominantes en quelque corps, ces autres qualités s'y rencontrent.

D'ailleurs ces quatre qualités II. premieres sont aussi appellées *agétes*, par ce que par le moyen d'icelles les elemens agissent les vns contre les autres. Et quoy que par mesme moyen ils patissent aussi, si est-ce qu'elles ont pris leur denominaison de la faculté la plus noble : car l'action est plus noble que la passion, celle-là representát la forme & celci la matiere.

Toutefois encore de ces quatre III. qualités les deux dernieres, à sçauoir le sec & l'humide, sont plustot passiues qu'actiues, notáment és corps mixtes, comme ie diray bien tost:& le Philosophe le prouue par leurs propres definitions. Car (dit-il) le *Arist.c.* chaud est ce qui ramasse & rassem- *2.l.2. de* ble les choses homogenées & sem- *gener.&* blables. Ainsi void-on que le feu es- *corrupt.* pure & rafine l'or & l'argent dans le fourneau ramaſſant tout ce qui eſt de plus pur, & le ſeparant de ce qui eſt du meſlange d'autre matiere moins noble & moins riche.

IV.   Le froid au contraire c'eſt ce qui ramaſſe & entaſſe peſle-meſle toutes choſes ſoient elles homogenées & ſemblables, ſoient heterogenées & diſſemblables. Ainſi eſprouuons nous lors qu'il a gelé que toutes choſes ſont indiſcretement & indifferemment priſes & enſerrées enſemble.

V.   L'humide c'eſt ce qui eſt mal aiſément retenu dãs ſes propres bornes, & bien aiſément dans celles d'autruy : comme l'eau, laquelle eſt fort aiſément retenuë dans les bornes de quelque vaiſſeau entier, ou entre des murailles : mais d'elle meſme elle ſ'eſcoule ſ'eſtend & ſ'eſpend au long & au large :

VI.   Le ſec au contraire eſt fort aiſément retenu dans ſes propres bornes, & mal aiſément dans celles d'autruy : comme il ſe void en tous les corps ſecs & ſolides qui ſõt bornés de leurs propres dimenſions dãs lesquelles ils se contiennent.

Ainsi donc de ces quatre definitions le Philosophe infere que le
chaud & le froid sont deux qualités vrayement actiues, & l'humide
& le sec passiues, d'autant que ramasser & congeler c'est agir, & e-
stre aisément ou mal-aisément retenu dans ses bornes ou celles d'autruy, c'est patir. Ce qui sembleroit contrarier à ce que nous auons
dit ci-dessus du consentement de
tous les Philosophes, à sçauoir que
toutes ces 4 qualités sont agentes
ou actiues, si nous n'en rendions
raison.

Sur céte difficulté aucuns ont **IIX.**
dit que le Philosophe ne vouloit
point absoluëment nier que le
sec & l'humide fussent qualités
actiues, mais qu'il vouloit dire qu'elles ne le font pas tant que les autres
deux. Toutefois céte glose passe le
texte, & y a bien loign de l'vn sens à
l'autre, veu mesme que le Philoso-
phe a redit la mesme chose ailleurs *Arist.lib*
fans y apporter céte distinction. *4.Meteo.*

La vraye resolution de ce doubte **IX.**

est dõc que ces quatre qualités sont
vrayement actiues en ce qu'elles
agissent incessammét les vnes contre les autres, bien qu'à la verité le
chaud & le froid soient plus asprement actiues que le sec & l'humide:
lesquelles sont aussi appellées passiues en tant qu'au mixte ou composé le chaud & le froid agissent con-
tr'elles: Car la chaleur digere & cuit
le sec & l'humide, & le froid les res-
serre & fait prendre ensemble.

Voilà pour le regard de ces qualités premieres ou agentes, lesquelles estant contraires les vnes aux autres, l'auteur de la nature en a separé les subjets, c'est à dire a esloigné les Elemens ausquels elles sont,
les vns des autres, auec l'ordre ad-
mirablequi s'ensuit.

Du bel ordre & disposition des Ele-
mens à cause de la contrarieté
de leurs qualités.

Chap. VI.

Sommaire.

I. *Qu'il y a en chasque element deux des sus-dites qualités premieres l'vne en l'extremité, l'autre moderée.* II. *La disposition des elemens bien reglée en ce que les contraires sont esloignés.* III. *Les elemens amis sont voisins.* IV. *Que chasque element symbolize auec deux autres elemens & est contraire au quatriesme.*

Elon la doctrine des Philosophes & Medecins chasque element a en soy deux de ces qualités que nous auons appellées ci-deuãt premieres & agentes, mais à diuers degré. Car l'vne est au souuerain degré (qui est marquée des Medecins par huict)& à l'extremité,& l'autre moderée & relaschée. Ainsi le feu qui est au dessus de tous les elemens est extrememẽt chaud & moderéemẽt sec : l'air qui suit, est extremement humide & moderémẽt chaud: l'eau qui est au dessoubs de l'air est extremement froide, & moyennement

I.
*Arist. 2.
de gener.
& corru.
Galen.l.1
de elem.*

humide: la terre, qui est au dessoubs
de tous les elemens, est extrememét
seche ou aride , & moyennement
froide.

II. Laquelle disposition des Elemés
est fort considerable en ce qu'ils
sont estalés en l'vniuers auec vn si
bel ordre que l'vne extremité n'est
jamais joincte à l'autre, afin qu'elles
ne s'entre-heurtent pas trop rudement, & que de tel conflict ne s'en-
suiue leur ruine & destruction entiere: ains il y a entre les deux extremités contraires vne qualité comme neutre qui les empesche de se
choquer. Ainsi l'air auec son humidité extreme fait barriere entre
le feu & l'eau, dont l'vn est extremement chaud & l'autre extremement
froide: & de mesme l'eau auec son
extreme froideur est placée entre
l'air, & la terre dont l'vn est extremement humide & l'autre extre-
ment aride & seche.

III. D'ailleurs par le moien de céte
belle disposition le feu par sa siccité
ou secheresse moderée assaisonne &
attrepe l'humidité extreme de l'air

qui luy est voisin, luy estant aussi
amy à cause de la chaleur qui leur est
commune : & l'eau par son humidité moderée detrempe l'extreme secheresse de la terre sa voisine, luy
estant d'ailleurs amie à cause de leur
froideur commune : ainsi que le
Poëte à naïfuement representé en
ces vers:

Nereé comme armé d'humeur & de froi-
  dure,

Embrasse d'vne main la terre froide &
  dure,

De l'autre embrasse l'air : l'air comme hu-
  mide chaud.

Se joint par sa chaleur à l'element plus
  haut,

Par son humeur à l'eau.

Et de ceci il faut encore remarquer que chasque element symbolize en l'vne ou l'autre de ses qualités auec deux autres elemens, & est
côtraire en toutes les deux au quatriesme. Ainsi le feu symbolize auec
l'air en chaleur, auec la terre en secheresse, & est contraire en ses deux
qualités à l'eau : par ce qu'elle est
froide & humide & luy chaud & sec.

IV.

L'air symbolize auec l'eau en humidité & auec le feu en chaleur, & si
est contraire à la terre en ses deux
qualités, par ce qu'elle est seche &
froide, & luy humide & chaud.
L'eau symbolize auec la terre en
froideur & auec l'air en humidité, &
si est cõtraire au feu en ses deux qualités : par ce qu'il est chaud & sec, &
elle froide & humide. La terre symbolize auec le feu en secheresse, &
auec l'eau en froideur, & si est contraire en ses deux qualités à l'air : par
ce qu'il est humide & chaud, & elle
seche & froide. Comme il est aisé à
voir en la tablete suiuante.

$$\left\{ \begin{array}{l} \text{Le feu, } \textit{chaud \& sec:} \\ \text{L'air, } \textit{humide \& froid:} \\ \text{L'eau, } \textit{froide \& humide:} \\ \text{La terre, } \textit{seche \& froide.} \end{array} \right.$$

Voilà quant à la disposition des elemens, & symbolization de leurs
qualités premieres ou agentes. Mais
d'autant qu'il y pouuoit eschoir du
doubte en ce que nous les auons attribuées & appropriées les vnes à

certain element, les autres aux autres, il en faut donner la résolution
suiuant l'ancienne doctrine confirmée par l'expérience.

Que l'attribution & distribution des quatre qualités premieres aux quatre elemens a esté bien faite par les anciens.

Chap. VII.

Sommaire.

I. *Que c'est sans doubte que le feu est chaud.* II. *Que la terre est appellée seche ou aride en la saincte escriture.* III. *Doubte touchant les qualités attribuées à l'air & à l'eau.* IV. *Resolution du doubte : & pourquoy l'eau humecte plus que l'air.* V. *Pourquoy l'air desseche nonobstant qu'il soit tref-humide.* VI. *Autre doubte touchant la froideur extreme de l'eau.* VII. *Resolution de ce doubte.*

I.

Il y auoit quelqu'vn si
estrange qui doubtast de
la chaleur du feu, pour
toute preuue il luy fau-
droit faire esprouuer, luy appliquât
à la chair nostre feu materiel, & il le
sentiroit s'il n'estoit du tout insen-
sible: non pas qu'il faille inferer de
là que le feu elementaire brusle à
la façon de ce feu materiel, qui est
plus aspre à cause de la matiere de
laquelle il s'entretient: mais pourtant il n'est pas si chaud de sa nature que l'autre auquel la chaleur
est innée & propre au souuerain degré & en l'extremité puis qu'il est
contraire à vne froideur extreme.
Ioinct que sa legereté & son actiue-
té (s'il faut ainsi parler) aussi extreme sont remarques d'vne extreme
chaleur.

II.

De la secheresse de la terre il n'en
faut non plus doubter puis que l'o-
racle diuin l'a appellée *l'aride* ou *la
seche.* Ioinct qu'estant le moins
Genes. 1. actif de tous les Elemens il luy falloit donner la qualité la moins acti-
ue, qui est la secheresse.

Pour le regard des qualités de
l'air & de l'eau il semble de premier
abord qu'elles ne leur soient pas
bien aduenantes. Car qui ne void
que l'eau humecte beaucoup plus
que l'air, & que l'air tant s'en faut
qu'il humecte qu'au contraire il
desseche l'humidité? de sorte qu'on
a accoustumé d'essorer & espandre
à l'air les draps moüillez pour les
faire essuyer & secher. Et mesmes
les Medecins, qui sont les plus gráds
scrutateurs de la nature tiennent
que l'eau est humide au souuerain
degré, ainsi que leur grand maistre
Galien l'a escrit. Et partant il s'en
suit que l'eau, non pas l'air, est extremement humide, & qu'au rebours l'air est sec non pas humide.

Gal. l. 1.
de cóplex.

III.

A quoy il faut respondre qu'autre chose est considerer l'effect de la
qualité, autre chose la qualité mesme en sa propre nature. Car tout
ainsi qu'vn homme fort, robuste, &
bien ramassé en ses membres quoy
qu'il soit coüard & pusillanime, as-
senne & frappe plus rudemét qu'vn
homme tres-genereux qui d'ail-

IV.

leurs est foible & fresle. De mesme
l'eau humecte plus que l'air, nõ pas
qu'elle soit plus humide , parce
qu'elle est d'vne matiere plus grossiere : ainsi que l'expose doctement
Fernel,& l'experience l'enseigne en
autres choses. C'est pourquoy aussi
le fer rougi au feu est plus chaud &
brusle plus que le feu mesme (comme i'ay dict quelque autre fois) non
pas de son naturel , mais à cause de
sa matiere crasse , solide & grossiere.

V.   Quant à ce qui est obijcé que l'air
desseche, cela se fait par accident &
à cause de sa chaleur, car l'air est humide & chaud. Ioinct qu'il ne desseche jamais qu'auec l'ayde du Soleil ou des vens qui sont des exhalaisons seches.

VI.   Encore peut on doubter si l'eau
est extremement froide. Car si cela
estoit, il semble qu'elle deuroit par
tout & en tout temps estre gelée,
puis qu'elle se gele ordinairement
l'hyuer par vn froid mediocre.

VII.   Lequel doubte est fort aisé à resoudre par ceux qui sçauét que l'eau
ne se

ne se gele pas pas à cause de sa seule
froideur, mais aussi à cause du meslange des exhalaisons terrestres. Car
si elle estoit bien espurée & en son
element parfaict, elle ne se geleroit
mais.

Soit assez arresté aux qualités a-
gentes : parlons maintenant des
qualités mouuantes des quatre elemens.

De la legereté ou pesanteur qua-
lités mouuantes des elemens
& des corps mixtes.

CHAP. IIX.

Sommaire.

I. *Pourquoy la legereté & pesanteur*
sont appellées qualités mouuantes. II.
Comment ces qualités mouuantes depen-
dent és elemens & en tous les corps natu-
rels, des qualités agentes. III. *La defini-*
tion des choses legeres & pesantes. IV.
Que la legereté ou pesanteur des corps mix-
tes depend de l'element predominant en

*eux: & que tout element, excepté le feu,
est pesant en son lieu naturel.*

I.

A PRES auoir traicté des qualités agentes comme estant les premieres, il faut aussi discourir des qualités mouuantes des Elemens, ainsi appellées parce qu'elles causent diuers mouuemens aux elemens, & par cõmunication & participation à tous les corps mixtes, faisant que les vns tendent en haut les autres en bas. Et d'autãt que la legereté ou pesanteur des autres corps naturels depend de l'element predominant en eux, il faut principalement s'arrester à la consideration de la legereté ou pesanteur des elemens mesmes.

II. I'ay dit ci-deuant que les qualités mouuantes des elemens (& mesmes encore d'autres) dependent des agentes, par ce qu'encore que les elemens soient tous d'vne mesme matiere en essence, si est-ce que ces quatre qualités agentes le chaud, le froid, le sec, l'humide, qui sõt diuer-

sément en eux , les font distinguer
entr'eux par quatre diuerses sortes
de mouuement. Car en tant que céte matiere est chaude & seche , elle
est aussi absoluëmét & simplement
legere, comme le feu , lequel à céte
cause est placé au dessus de tous les
autres elemens. En tant que seche
& froide , elle est aussi absoluëment
& simplement pesante , comme la
terre, qui est au dessoubs de tous. En
tant qu'humide & chaude , elle est
plus legere que pesante , comme
l'air, au dessoubs duquel il y a deux
elemens plus pesâns, l'eau & la terre,& au dessus vn seul plus leger , le
feu. En tant que froide & humide,
elle est plus pesante que legere , cōme l'eau , au dessus de laquelle il y a
deux elemens plus legers , le feu &
l'air,& au dessoubs vn seul plus pesant, la terre. En termes artificiels
les Philosophes disent que l'air est
leger selon quelque chose, & l'eau
pesante selon quelque chose, c'est à
dire pour quelque respect & à comparaison de quelque autre, non pas
absoluëment & simplement.

X ij

III.

*Aristot. c.
3. 4. &
5. lib. 4.
de Cœlo.*

Or les choses legeres sont celles qui se mouuent & tendent du milieu en haut : & les pesantes celles qui se mouuent & tendent vers le milieu. Ce sont les termes du Philosophe : qui entend par le milieu la terre, qui est le milieu & le centre du Monde : & à laquelle toutes les choses pesantes descendent d'en haut, & de laquelle celles qui sont legeres s'esleuent en haut. Mais il y a distinction & diuers degrés de legereté & pesanteur en tous les corps naturels, tout ainsi que nous auons dit des elemens.

IV.

*Aristo. c.
2. l. 1. de
Cœlo.*

Car selon que les qualités elementaires predominét plus les vnes que les autres en certains corps, ils sont aussi plus legers ou plus pesans, mesmes en certains lieux qu'en d'autres, suiuant cét axiome: *Tout element est pesant en son lieu naturel, excepté le feu, qui est en tout & par tout leger.* Par exemple, qu'vne piece de bois pesant cent liures, & vne masse de plomb pesant seulement dix liures soient jettées en mesme temps du plus haut de l'air en bas dans l'eau,

sans doubte la piece du bois descen-
dra plus viste & cherra plustot que
la masse de plomb : mais estant par-
uenuë à l'eau & elle s'y arrestera &
y nagera, & le plomb ira à fond:par-
ce que le bois estant aërien, c'est à
dire l'air predominant en luy, il pese aussi en l'air : mais sur l'eau il
maintient sa legereté, au lieu que
le plomb qui est terrestre pese par
tout.

Or d'autant que le sus dit axiome
n'est pas sans difficulté il en faut reprendre l'exposition de plus haut.

Si l'air & l'eau sont plus pesans que
legers en leur lieu naturel.

Chap. IX.

Sommaire.

I. Que l'air & l'eau pesent en leur lieu
naturel, & comment est-ce qu'ils descen-
dent promptement en bas. II. Que l'eau
ne monte qu'à force, & moins viste qu'elle

ne descend. III. *Raisons au contraire pour monstrer que l'eau ne pese point en son lieu naturel.* IV. *Resolution des raisons contraires, & pourquoy est-ce que les plongeons n'ageans entre deux eaux, & ceux qui puisent de l'eau dans vn seau tandis que le seau est dans l'eau ne la sentent pas peser.*

I. CE qui est absoluëment leger jamais ne peut tendre en bas, côme le feu: & ce qui est absoluëmét pesant, comme la terre, jamais ne peut monter ny s'esleuer en haut. Mais l'air & l'eau qui sont comme deux corps metoyens participans de ces deux extremités sont plustot pesans que legers en leur lieu naturel. Dequoy i'ay ci-dessus ré du preuue tirée de l'experience, & en veux ici donner encore vn autre exemple. Si on fait escouler de l'eau du vaisseau qui la contenoit, l'air descéd à mesure que l'eau se verse pour remplir la place qu'elle occupoit: & si on oste & soustrait de la terre couuerte d'eau, l'eau descend aussi en

mesme temps pour remplir la place qu'elle occupoit.

Mais si l'air qui est sur la face de
l'eau est humé ou attrait en quelque
façon que ce soit, l'eau ne montera
pas si viste ny si franchement qu'elle descendoit au lieu occupé par la
terre qu'on a soustraite : par ce que
l'vn mouuemét luy est tout naturel,
& l'autre est comme contraint, la
nature forçant l'eau à monter pour
empescher le vuide.

Cela toutefois n'est pas sans doubte & sans controuerse. Car vne contraire experience semble dementir
la precedente. Qu'il soit ainsi, les
plongeons & ceux qui nagent entre
deux eaux estans soubs l'eau ont sur
eux si grand' quantité d'eau que la
centiesme partie seroit suffisante
pour les accabler s'ils la portoient
estans sur terre. Celuy qui puise de
l'eau auec vn seau, tãdis que le seau,
duquel il tient d'en haut la corde,
est dans l'eau, il ne luy pese aucunement: parce que l'eau de laquelle il
est rempli ne pese point (ce semble)
en son lieu naturel : mais aussi-tost

II.

III.

que le seau est hors de l'eau, celuy
qui tient la corde ou la chaîsne à laquelle il est attaché ressent bien la
pesanteur de l'eau en l'air & hors de
son lieu naturel. Et par ainsi tant
s'en faut que l'eau soit pesante en sō
lieu naturel, qu'au contraire elle est
legere.

IV.

*Themist.
& Ptole-
maeus de
ponder.
contra
Arist.*

Céte dispute estant entre de tres-
grands personnages il est tres mal-
aisé de les concilier & accorder non
plus que les quereles des grands sei-
gneurs. Aussi à la verité tous ceux
qui ont escrit sur ce subject s'y
sont trouués bien empeschés & se
sont rangés d'vn parti ou d'autre.
Mais pour en dire franchement mō
aduis il me semble que l'axiome du
Philosophe, ainsi que ie l'ay raporté
au chapitre precedent, & confirmé
au commencement de celuy-ci, ne
peut estre infirmé par ces secondes
experiences. Car si l'eau ne pese pas
sur les plongeons & ceux qui nagét
entre-deux eaux, & si le seau rempli
d'eau ne pese point dans icelle à celuy qui le soustient par la corde, c'est
d'autant que l'eau en son lieu natu-

rel est si bien vnie & conjointe en toutes ses parties qu'elles s'entre-tiennent & souftiennent les vnes les autres : mais elle ne laisse pas pourtant d'eftre plus pefante que legere puis qu'elle defcend plus vifte qu'elle ne monte.

Voilà pour le regard de la queftion propofée. Voions maintenant si les Elemens fe peuueut changer l'vn en l'autre.

Si tous les Elemens fe peuuent changer l'vn en l'autre.

CHAP. X.

Sommaire,

I. *Pourquoy les Elemens fe peuuent transformer l'vn en l'autre nonobftant la contrarieté de leurs qualités.* II. *Diftinction impertinente d'aucuns.* III. *Autre diftinction auffi non receuable.* IV. *Pourquoy les elemens fymboles font plus aifés à fe changer & transformer l'vn en l'autre que les diffymboles.* V. *Refolution de la queftion propofée.* XEv

I.

CEte question a esté réduë obscure par les ombrages que les intellects & sens nubileux de diuers interpretes d'Aristote y ont apportés: desquels ie me veux retirer pour me mettre à la clarté de la verité.

Arist ca. 4. l. 2. de gener. & corrup.

Il est donc certain & le Philosophe mesme l'enseigne, que les Elemens se peuuent tous changer & transformer l'vn en l'autre, voire mesmes ceux qui ne symbolizent en aucune qualité, & sont contraires en leurs deux qualités, comme le feu en eau, & l'eau en feu: l'air en terre, & la terre en air. Car puis que la nature leur a donné leurs qualités agentes pour se rendre les autres semblables en agissant (car ce qui agit n'agit que pour se rendre semblable le subiet patient) il n'y a point de doubte que selon les forces & vigueur de l'vn agissant contre l'autre, il ne se le rende semblable.

II.

Ie dis cela absoluëment & sans y apporter la distinctiõ que font d'autres, qui ne se peuuët persuader que les elemens dissymboles, c'est à dire,

qui sont contraires en leurs deux
qualités, ny mesmes ceux qui sont
esloignés les vns des autres, puissent
se changer & transformer immedia-
tement l'vn en l'autre, ains tiennent
que l'eau ne se peut changer en feu
ny le feu en eau qu'au precedent l'vn
ou l'autre ne soit changé en air : &
pareillement que la terre ne se peut
changer en air, ny l'air en terre que
l'vn ou l'autre ne soit au precedent
changé en eau : & mesmes que la
terre ne peut estre changée en feu ny
le feu en terre sans passer par le chãgement des autres elemens qui sont
entre-deux : par ce (disent-ils) que
les choses esloignées ne peuuent
paruenir les vnes aux autres sans
passer par l'entre-deux. Ce qui est
vray, quand il est question du changement de lieu : comme s'il falloit
qu'vn corps descendist du Ciel de la
Lune en terre, il faudroit de necef-
sité qu'il passast par les regions du
feu & de l'air : mais il s'agist ici du
changement de la forme & substance non pas du remüement du lieu.

D'autres disent que la terre ne se III.

ſçauroit changer en air ny l'air en
feu ſans qu'au preallable l'vne fuſt
tournée en exhalaiſon & l'autre en
vapeur (l'exhalaiſon eſt humide &
ſeche & la vapeur humide & froide) pour faciliter ce changement &
transformation, comme à la verité
cela arriue quelquefois : mais il ne
faut pas pourtant de là inferer vne
neceſſité : d'autant qu'vne petite
quantité d'eau ſera facilement tournée en feu par vne grande quantité
de feu : & vne petite quantité de feu
ſera facilement tournée en eau par
vne grande quantité d'eau. Car en
tels changemens il y faut de la proportion entre l'agent & le patient,
afin que l'vn puiſſe aiſémét ſe rendre
l'autre ſemblable : autrement s'ils
eſtoient comme égaux ils ſe deſtrui-
roient tous deux par des forces éga-
les.

IV. Et quoy qu'aucuns ayent voulu
gloſer ſur le dire du Philoſophe, il
eſt certain que les elemens ſymbo-
les ſont plus aiſés à ſe changer l'vn
en l'autre que les diſſymboles : & la
raiſon en eſt toute manifeſte en ce

qu'au changement des elemés symboles il ne faut que vaincre l'vne
qualité contraire,& au changement
des elemés diffymboles il faut vaincre toutes les deux enfemble : laquelle raifon Bartas n'a pas oublié,
en fa fepmaine, quand il dit ainfi fur
ce fubjet.

La flamme chaude-feche en l'onde froide-
  humide,
La terre froide-feche en l'air chaud & li-
  quide
Ne fe muë aifement, à caufe qu'inhumains
Ils combatent enfemble & de pieds & de
  mains.
Mais bien la terre & l'air viftement fe re-
  duifent
L'vne en l'eau, l'autre en feu: d'autant
  qu'ils fymbolifent
En l'vne qualité: fi bien qu'à chacun d'eux
Eft plus aifé de vaincre vn ennemi que
  deux.

Et ne fert rien de dire qu'en ce cas
il y a doubles forces des deux contraires : car auffi ie repartiray par
mefme moyen, qu'il y a double cõ-
bat, & par confequent plus de diffi-

culté ny plus ny moins que les combats des guerriers durent, d'autant plus qu'il y a de combatans.

V. La resolution donc de céte question est que tous les elemens tant symboles que dissymboles, mediats & immediats peuuent se changer & transformer l'vn en l'autre, toutefois les symboles plus aisément, c'est à dire plustot que les dissymboles.

Il ne suffit pas d'auoir parlé du changement & transformation des elemens: mais il faut encore discourir de la proportion qu'il y a entr'eux.

Arist.c.
4.d.2.de
gener.&
corrup.

De la proportion des elemens les vns enuers les autres.

Chap. XI.

Sommaire.

I. Que l'element inferieur est dix fois plus espes que le superieur voisin, & que d'vne mesure d'iceluy s'en font dix de l'autre. II. Que l'element superieur ren-

tient dix fois autant de place que l'inferieur voisin.

IL est vray semblable, voire tref-certain qu'entre
les elemens le superieur
occupe dix fois autant de
place que l'inferieur prochain, parce que d'vne mesure de celuy-ci il
s'en fait dix mesures de celuy-là : de
maniere qu'il faut aussi inferer de là
que l'element inferieur est dix fois
plus espés & grossier que le superieur prochain, & par consequent
plus pesant, & comme plus pesant
qu'il doibt estre placé au dessoubs.
Par exemple d'vne parcelle de terre
il s'en fera dix d'eau, d'vne d'eau dix
d'air, d'vne d'air dix de feu : & au cõtraire de dix d'eau vne de terre, de
dix d'air vne d'eau, de dix de feu vne
d'air. Mais le feu est si rare qu'il ne
peut estre plus attenué, & au contraire la terre si espesse & crasse
qu'elle ne peut estre plus espessie &
grossie demeurant element.

    Pour les raisons susdites il fau-
droit donc tenir que l'eau occupe-

I.

II.

roit dix fois autant de place au Mō-
que la terre si elle tenoit sa place naturelle au dessus d'icelle : mais Dieu
l'a bornée & retirée de dessus la face
de la terre pour nostre salut & de
plusieurs animaux. L'air sans doubte occupe dix fois autant de place que l'eau : (& croy-je qu'il en
occupe beaucoup plus en rond, à
cause que l'eau & la terre, pour la
raison que ie viens de dire ne font
qu'vn mesme rōd & vn mesme globe :) & le feu occupe dix fois autant
de place que l'air.

C'est assez parlé des Elemens entant qu'Elemens.
Voyons maintenant comment est-
ce qu'ils entrent & demeurēt au bastiment & composition des corps
mixtes. Car c'est vn grand poinct de
doctrine, des plus difficiles & irre-
solus qui soit entre toutes les questions naturelles.

Si les formes elementaires entrent en la composition des corps mixtes.

CHAP. XII.

Sommaire.

I. *La question proposée est fort irresoluë entre les Philosophes.* II. *La 1 opinion est que les formes elementaires demeurent au mixte.* III. *La 2 que les seules qualités y demeurent.* IV. *Toutes les deux se fondent sur l'autorité d'Aristote.* V. *Raison 1 pour la confirmation de la 1 opinion.* VI. *Raison 2.* VII. *Raison 3.* IIX. *Raison 4.* IX. *Raison 5.* X. *Raison 6.* XI. *Raison 1 pour la 2 opinion.* XII. *Raison 2.* XIII. *Raison 3.* XIV. *La 1 opinion est la plus saine.* XV. *Responce à la 1 raison de la 2 opinion: & l'erreur d'Auerroes refuté.* XVI. *Responce à la 2.* XVII. *Response à la 3.* XIIX. *Contre l'opinion de Sainct Thomas d'Aquin.* XIX. *contre luy-mesme.* XX.

La resolution & exposition de la question
proposée.

I.

'Est ici la question nõ seulement la moins irresolüe, mais aussi (à mon aduis) la plus mal aisée à resoudre qui se face en toute la Physique: tant à cause du poids des raisons alleguées d'vn costé & d'autre, que pour l'autorité des graues personnages qui les confirmét voulans faire valoir chascun la sienne. Pour moy, il faut bié que ie me range aussi d'vn costé ou d'autre pour vne dispute en laquelle ie ne sçaurois seul faire parti: toutefois ie n'en feray pas chois sans cognoissance de cause & sans examiner les raisons des vns & des autres pour mieux faire chois de l'opinion qui me semblera la plus vraye ou vray-semblable.

II.

Il y a donc deux opinions les plus celebres & notables touchant céte question. L'vne est des Grecs & Arabes tant Medecins que Philosophes qui tiennent tous (quoy que diuersement, comme ie diray ci-a-

pres)que les formes des elemens demeurent au mixte.

L'autre est des commentateurs III.
Latins d'Aristote, & mesmemét des
Scholastiques, lesquels apres sainct
Thomas d'Aquin ont publié vne
autre opinion contraire : à sçauoir
que les formes des elemens ne demeurent point au mixte, ains seulemét leurs qualités ou vertus, & que
pour le regard de leurs formes qu'el
les se corrompent en mesme temps
qu'ils se meslangent . Bartas sur ce
subject n'a sçeu à laquelle des deux
se resoudre, ains les employe toutes
deux cóme indifferétes, quoy qu'elles soient fort differentes, quand il
dit ainsi :

> *Or ces quatre elemens , ces quatre fils*
> *jumeaux,*
> *Sçauoir est l'Air, le Feu, & la Terre, &*
> *les Eaux,*
> *Ne sont point composés : ains d'iceux tou-*
> *te chose*
> *Qui tombe soubs nos sens , plus ou moins se-*
> *compose :*
> *Soit que leurs qualités desployent leurs ef-*
> *forts .*

Dans chasque portion de chasque meslé
corps:
Soit que de toutes parts confondans leurs
substances
Ils facent vn seul corps de deux fois deux
essences.

IV.   Or les vns & les autres s'appuiét
sur la doctrine d'Aristote, & à ces
fins ceux de la premiere opinion alleguent les autorités & raisons qui
s'ensuiuent.

V.   La premiere, que le meslange n'est
autre chose que l'vnion des choses
qui se peuuent mesler, ainsi qu'enseigne le Philosophe. Par consequent les elemés, desquels les corps
mixtes sont composés ne sont point
corrompus, ains demeurent au mixte apres leur meslange.

Arist. ca.
vlt. lib. 1.
de gener.
& corru.

VI.   La seconde, c'est que l'element
est defini par le Philosophe ce dequoy quelque chose est faite, iceluy
demeurant en elle. Les elemens dóc
demeurent en la composition des
corps mixtes.

Arist. l. 4
Metaph.
c. 2.

VII.   La troisiesme, que c'est vn axiome tres-certain en Philosophie, que
tout ce qui est composé se resoult és

Arist. l. 3
Physic.

mesmes principes dont il est composé. Or les corps mixtes, comme
l'experience l'enseigne, se resoluent
actuellement és quatre elemés. Parquoy il faut dire qu'ils sont actuelle-
mét composés des quatre elemens.

La quatriesme c'est que le Philosophe recherchant en son organe si
le sentiment est deuant la chose sen-
sible, meut aussi céte question, à sçauoir si les animaux & autres corps
mixtes sont plustot que le feu, l'air,
l'eau, & la terre dont ils sont composés. Et de là il est aisé à colliger
que ce n'est pas seulement la vertu
des elemens, ou leurs qualités, ains
leurs formes qui entrent & demeurent en la composition des corps
mixtes : comme il lé repete souuent
ailleurs.

La cinquiesme seruira non seulemét a confirmer céte opinion, mais
aussi à destruire toutes les distinctions que ceux de l'opinion contraire apportent pour se demesler
des autorités d'Aristote quotées en
la raison precedente : c'est que le
mesme Philosophe enseigne en ter-

IIX.
Arist. in Categor. cap. de Relatis.

c. 8. li. 2. de gener. & corru. & cap. 8. lib. 3. de cœlo.

IX.

Arist l. 2. Phys. cap. 3.

mes tous exprés en sa Physique *que
les elemens sont la matiere des corps mixtes tout ainsi que les letres sont la matiere
des syllabes.* Or c'est chose trop manifeste que les lettres, demeurant letres comme auparauant, entrent en
la liaison & composition des syllabes. Il faut donc que de mesme les
elemens entrent & demeurent en la
composition & meslange des corps
mixtes.

X.

*Arist. ca.
vlt. lib. 1.
de gene.
& corru.*

La sixiesme conclud côme la precedente auec l'autorité du Philosophe, qui dit que si le cuiure & l'estain
sont meslés en sorte qu'en leur meslange ne demeure riē que leurs qualités, ce n'est pas meslange. Le mesme donc se peut dire du mesláge des
elemens.

Voilà des fortes & inuincibles raisons confirmées la plus-part par des
axiomes & maximes receuës en
toute la Philosophie. Entendons
maintenát les raisons du parti contraire.

XI.

La premiere c'est qu'vne seule
chose ne peut auoir qu'vne seule
forme : & par ainsi que le mixte ne

peut auoir en soy les quatre formes
elementaires.

La seconde, que le Philosophe XII.
mesme s'est expliqué touchant ce
subject lors qu'il a parlé en céte sor- *Arist. li.*
te:le feu,l'air, l'eau, & la terre sont *1 de par.*
au mixte, ou pour mieux dire , la *animal.*
chaleur,la froideur, l'humidité & la
secheresse:voulant dire expressémét
que les qualités y sont bien mais nó
pas leurs formes.

La troisiesme est ausi fondée sur XIII.
la doctrine du Philosophe qui nous
enseigne en termes assez clairs sur
ce subiect que les vertus des elemés
sont au mixte. Or leurs vertus sont *Arist.l.1*
proprement leurs qualités. Ce ne *de gener.*
sont donc pas leurs formes. *& corru.*

Ces raisons & autorités de sainct XIV.
Thomas sont vrayement fort pres-
santes:toutes-fois i'ayme mieux me
ranger à l'opinion precedente,quoy
que la pluspart des Moynes & Reli-
gieux suiuent celle-ci :& moy ie les
suiuray en quelque autre chose.
Mais en ceci les raisós de la premiere opinion m'emportent. Et par ce
qu'il ne suffit pas d'auoir fait chois

des deux susdictes opinions, ie respõdray en suite aux raisons des Thomistes.

XV.　A la premiere donc ie respons
qu'à la verité il n'y peut auoir qu'v-
ne seule forme qui donne l'estre à la
chose : mais au meslange des elemẽs
au corps mixte, ce n'est pas chasque
forme elementaire qui luy donne
l'estre ains toutes quatre meslangées
ensemble & faisant vne seule forme
au composé : ny plus ny moins que
plusieurs couleurs estant broyées &
meslées ensemble il en resulte vne
composée d'icelles toute nouuelle,
les autres demeurant confuses en
icelle.

XVI.　Auerroës n'a pas ainsi respondu à
céte obiection, de laquelle ne sçachant comment se demesler il a eu
recours à vne retraite qui ressemble
plustot vne fuite honteuse pour
crainte d'estre surpris, disant que les
formes dés elemens ne demeurent
pas au mixte en leur perfection &
entieres, comme elles estoiét auant
le meslange, ains entre rompües, re-
laschées & abbatues. Et voyãt qu'on
luy

Auerr.
in 2. de
gen. &
corrup.
com. 90.

luy pourroit foudain obijcer que la
nature des fubftances ne permet pas
qu'elles foient non plus relafchées
& diminuées que bandées & ac-
creuës, ainfi que le Philofophe enfeigne en fon Organe , il a adjoufté
qu'en céte forte ces formes elementaires ne font pas proprement fubftances, ains comme vne moyenne
nature entre la fubftance & l'accident. Mais céte addition eft encore plus abfurde:de maniere que c'eft
entaffer abfurdité fur abfurdité, &
reur fur erreur. Car qui ouit iamais
parler de telles natures moyennes
entre la fubftance & l'accident ? &
en quelle Categorie les rangerons
nous? Certes voilà vne Philofophie
trop nouuelle,ou pluftot (côme dict
Fernel en fe mocquant de cela) c'eft
vne diftinction imaginaire & femblable à vn fonge. Et m'eftonne de
ce que plufieurs doctes perfonnages l'ont neantmoins fuiuie,receuë,
& publiée: voire mefmes les Scholaftiques n'en approuuent gueres
que celle-là ou celle de fainct Thomas, & ont reprouué & banni la

Arift. in
Categ. c.
de fubftã.

Fernel.li.
2.de ele.
cap.vlt.

Y

Themist.
in 4. de
Cœlo.
Auice.1.
sufficica.
10.&11
Alber.
mag in 2
de gener.
& corru.
tract.6.c
5. Philop.
ib. Marsil
Fici.q22
Fernel.2.
de elem.

la meilleure notoiremēt fondée sur la doctrine d'Hippocrates & Aristote, confirmée de l'autorité de plusieurs grands & notables personnages Philosophes & Medecins anciens & modernes, comme Galien, Themistius, Auicenne, Albert le Grand Philopone, Marsile Ficini Iules de l'Escale, Fernel, & plusieurs autres.

XVII. Quant aux deux lieux d'Aristote allegués par les Themistes pour appuyer leur opinion, ils reçoiuent interpretation. Car au premier le Philosophe a voulu expressément enseigner que les elemens sont bien au mixte, mais pourtant que leurs qualités y sont plus remarquables, comme à laverité elles le sont à cause de leur action.

XIIX. Par l'autre le Philosophe ne nie pas que les elemens soient au mixte biē qu'il die que leurs vertus y soiēt: car l'affirmation de l'vn n'est pas la negation de l'autre. Au contraire ie veux retorquer & tourner la poincte de ce trait contre les Thomistes mesmes. Car si les vertus & proprie-

tés des elemens y sont, il faut bien
que leurs subjects, c'est à dire, les
elemens mesmes s'y trouuent : tout
ainsi que nous disons que là où ce
qu'est la risibilité, c'est à dire la faculté de rire, là est l'homme.

D'ailleurs ie veux dire encore XIX.
que ce que sainct Thomas reprend
dés le commencement en céte opinion est à reprendre pluſtot en la
sienne mesme. Car si les formes des
elemens se corrompent (comme il
dit)en mesme téps qu'elles se meslangent, il faut qu'il en renaisse autres quatre : d'autant que selon l'ordre de nature la corruption d'vne
chose est suiuie de la naissance d'vne
autre : de maniere que niant que les
formes naturelles des elemens demeurent au mixte,il faut de necessité qu'il y en introduise d'eſtrange-
res.

Or tout ainsi que les Thomiſtes XX.
tiennent que les formes elementaires se corrompent en mesme temps
que le meslange se fait: de mesmes
aussi disent-ils que leurs qualités se
corrompent, mais que la nouuelle

forme du composé aduenât il en re-
naift d'autres semblables en espece.
Ce qui me fait ressouuenir de la generation du Phœnix:& comme celle-ci est fabuleuse,celle-là est imaginaire.

C'est assez disputé sur ce subject.
Ie diray seulement, afin d'instruire
les moins subtils, que quand nous
disons que les elemens entrent en
la composition du mixte ,il ne faut
pas entendre q̃ le mixte soit basti de
grosses pieces d'iceux entassées les
vnes sur les autres, n'y aussi qu'à petites & menües pieces ils soient at-
tachés & liés ensemble comme les
homœomeries (c'est à dire parcelles semblables) d'Anaxagoras, ou
comme les atomes & petis corps
indiuisibles d'Epicure & Democri-
te:mais bien en sorte que les extremités de l'vne soient concurrentes
auec les extremités des autres & se
confondent, broyent & meslangent
si bien ensemble (comme i'ay dit ci-
dessus des couleurs) que ce ne soit
plus qu'vne mesme chose continuë,
voire mesmes qu'il soit impossible

qu'en la moindre parcelle on reco-
gnoisse la forme d'vn element sans
toutes les autres trois, non pas separéement mais vniment & con-
jointement:& ce auec vn accord des
qualités discordantes & contraires,
lesquelles estant bien assorties, assai-
sonnées & attrempées par vne vertu égale en leur action & perpession
se maintiennent en vn mesme subject. Ce que la Nature sçait d'autant
mieux faire que l'industrie humaine: laquelle ne antmoins meslange
des choses qui ont leurs qualités cōtraires les assaisonnát & corrigeant
les vnes par les autres, comme lon
void au meslange du vin & de l'eau,
des onguēs, medecines & plusieurs
autres telles choses. Et tādis que ces
qualités elementaires sont bien assorties & proportionnées sans que
l'vne ait prise sur l'autre le subject se
porte bien : l'vne surmontant l'autre, il est alteré & malade: l'vne
perdant & esteignant l'autre, il faut
de necessité que le subject vienne à
se perdre & s'esteindre.

A pres auoir ainsi entendu la na-

Y iij

ture proprietés & qualités des Elemens, il fera bié à propos de difcourir des meteores & autres corps imparfaits qui s'engendrent en iceux
auec admiration de ceux qui n'en
fçauent pas la caufe.

Fin du liure fixiefme.

LE
SEPTIESME
LIVRE DE LA PHY-
SIQVE OV SCIENCE
naturelle.

*Que signifie ce mot Meteore: &
quelle est la matiere & cause
efficiente des meteores.*

CHAPITRE I.

SOMMAIRE.

*I. L'etymologie de ce mot meteore,
qui signifie sublime ou haut esleué. II.
Pourquoy les meteores sont ainsi appellés.
III. La matiere des meteores sont les exhalaisons & vapeurs. IV. Diuers meteores s'engendrent des exhalaisons & vapeurs. V. Les vapeurs, comme estant plus
grossieres sont visibles, les exhalaisons non.
VI. Pourquoy du feu ny de l'air ne s'en-*

gendrent aucuns meteores. VII. *Que le Soleil, la Lune, & les autres astres sont les causes efficientes des meteores.*

I.

CEla est assés vulgaire que *meteore* en Grec signifie sublime ou haut esleué: mais pourquoy ces corps imparfaits qui s'engendrent des exhalaisons & vapeurs de la terre & des eaux sont appellés *meteores*, veu qu'ils ne s'engendrent pas seulemét en haut, mais aussi en bas & dans les concauités de la terre, ceux qui ont escrit de ce subjet n'en demeurent pas d'accord.

II.

Car les vns disent que d'autant que la pluspart de ces corps-là s'engendre haut en l'air, tous ont pris de là leur denominaison : d'autres que c'est plustot de ce qu'ils sont d'vne haute & difficile consideration: aucuns de ce qu'ils sont engendrés d'vne matiere qui tend en haut : d'autres encore de ce que leur matiere est attirée par les corps celestes qui sont les plus hauts & sublimes en l'ordre de l'vniuers. Toutes lesquel-

les raisons sont assez probables : &
pour n'en faire pas chois ie diray volontiers que toutes ensemble font
qu'à bon droit ces corps-là sont appellés *meteores.*

Or pourquoy les meteores sont
appellés corps mixtes imparfaits, ie
l'ay dit ailleurs. Maintenant il faut
parler de leur matiere & cause efficiente.

La vraye & prochaine matiere des
meteores sont certaines fumées lesquelles attraites par les corps celestes, & mesmement par le Soleil,
s'esleuét haut en l'air plus ou moins
selon leurs qualités. Car il faut remarquer qu'elles sont extraites de
la terre, ou de l'eau : celles qui viennent de la terre s'appellent proprement exhalaisons, & sont naturellement seches & froides comme la
terre mesme : celles qui sortent de
l'eau s'appellent proprement vapeurs, & sont naturellement froides
& humides comme l'eau mesme.

l'ay dit que tant les exhalaisons
que les vapeurs sont naturellement
froides : mais accidentairement &

Y v

par le moyen de la chaleur qui vient
de la reflexion des rais du Soleil &
des autres astres, elles sont renduës
chaudes : de maniere que les exhalaisons sont seches & chaudes, & les
vapeurs humides & chaudes. Des
vapeurs s'engendrent toutes les impressions & meteores humides &
aqueuses, comme la pluye, la neige,
la gresse, la rosee, la gelée. Les exhalaisons viennent d'vne terre grasse,
huileuse & propre à conceuoir le
feu ou bien d'vne terre fort aride &
qui se tourne en fumée fort rare &
subtile : & de celle-ci s'engendrent
les vens, de celle-là les impressions
ou meteores ignées, comme les cometes, le foudre, & tant d'autres flâ-
mes & embrasemens qu'on void ordinairement en l'air, ainsi que nous
dirons encore ci-apres.

V. Et d'autant que la terre symbolize
naturellement en la secheresse auec
le feu, comme nous auons monstré
au liure precedent : & que l'eau au
contraire luy est opposée en toutes
ses deux qualités : à céte cause les
exhalaisons, lesquelles procedent

de la terre, sont plus susceptibles de
la chaleur : par laquelle elles sont
d'autant plus attenuées que les vapeurs, lesquelles luy resistāt demeurent plus grossieres : de maniere
qu'elles nous sont visibles mesmement le matin auant que le Soleil
les attenuë ou dissipe. Car nous les
voyons attraire des ruisseaux & riuieres, & s'esleuer en haut comme
des fumées espesses.

Or de l'air ny du feu ne s'engen-
drēt point de meteores, par ce qu'e-
stant des corps fort simples, deliés
& subtils, les rais du Soleil, de la Lune & des autres astres passent outre
& descendent en bas iusques à ce
qu'ils rencontrent la terre & l'eau,
qui sont des corps plus solides &
grossiers, sur lesquels agissant ils en
attirent ces fumées que nous auons
appellées exhalaisons & vapeurs.

Ayant ainsi entendu quelle est la
matiere des meteores il est aisé à apprendre que le Soleil, la Lune, & les
autres astres en font les causes efficientes agissant sur ces deux inferieurs elemens, & attirant à soy d'i-

VI.

VII.

Y vj

ceux (comme ie viens de dire) des
exhalaisons & vapeurs, non pas
pour se nourrir ou refreschir, ainsi
qu'aucuns ont faulsement estimé:
car il y a long temps (comme i'ay dit
ailleurs) que la terre & l'eau qui ne
sont qu'vn petit poinct au regard de
tant & de si grands corps, seroient
dessechées. Ioinct que si les corps
celestes auoient besoign de nourriture ou refreschissemēt, ils seroient
subjects à vne alteration ordinaire,
& par consequent ne seroient pas
tousiours en mesme estat, comme
nous les voyons, ains se seroient il
y a ja long temps corrompus. Ces
fumées là donc sont attirées par le
moyen de la chaleur qui procede de
la reflexion des rais solaires & des
autres astres, ny plus ny moins que
nous voyons monter en haut les fumées de l'eau qui est mise à bouillir
dans vn vaisseau sur le feu. Et s'il en
faut rechercher encore la fin, cela se
fait pour nostre bien & profit tant
pour temperer les saisons de l'ānée,
que pour ayder à la production des
fruits. Que s'il en arriue quelque-

fois du mal, c'est vne correction &
punition paternelle qui viét encore
de plus haut, c'est à dire, de Dieu
mesme.

De la diuision de l'air en trois regions ou estages.

CHAP. II.

Sommaire.

I. L'air diuisé en trois regions ou estages. II. L'estenduë de la premiere *&*
basse region de l'air. III. L'estenduë de
la seconde ou moyenne region de l'air.
IV. L'estenduë de la troisiesme region de
l'air. V. Les qualités des sus-dites trois
regions de l'air: *&* qu'est-ce qu'antiperistase. VI. Effects de l'antiperistase.

I.

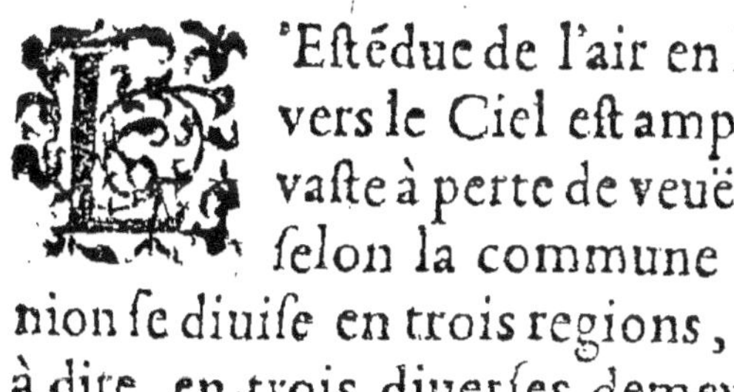
'Estédue de l'air en haut
vers le Ciel est ample &
vaste à perte de veuë : &
selon la commune opi-
nion se diuise en trois regions, c'est
à dire, en trois diuerses demeures,

comme qui diuiseroit vne maison
en trois diuers estages.

II. L'inferieure regiõ de l'air & son
premier & plus bas estage est celuy
qui nous enuironne, nous, nos edifices, & les arbres les plus hauts : &
là s'engendrent les brouées, la rosée,
la gelée, comme nous dirons particulierement ci apres.

III. La moyenne region de l'air, qui
est comme le second estage, s'estend
despuis l'air qui nous enuironne,
nous, nos edifices, & les arbres, iusques enuiron les coupeaux des plus
hautes montaignes : & là s'engendrent les cometes, les tonnerres, les
foudres, la pluye, gresle, neige & autres tels meteores, comme nous de-
duirons tantost. I'ay dit enuiron iusques aux coupeaux des plus hautes
montaignes : parce qu'il s'en trouue
de si hautes (comme on dit entre-
autres des monts Olympe, Athos, &
Tenarisse) que tous ces meteores
ou la plus part s'engendrent au dessoubs. Ce qu'on a experimenté &
jugé de ce qu'y ayant escrit sur des
cendres, long temps apres on a trouué

ué les letres toutes entieres sãs estre
aucunement effacées. Ce qui ne
pouuoit estre si les vens ou la pluye
y eussent touché. Pour moy qui suis
voisin des monsPyrenées où ce qu'il
y a de fort hautes montaignes, ie
n'en doubte aucunemẽt, par ce que
d'ordinaire on void cela par experience qu'estãt sur la cime d'vne hau
te montaigne les nuages se conden-
sent au dessoubs, le tonnerre y escla-
te, les esclairs y brillent, le foudre, la
pluye & la gresse fondent sur les vallées.

Le troisiesme & supreme region   IV.
de l'air & son plus haut estage s'e-
stend enuiron despuis les coupeaux
des plus hautes montaignes iusques
à la surface conuexe du feu elementaire: qui est vn lieu inaccessible aux
meteores, soit qu'ils ne puissent pas
monter si haut, soit que s'ils y montent ils sont soudain dissipés par
l'extreme chaleur de l'air, qui y est
causée par le voisinage de ce feu elementaire, & par le mouuement des
Cieux: lesquels entrainent auec eux
& le feu qui leur est contigu, & l'air

voisin iusqu'aux montaignes , lesquelles par leur solidité resistent à
la rapidité de ce mouuemét, comme font les forts edifices à l'orage
& à la tempeste. Toutesfois la pluspart tient que les cometes s'engendrent en céte region supreme de
l'air.

V.   Les regions ou estages de l'air e-
stant ainsi distingués,il faut apprendre que l'inferieure & la superieure
region sont ordinairement chaudes
par accident , outre ce que l'air est
naturellement chaud. L'inferieure
region de l'air est eschaufée par la reflexion des rais Solaires & des autres astres, lesquels heurtãt les corps
solides ou grossiers resialissent en
haut,& par ce moyen se redoublant
eschaufent l'air qui voisine la terre.
La superieure region de l'air est aussi notoirement eschaufée (comme
i'ay desià dit) par le voisinage du feu
elementaire & par le mouuement
des Cieux. Reste dõc que la moyenne regiõ de l'air est froide,nõ pas naturellemét (car nous auõs des-ja dit
souuent que l'air est naturellement

chaud) mais cela se fait accidentairement & par antiperistase, c'est à
dire, par vn contraire effort & resistence que fait vn contraire se forti-
fiant contre son contraire plus fort.
Car tout ainsi qu'vn ennemi foible
estát pressé de l'autre plus fort s'enferme dans quelque place forte d'assiete, où ce qu'il se munit de murailles, fossés, bastions, bouleuers, & se
fortifie le mieux qu'il peut. De mesme le froid fuyant le chaud son contraire plus fort qui occupe les deux
extremités de l'air est contraint de
gáigner le milieu où ce qu'il se serre
& bande toutes ses forces pour sa
defense : & comme dit Bartas,

Il presse estroitement son froid de toutes
  pars,

Et son effort vni est plus roide qu'estars;
qui est cause que les vapeurs y montant s'espessissent & condésent. Car
le propre du froid est de condenser,
ramasser & congeler.

Neantmois par ce que l'Hyuer le
Soleil n'echaufant pas la terre que
d'vn rayon oblique & dardé de costé, non pas à plób & à droit niueau

sur nos testes, comme il fait en Esté,
il arriue que la froideur laquelle
fuyant la chaleur s'estoit cachée dãs
les entrailles de la terre, se remet sur
la face d'icelle, & la chaleur au contraire succede en sa place ou s'en vole en haut se trouuant la plus foible:
de maniere que toute la partie inferieure de l'air estant ainsi refroidie,
la moyenne au contraire en est eschaufée par la mesme antiperistase:
C'est pourquoy l'Hyuer l'eau puisée
de quelque viue source ou d'vn lieu
profond est fresche : & au contraire
l'Hyuer elle est comme tiede: par ce,
dy-ie, que le froid occupant en Hyuer la surface de la terre, le chaud
gaigne la moyenne region de l'air &
les entrailles de la terre : & l'Esté au
contraire le chaud predominant sur
la terre, le froid se retire à la moyenne region de l'air, ou s'enferme dans
les entrailles de la terre. Pour céte
mesme cause le feu est plus chaud
l'Hyuer que l'Esté : par ce qu'il vnit
toute sa vertu & toutes ses forces
pour resister à la froideur extreme
de l'air dont il est assiegé. Nous es-

prouuons en nous mesmes les effets
de céte antiperistase en ce que la chaleur naturelle estât reserrée l'Hyuer
dâs noftre estomach, nous mangeôs
beaucoup plus & digerôs beaucoup
mieux. Bartas n'a eu garde d'oublier
ce trait en sa Philosophie poëtique,
ou Poësie philosophique, parlant
ainsi de l'antiperistale:

> *C'est celle qui nous fait beaucoup plus*
> *chaud trouuer*
> *Le tison flamboyant sur le cœur de l'Hy-*
> *uer,*
> *Qu'aux plus chauds jours d'Esté, &c.*
> *Qui fait mesme que nous, qui bien-heu-*
> *reux humons*
> *Vn air sainement doux és creux de nos*
> *poulmons,*
> *Cachons dans l'estomach vne chaleur*
> *plus viue*
> *Lors que le froid Iannier sur nos climats*
> *arriue,*
> *Que quand le blond Phœbus pour vn*
> *temps se bannit*
> *De Chus, pour recourir pres de noftre*
> *zenit.*

Diuision & distinction des meteores.

CHAP. III.

Sommaire.

Les meteores s'engendrent d'exhalai-sons ou vapeurs. Ces exhalaisons quel-quefois s'embrasent, soit en la moyenne re-gion de l'air, soit en l'inferieure : & de là naissent les Cometes, foudres, le feu Saint Elme, &c. Quelquefois ne s'embrasent pas la matiere n'y estant pas disposée, & de là viennent les vens. Des vapeurs s'engendrent les impressions aqueuses, com-me la pluye, la gresle, la neige, la rosée, la gelée, &c.

I. Ovs auons desia dit que les meteores s'en-gendrent ou des exha-laisons, qui sont chau-des & seches : ou des Vapeurs qui sont chaudes & humi-

des:chaudes, di-je, ou pluſtot eſchau-
fées accidentairement. Maintenant
il les nous faut encore ſubdiuiſer &
diſtinguer plus particulieremēt par
quelques proprietés qui font differer les eſpeces les vnes des autres.

De ces meteores donc qui s'en- **II.**
gendrent d'exhalaiſons les vns ſont
vrayement, les autres ſeulement en
apparence.

De ceux qui ſont vrayement les **III.**
vns s'engendrent en la moyenne region de l'air, les autres en l'inferieure & plus baſſe:& les Cometes ſeuls
s'engendrent en la ſupreme region
de l'air ſelon la commune opinion.

De ceux qui s'engendrent en la **IV.**
moyenne region de l'air les vns s'ĕ-
flamment & embraſent, les autres
non.

Ceux qui s'enflamment & em- **V.**
braſent sōt d'vne matiere plus graſ-
ſe, craſſe, huileuſe, & gluante, cōme
les Cometes, & les autres impreſſions ignées dont nous parlerōs tā-
toſt.

Ceux qui ne s'enflamment point **VI.**
ſont d'vne matiere plus deliée, ſub-

tile, & moins susceptible de la chaleur & de la fláme, comme les vens
& les tourbillons: bien que les tourbillons s'enflamment quelquefois
estant fort agités.

VII. Ceux qui s'engendrent en l'inferieure region de l'air paroissent en
la mer ou sur la terre. En la mer, cõme ces feus subtils & volages qui
voltigent par le mas & antennes des
vaisseaux. Sur la terre, comme ces
feus qui paroissent quelquefois pres
des sepulcres & voirries, à cause des
exhalaisons grasses & huileuses qui
en sont attirées par le Soleil, & estát
agitées par quelque tourbillõ auant
que s'esleuer fort haut, s'enfláment.
Quelquefois aussi de telles exhalaisons s'enflammét à l'entour de ceux
qui courét à cheual, par l'agitation
de l'air.

IIX. Des meteores qui s'engendrent
des vapeurs il y en a aussi plusieurs
sortes: mais nous les raporterons
à deux chefs principaux, les distin-
gant seulement par les lieux esquels
ils s'engendrent. Car les vns s'engendrent en la moyenne region de

l'air, d'vne grand' quantité de matiere, comme la pluye, la neige, la grefle: les autres d'vne moindre quantité de matiere en l'inferieure, comme les broüées, la rosée, & la gelée.

Il y a aussi des mineraux qui s'en- **IX.**
gendrent dans les entrailles de la
terre, presque de mesme matiere
que les meteores : desquels nous
traicterons aussi en suite, sans qu'il
soit besoign de les cõfondre ici auec
les vrais meteores : lesquels estant
distingués en la maniere que dessus
il faut maintenant monstrer comment est-ce qu'ils s'engendrent non
sans grand' admiration des ignorās
qui en conçoiuēt d'estrāges erreurs,
& bien souuent des terreurs. Commençons donc par ceux qui s'enflā-
ment en la plus haute regiõ de l'air
& durent plus long temps, qui sont
les Cometes.

Des Cometes.

CHAP. IV.

Sommaire.

I. *La matiere des Cometes.* II. *Erreur de Seneque & autres qui ont estimé que les Cometes fussent des vrayes estoiles.* III. *Comete en Grec signifie cheuelure: & pourquoy ce nom est attribué aux Cometes.* IV. *Que la durée des cometes est indeterminée & incertaine.* V. *Que les Cometes presagent des mal heurs.* VI. *Pourquoy les Cometes presagent la mort des grands personnages & autres malheurs.* VII. *Pourquoy encore particulierement la mort des grands Rois plustost que du populaire.*

I. Es Cometes sont d'vne matiere chaude & seche, mais crasse, & comme grasse, huileuse, viscuse & gluante; qui est cause qu'elle retient plus lōg temps

temps le feu:& selon qu'elle est plus
ou moins espesse, elle est aussi plus
ou moins claire.

Or par ce que les Cometes sont   II.
plus fort haut esleués en l'air & se
remüent au branfle des corps celestes qui entrainent quand & eux &
le feu elementaire & l'air superieur:
& que d'ailleurs par le moyé de leur
flamme ils representét comme vne
vraye estoilé, plusieurs anciens Phi- *Senec.*
losophes, & mesmes Seneque, & le *lib.7.me-*
vulgaire ignorant encore aujour- *tar.q.*
d'huy les prend pour des vrayes e-
stoiles. Mais céte ignorance est trop
grossiere: veu que les estoiles sont
toutes és Cieux, & les Cometes en
l'air beaucoup plus bas que la Lu- *Reginée.*
ne, ainsi qu'on demonstre par les in- *de Com.*
strumens astronomiques.   Ioinct
que les estoiles suiuent tousiours
vne mesme route, ne se diminüent
point, & ne se changent ny consu-
ment auec le temps, comme font les *Arist.c.3*
Cometes: qui descendent mesmes *l.1.mete.*
quelquefois estát attirés enbas par la *& c.1.li.*
matiere, cóme par vn appast, ny plus *2. de Cæ-*
ny moins que nostre feu materiel. *lo.*

Z

III. Ce mot *Comete* signifie en Grec
& en Latin *cheuelure*: parce que d'ordinaire les Cometes ont diuerses
branches, lesquelles de si loign ne
paroissent pas plus grosses que des
petits filets ou cheueux.

IV. Il y a és Cometes deux choses fort
merueilleuses, leur longue durée, &
les mal-heurs qu'ils presagent.
Pour le regard de la durée elle ne
peut estre justemét determinée, parce que cela depéd de la matiere des-
ja ramassée, & de celle qui s'y ramasse iournellement estant attraite en
haut, comme nous auons dit ci dessus. Pline tient que les Cometes
pour le plus durent octante jours,
& pour le moins sept. Seneque remarque que celle qui preceda la
mort de Neron parut six mois durant: & Iosephe escrit que celle qui
menaça la ville de Hierusalem de sa
totale destruction & desolation extreme, flamboya au dessus de céte
mal-heureuse ville l'espace d'vn an
entier auant que Titus la vint assie-
ger.

V. Que les Cometes soient des si-

Plin.c.15
li.2.nat.
hist.
Sene. ca.
12.lib.7.
nat.quæ.
Ioseph.li.
7.de bello
Iud.

gnes prodigieux & presages certains
de la mort de quelque grãd Monar-
que, Roy, ou capitaine, de la guerre,
de la peste, de la famine, tous les bõs
auteurs l'ont obserué de tout tẽps.
Quoy? le vulgaire mesme tient cela
pour chose si certaine que du temps
de Neron vn Comete ayant com-
mẽcé de paroistre, le peuple Romain
(cõme recite Tacite) soudain s'en es-
meut, & ne s'ẽtretenoit d'autre chose que de celuy qui deuoit luy succe-
der à l'Empire. Nous lisons en l'hi-
stoire de Frãce que peu de tẽps auãt
la deffaite tant celebre des Sarrazins
par ce grãd Capitaine Charles Mar-
tel, où ce qu'il en demeura plus de
trois cens soixãte 15. mille de tués sur
laplace, deux Cometes parurent l'vn
qui suiuoit le Soleil leuãt au matin,
l'autre le couchant sur le vespre. Et
par ce que toutes les histoires de
tous les peuples sont pleines de tels
prodiges, ie n'ay que faire d'en raporter d'autres exemples, ains diray
seulement auec le poëte Pontanus
parlant des Cometes à l'imitation
de la Sybille,

Pontan.
l.meteor.

Et nous vont menaçant de tumultes, d'a-
   larmes,
De guerres, de combats, & martiaux
   vacarmes,
De la destruction de maintes nations
De la mort des grands Rois, & de seditiõs.

VI.

Mais pourquoy est-ce qu'ils presagent tous ces mal-heurs, certes
c'est vne chose bien occulte & secrete : & pour en dire sainement ce
que i'en croy, il faut raporter tous
ces signes-là aux menaces de la ven-
geance diuine : laquelle nous veut
aduertir auant que punir. Toutefois
entãt que la raison naturelle le nous
peut dicter, il semble que les Cometes ne se peuuent engendrer ny
engendrés se conseruer & nourrir
long téps sans vne tres-grand' quantité d'exhalaisons, de l'attractiõ desquelles la terre est fort dessechée par
des chaleurs extremes, & les corps
humains mesmes se ressentent de
céte aridité : de maniere que les
fruits de la terre se perdent la pluspart à faute d'humidité suffisante : &
le peu qui reste ne sçauroit paruenir
à vne parfaite maturité, & n'est ny

bien assaisonné ny sauoureux : &
de là s'ensuit la cherté & la famine : & de la cherté & famine vne
mauuaise nourriture : & de la mauuaise nourriture, l'intemperature de
l'air y contribuant d'ailleurs, s'ensuit ordinairement la peste, & plusieurs autres maladies aguës & mortelles, dont nous sommes affligés.
Et tout cela fait encore que nous
sommes melancholiques, chagrins,
prompts aux querelles, guerres &
seditions : qui nous apportent toutes sortes de malheurs.

VII.

Mais encore pourquoy est-ce que
l'experience de tant de siecles a fait
voir que les Cometes sont particulierement messagers certains de la
mort prochaine de quelque grand
Roy ou Capitaine? La raison de ceci
est ou que les courages des plus
grands sont aussi plus susceptibles
de toutes impressions, & viuât plus
delicatement, sont plus subjets aux
maladies aguës: ou bien que les mal-
heurs du populaire ne sont ny remarqués ny remarquables comme
ceux des grands & notables person-

nages : qui est cause que les Cometes patoissant on les menace plustot
que les autres. Suetone recite qu'a-
uant la mort de Vespasian vn Comete apparut, & comme ses amis en
fussent effrayés : il ne faisoit que s'en
mocquer disant que ce n'estoit pas
luy qui en estoit menacé, ains le Roy
des Parthes qui portoit la chevelure
longue, comme le Comete. Toutefois il mourut luy-mesme bien tost
aprés.

Sueton.
in Vesp.

Du Tonnerre, esclairs,
& foudre.

CHAP. V.

Sommaire.

I. *comment le Tonnerre, l'Esclair, &*
le Foudre s'engendrent. II. *Que le Ton-*
nerre precede l'esclair, quoy que nous ap-
perceuions l'esclair le premier : & comment
cela se fait. III. *Les Payens ont attri-*
bué le foudre & le tonnerre à Iupiter.
IV. *Comparaison du tonnerre auec l'es-*
clat des canons & harquebouses. V. Il

y a trois sortes de foudre: & les admirables effects du foudre le plus subtil.

Ors que l'exhalaison de laquelle nous auõs des-ja parlé est surprise entre des nuées froides, & là serrée & pressée, elle fuyant son contraire bande toutes ses forces pour se donner voye à trauers les nuées dont elle est assiegée: ny plus ny moins que ceux qui sont dans vne place reduits à l'extremité & au desespoir font vne saillie & vn dernier effort pour se sauuer à trauers leurs ennemis. Ce que Bartas a descrit elegamment en ces vers:

La froide exhalaison se voyant reuestuë
De la froide espesseur de cste humide nuë
Renforce sa vertu redouble ses ardeurs
Et re-jointe fait teste aux voisines froi-
　　　　deurs.

Or cela ne se peut faire sans rompre & creuer la nuée auec vn esclat que nous appellons le tonnerre : & en sortant ainsi auec effort par la rencontre, allision & conflict de la nuée

Arist. et vlt. l. 2. meteor.

Z iiij

l'exhalaison s'enflâme & céte flamme s'appelle *esclair*: & si elle descend
ça bas nous l'appellons *foudre*.

II.

Et quoy que céte flamme paroisse
la premiere, si est-ce qu'elle suit le
bruit & l'esclat du tonnerre: & neât-
moins nous la voyons plustot que
nous n'oyós le tonnerre, par ce que
la veuë est vn sens beaucoup plus
subtil que l'ouïe : ainsi que dit tres-
bien Horace,

Horat.li.
De arte
poët.

> *Des oreilles l'object est bien plus tard receu*
> *Que ce qui est des yeux clairs-voyans ap-*
> *perceu.*

Lucret.
lib. 6. de
natura.

Ce que Lucrece nous apprend par
vne experience assez familiere: C'est
que si quelqu'vn coupe du bois
loign de nous, nous voyons donner
le coup auant que le bruit paruien-
ne à nos oreilles : de maniere que si
le bruit du tonnerre est ouï en mesme temps que l'esclair esblouit nostre veuë, c'est signe que cela est bien
bas & bien pres de nous, & non sans
danger.

III.

Ce bruit entre les Payens estoit
trouué si estrange qu'on attribuoit
le foudre & le tonnerre à Iupiter

souuerain des Dieux : auquel propos Ouide disoit ainsi :

Si à toutes les fois que les hommes offencent,   Ouidi.
Le souuerain Iupin, ses rudes bras eslancent,   2. Tri.
Des dards tous flamboyans & des foudres
    sur eux
Il se verra bien tost sans armes & sans
    feus.

Mais nous qui auons vne experience trop ordinaire & familiere   IV.
des armes à feu, esquelles vne bien
petite quantité de poudre allumée
repoussant à force l'air hors du canon pour donner voye libre à sa flã-
me fait vn si grand esclat, ne deuons
pas admirer beaucoup ces autres
tintamarres des feus qui s'enflãm-
ment en l'air d'vne grand' quantité
de matiere aucunement sulphurée
(comme son odeur le fait remarquer) laquelle auec vn tres-grand   V.
effort fait bresche à la nuée pour se   Arist. cõ
donner vn air libre.   1 l. 3.

    Aristote, Seneque, Pline & les   Meteo.
autres qui en ont escrit apres eux,   Sene. l. 2.
distinguent les foudres en trois sor-   nat. quæ.
tes.   Plin. c. 5 et
        l. 2. hist.

    La premiere est de nature seiche
       ZZ v

& terreftre qui ne brufle pas tant
qu'elle efparpille & difsipe cequ'elle rencontre à caufe que fa matiere
eft efpeffe & grofsiere.

La feconde eft plus humide &
noircit plus qu'elle ne brufle.

La troifiefme eft d'vne foudre
ignée clair & fubtil qui produit
des effects merueilleux. Car il perce
& brife ce qu'il rencontre de plus
dur, agiffant principalement contre
ce qui luy fait refiftence. C'eft pourquoy il tue fouuent des hommes &
des beftes leur brifant les os fans
qu'au dehors paroiffe aucune cica-
trice: il rôp & fond quelquefois vne
efpée dás fon fourreau, & l'argēt dás
fa bourfe, fans que le fourreau ny la
la bourfe foient rompus ny gaftés: il
tue l'enfant au ventre de la mere sãs
offenfer aucunement la mere. Il fait
Lucra. efcouler (dit Lucrece) tout le vin du
lib. 6. muy fans le rompre ny entr'ouurir
ou creuaffer, au côtraire d'vne autre
experience de Seneque, qui raporte
que le vin touché de ce foudre demeure quelqnefois comme conge-
lé trois jours apres que le vaiffeau

est fracassé : lesquels effects sont ele-
gāment exprimés par nostre Poëte.

Son incroyable effort peut briser tous
nos os
Sans blecer nostre peau, peut fondre l'or
enclos
Dans vn auare estuy, sans que l'estuy se
sente
Interessé du choc d'vne ardeur si puis-
sante :
Peut tronçonner l'estoc sans sa guaine tou-
cher :
Peut foudroyer l'enfant sans entamer la
chair
Ni les os, ny les nerfs de la mere eston-
née,
Que sa charge elle void plustot morte que
née :
Foudroyer les souliers sans les pieds offen-
ser,
Et vuider de liqueur le muy sans le per-
cer.

Ie veux encore adjouster vn plai-
sant & facetieux effect du foudre que
ce Poëte recite en suite sur ce mesme subject.

Mes yeux jeunes ont veu mille fois vne

femme,

A qui du Ciel tonnant la fantastique
flamme,
Pour tout mal, ne fit rien, que d'vn rasoir
venteux,
Dans moins d'vn tourne-main, tondre le
poil honteux.

Celle-là en eut meilleur marché,
qu'vne fille Romaine, laquelle (ainsi
qu'escrit Orose) ayant esté abbatuë
du cheual à terre d'vn coup de foudre, ne fut aucunemēt trouuée bles-
sée au dehors: mais (chose estrange)
le foudre estant entré par sa bouche
luy arracha la langue, & luy fit sortir
aux parties honteuses.

Oros. l. 5.
cap. 15.

Des diuerses flammes qui s'engen-
drent en l'air.

CHAP. VI.

Sommaire.

Ciel semblent estre embrasés. III. *Pour-*
quoy cela arriue plustot la nuict que le jour.
IV. *Du feu appellé Castor & Pollux, ou.*
le feu S. Elme. V. *Des flammes qui pa-*
roissent au haut des picques des soldats
quand ils marchent pendant les nuicts fort.
chaudes. VI. *Ou sur la teste des cour-*
riers. VII. *Ou pres des cemetieres.*

E s Cometes , les   I.
tonnerres , les es-
clairs & les foudres
s'engendrent d'vne   *Arist. c.*
exhalaison espesse   *4. lib. 1.*
condensée & serrée: *Meteor.*
mais il y a encore d'autres exhalaisons rares, & esparses lesquelles à.
céte cause ne durét gueres & ne font
point de bruit lors qu'elles s'enflã-
ment & embrasent : & selon que la
matiere est plus ou moins esparse
ou serrée, elles ont diuerses figures,
& de là reçoiuent diuers noms : cõme laces, dards, poutres, flambeaux.
allumés, colomnes ardentes, verges,
espis, estoiles roulantes ou volan-
tes, cheures sautellantes, dragons, &
ainsi d'autres diuers noms selon les

choſes qu'elles repreſentent. Ce
que noſtre Poëte a doctement deſ-
crit en ces vers:

Selon que la vapeur eſt eſparſe ou ſer-
rée,
Qu'elle eſt ou lõgue, ou large, ou ſpherique,
ou quarrée,
Egale ou non egale, elle figure en l'air
Des pourtraits qui d'effroy font les hommes
trembler.
Vn clocher tout en feu ici de nuict flam-
boye,
Ici le fier dragon à replis d'or ondoye,
Ici le clair flambeau, ici le traict volant,
La lance, le cheuron, le jauelot bruſlant
S'eſclatent en rayons: & la cheure parée
De grands houpes de feu, ſoubs la voute æ-
therée
Bondit par cy par là.

II.   Mais quelquefois il y a ſi grand'
quantité de céte matiere qu'il ſemble que l'air & les Cieux ſoient du
tout embraſés. Ce qui dõne vn hor-
rible effroy à ceux qui en ignorent la
cauſe.

III.   Et bien que tels embraſemens
ou inflammations n'arriuent gueres que la nuict à cauſe que le Soleil

les dissipe le jour ou comme estant le plus lumineux de tous les flambeaux celestes, obscurcit & offusque leur clarté, aussi bien que celle des estoiles : si est-ce que lors que cela se fait prez de nous, il est assez visible. Nous lisons que Germanicus Cæsar faisant exhiber des jeux publiques à Rome vne flamme ardente outrepassa , comme en escumant , au deuant de l'assemblée auec grand estonnement de tout le peuple.

Plin. ca. 26. lib. 2 natur. q.

IV.

Ces mesmes inflámations paroissent quelquefois à l'entour des vaisseaux sur la mer : lesquelles estoient appellées des anciens payens *Castor & Pollux*, s'il y en auoit deux, & estoient prises pour vn heureux presage : & s'il n'y en auoit qu'vne, elle estoit appellée *Helene*, & estimée signe mal-heureux. Les Chrestiens les appellent *le feu S. Elme*, sans adjouster foy à ce que les Payens presageoient de ce qu'elles paroissoient deux ensemble, ou vne seule. Car tout ce que nous en pouuons dire par raison naturelle c'est que telles

inflammations sont touf-jours dã-
gereuses à se prendre au vaisseau &
l'embraser, ainsi que Pline remarque. Quand elles voltigent à l'entour du vaisseau ce ne peut aussi e-
stre qu'vn signe de l'esmotion & agitation de l'air, & presage de tempeste : mais si elles s'arrestent coy aux
antennes c'est au contraire vn certain presage du calme, l'air n'estant
point esmeu ny agité de vens ny de
tourbillons.

V.   De pareilles flammes se perchent
quelquefois en guerre au haut des
picques des soldats, mesmement
lors qu'é temps fort chaud ils marchent le soir ou la nuict en esqua-
drons serrés, ces longs bois (à mon
aduis) rencontrant de telles exhalaisons aisées à embraser par la seule
agitation de l'air.

VI.   Quelquefois aussi cela se void à
l'entour de ceux qui courent à cheual pendant les nuicts fort chaudes
en Esté, pour la mesme raison que
dessus.

VII.   Mais plus ordinairement on
apperçoit des inflammations sur

les cemetieres ou voiries d'où ce
que s'esleuent des exhalaisons fort
grasses & huileuses, & par consequent susceptibles du feu, &
fort aisées à s'embraser: desquelles
s'engendrent aussi sur la face de la
terre des vermisseaux luisans & flã-
boyans comme du feu.

V oilà pour le regard des flammes
qui paroissent & sont vrayement en
l'air : Disons maintenant quelque
chose de celles qui ne sont point, &
neantmoins paroissent, ou s'enten-
dent auec admiration & effroy de
ceux qui en ignorent les causes.

Des choses qui paroissent ou s'enten-
dent en l'air, bien que vraye-
ment elles ne soient point.

Chap. VII.

Sommaire.

I. *Plusieurs choses apparoissent en l'air*
autrement qu'elles ne sont vrayement.
II. *La cause des fosses & entr'ouuertures*

qui paroiſſent au Ciel. III. *La cauſe des diuerſes couleurs qui paroiſſent en l'air & aux nuées.* IV. *Pourquoy le Ciel ſemble quelquefois tout embraſé, & quelquefois tout enſanglanté.* V. *Des ſons & bruits qu'on entend en l'air.* VI. *Comment les diuerſes couleurs des nuages preſagent temps ſerain ou pluye.*

I.
Vand ie dis que pluſieurs choſes apparoiſſent en l'air qui n'y ſont pas vrayement, ie n'entens pas qu'il n'y ait du tout rien : mais que ce qui paroit n'eſt pas tel qu'il ſe repreſente à nos yeux : comme les cauernes & foſſes profondes qui ſemblent entr'ouurir le Ciel, les diuerſes couleurs des nués & de l'arc au Ciel, les couronnes & ronds à l'entour du Soleil, de la Lune, ou de quelque autre eſtoile, pluſieurs Soleils ou pluſieurs Lunes, la face de la Lune, la voye de laict ou cercle blanc, le ſon des trompetes, & bruit des tabours, & pluſieurs autres ſemblables objects de noſtre veuë ou de noſtre ouye.

Ariſt.ca.
5.lib.1.
& ca.2.
li.3.
Meteor.

Or ces entr'ouuertures ou fosses II.
qui paroissent au Ciel viennent de
ce que la nuée estant fort espesse &
crasse au milieu, & rare & simple sur
les bords, le Soleil donnant dessus,
ses rais percent aisément les bords
ou extremités de la nuée & ne la
pouuant penetrer au milieu à cause
de son espesseur, ce milieu de la nuée
demeure sombre & obscur, de sorte
que cela represente comme vne fosse ou vne cauerne tenebreuse au
Ciel. Car cela est tout notoire que
les choses blanches, claires & lu-
mineuses semblent estre plus pres
de nous que les noires & sombres.
C'est pourquoy les peintres pour representer les parties rehaussées d'vn
corps, comme le nais ou les muscles
les peignent de blanc ou de quelque
couleur approchante du blanc, &
les bordent de noir ou de quelque
couleur obscure : & pour representer vn puis, vn creux, ou vne fosse ils
font tout au contraire peignans les
bords de blanc & le milieu de noir.

Les diuerses couleurs qui parois- III.
sent en l'air viennent aussi de ce

qu'entre noſtre veuë & certaines exhalaiſons embraſées il y a quelque
nuée eſpeſſe & ſombre : de maniere
que quand nous regardons ces flammes à trauers la nuée il nous ſemble
voir diuerſes couleurs : mais plus
communement vne couleur rou-
geaſtre ou zizoline, & quelquefois
bluaſtre, lors que la nuée eſt plus humide : leſquelles couleurs s'engendrent par la confuſion de la lumiere & des tenebres. Ce que meſmes nous voyons par experience
ordinairement en nos foyers. Car
ſi la fumée en eſt eſpeſſe, la flamme dõnant dedans nous y fait veoir
ces meſmes couleurs. Nous l'eſprouuons auſsi au col d'vne colombe ou d'vn paon, ou meſme en vn
drap de ſoye de pluſieurs couleurs :
car toutes ces choſes reçoiuent encore d'autres diuerſes couleurs ſeló
la reflexion de la lumiere.

IV.   Que ſi la matiere embraſée qui eſt
au deſſus de la nuée, à trauers laquelle nous regardons en haut, eſt en
grand' quantité & rare, il nous ſemble voir auſsi que tout le Ciel eſt

embrasé, & si elle est fort espesse &
crasse il nous semble tout ensanglá-
té:dont Pline remarque vn exemple
aduenu du temps de Philippe Roy
de Macedoine pere d'Alexandre le
grand. Mais ce n'est pas chose si rare que chascun en peu d'années ne
l'ait peu voir quelquefois, mesme-
mént ceux qui se tiennent l'Esté aux
champs.

    Quant aux sons esclatãs ou bruits V.
sourds, il y en a sans doubte bien
souuent en l'air lors que l'exhalaisõ
pressée & serrée dans les nuées froides se donne voye à force les rom-
pant & deschirant cõme nous auons
dit ci-deuant du tonnerre. Toutefois le vulgaire ignorant craintif &
superstitieux croit que ce sont des
vrais sons de trompetes & bruit de
tabours messagers certains d'vne
prochaine guerre, & s'imagine dans
l'air és diuerses figures des nuages
des armées rangées en bataille, &
des choses effroyables & horribles
selon la crainte ou l'apprehension
qu'il en conçoit.

    Or quand le Ciel semble noir à VI.

cauſe de l'eſpeſſeur des nuées pleines d'humidité, ou paſle, par ce que
ce ſont des vapeurs non encore ra-
maſsées & condenſées c'eſt ſigne de
pluye. Le matin le Soleil rouge ou
pourpré preſage pluyes ou vens) par
ce que cela monſtre qu'il y a deſja
de la matiere en l'air qui s'y diſpoſe;
Le ſoir au contraire c'eſt vne remarque de beau temps & ſerain : par
ce que céte rougeur denote que
les nuées à trauers leſquelles nous
voyons la clarté du Soleil, ne ſont
gueres eſpeſſes ainſi preſque diſſipées
par la chaleur de ce iour-là. Le Ciel
paroiſſant clair & orangé ne preſá-
ge gueres pluye, ains pluſtoſt ſere-
nité de temps, ou bien des vens : par
ce que céte couleur-là monſtre qu'il
y a des exhalaiſons chaudes, ſeches
& ſubtiles, qui ſont la matiere des
vens, comme nous dirons en ſon
lieu.

Pour le regard des verges, des
couronnes ou ronds qui paroiſſent
à l'entour du Soleil & de la Lune ou
de quelque eſtoile, enſemble deſla
fauſſe apparéce de pluſieurs Soleils,

ou Lunes, & de la face de la Lune,
de l'arc-en Ciel, de la voye de laict
ou cercle blanc, il en faut particulierement discourir.

---

*Des verges, couronnes ou ronds qui
paroissent à l'entour du Soleil ou
de la Lune, ou autres estoiles, des
faulses apparences de plusieurs
Soleils ou Lunes, de la face de la
Lune.*

Chap. IIX.

Sommaire.

I. *La cause des verges qui paroissent en
l'air.* II. *La cause des couronnes ou ronds
qui paroissent à l'entour des astres.* III.
*Pourquoy aucunefois ne paroist qu'vn
demi-rond.* IV. *La cause des Parelies
& Paraselines, ou faulses apparences de
plusieurs Soleils & Lunes.* V. *Pourquoy
ces couronnes & parelies paroissent plustot
à l'entour de la Lune que du Soleil.* VI.
*Comparaison de la reflexion des nuées à la
reflexion de l'air.* VII. *Estrange foiblesse*

de la veuë d'un homme qui voyoit son image deuant soy en l'air. IIX. *Opinion superstitieuse touchant les presages des parelies & paraselines.* IX. *La cause des taches ou face qui paroit au rond de la Lune.*

I. QV A N D les rais Solaires passent à trauers vne nuée qui n'est point également espesse, ny egalemét vnie, ny gueres humide, il semble qu'elle soit descoupée à lambeaux & en longues pieces receuant la clarté en quelques parts,& demeurant sóbre en d'autres:lesquelles parties esclairées ont pris leur denominaison des verges,barres, ou bastons qu'elles representent.

II. La couronne qui se void quelquefois à l'entour du Soleil, de la Lune, ou de quelque autre estoile, vient de ce que certaine nuée qui est egalement condensée, neantmoins assez rare & simple, estant iustement opposée à la face du Soleil,de la Lune, ou de quelque autre estoile, & se rencontrant entre nostre aspect &

l'astre

l'astre qui darde sur elle egalement ses rais, par la reflexion de nostre veuë, il y paroit comme vn cercle ou rond que les Grecs appellent *halo.* C'est ce que Bartas a descrit en ceste sorte.

  ------ *Quelquefois ie voy naistre*
Vn cercle tout en feu des rais clairement
   beaux,
De Phœbus, de la Lune, & des autres
   flambeaux,
Qui regardans à plomb sur le dos d'vne
   nue
Egalement espesse & de ronde estendue,
Et ne pouuant faucer l'espesseur de son corps
En couronne arrondis se respandent aux
   bords.

Que si la nuée ne couure pas en- III. tierement toute la face de l'astre, il n'y paroistra qu'vne partie du rond, comme vn arc : mais c'est tousiours en figure rőde en tout ou en partie, par ce que les astres mesmes sont ronds. Car quand on les peinct auec des poinctes, c'est pour mon-strer qu'ils brillent & en brillant es-pandent leurs rayons de tous costés comme en poincte.

IV. Quant aux faulses apparences de
plusieurs Soleils, Lunes, ou autres
astres, elles procedent de ce que la
nuée qui leur est obliquemēt & non
pas à droit fil opposée, estāt aqueuse & disposée à se resoudre en pluye,
& par ce moyen toute egale, vnie &
& susceptible de l'impression des
figures, comme vn miroüer, le Soleil, la Lune, ou autre estoile donnant dessus y empreint si naifuemēt
sa figure par le rebat ou reflexion de
ses rais qu'il est mal-aisé à discerner
lequel des deux est le vray astre. Ce
que le mesme Bartas exprime gentiment en ces vers:

D'autre-part si la nuë est assise à costé
Non soubs, ou vis à vis, soit de l'astre ar-
    genté,
Soit du doré brandon, & l'vn & l'autre
    forme
Par vn puissant aspect sa double ou triple
    forme
Dans le nüage vni &c.

Or cela ne se peut faire ainsi sans
vne grande disposition de la nuée:
car si elle est trop crasse & espesse,
les rais des astres ne la sçauroient il-

luftrer:& fi elle eft trop deliée & rare,ils la penetreront & diffiperont.
Les Grecs appellent proprement
telles faulfes apparences du Soleil
Parelies, & celles de la Lune *parafeli-*
nes: car en leur langue *para* veut dire
pres: & *helios* fignifie Soleil: & *seline*,
la Lune. Pline efcrit qu'il s'en repre-   *Pli.c.17.*
fente quelquefois iufques à trois,   *l.2. histo.*
fans plus, compris le vray Soleil ou   *natur.*
la vraye Lune.

Et ces couronnes & parelies pa-   V.
roiffent plus fouuent à l'entour de
la Lune, que du Soleil par ce que les
rayons du Soleil eftant plus forts
diffipent plus aifément tels nüages.

Or cela ne doibt pas sébler eftrange puis que nous pouuõs voir & no˵   VI.
mirer pour la mefme caufe dãsl'eau,
par la reflexion de noftre veuë : ainfi
que le berger Virgilien dit auoir
quelques-fois efprouué , parlant
ainfi,

Ie ne fuis pas trop laid:car ie me vis n'a-
guere   *Virg. 2.*
    ecloga.
Me mirant clairement au bord de la ri-
uiere.

Aa ij

VII.   Ariſtote eſcrit meſmes qu'vn
certain homme auoit la veuë ſi foible qu'il voyoit touſiours ſon image au deuant de ſoy-meſme: par ce
que l'air eſtoit à celuy-là ce que l'eau
eſt aux clair-voyàns.

IIX.   Vn nouueau Phyſicien François
a eſcrit que céte couronne ou halo
paroiſſant en temps ſerain àl'entour
du Soleil, preſage changement de
Roy & de courōne en quelque royaume: mais n'en rédant ny pouuant
rendre raiſon, ie croy que c'eſt vne
opinion ſuperſtitieuſe.

IX.   Au demeurant pour la queſtion
propoſée touchant les taches ou face qui paroit au rond de la Lune, au-
cūs en ont raporté la cauſe aux meteores, eſtimant que cela vient de
certaines vapeurs attirées par la Lune, qui la ſuiuent touſiours, & qu'é-
ſtant diſſipées d'autres ſuccedent en
leur place par la continuelle attra-
ction de cét aſtre: & que regardant
à trauers ces nuages non encoreſer-
rés & condenſés ains eſpars ça & là,
ils nous empechent de voir clairement toute la Lune & ſemble que

Pline ait esté de céte opinion.
Mais il n'y a point d'apparence en
céte raison : d'autant qu'il n'est pas
possible que ces nuages demeuras-
sent tousiours d'vne mesme sorte;
ains nous empecheroient de voir
la Lune tantost plus tantost moins.
Plutarque en vn traicté qu'il a fait
sur ce subjet en rend plusieurs causes, la pluspart encore plus impertinentes que la precedente. Les com-
métateurs d'Aristote apres en auoir
fait vne exacte recherche se rangent
presque tous à l'opinió d'Auerroës
qui tiét que la Lune a des parties les
vnes plus espesses que les autres : &
d'autant que celles qui sont les plus
espesses recoiuent du Soleil plus de
lumiere que celles qui sont plus rares (car de soy la Lune est opaque &
sombre:) il aduient que nous voyós
clairement les vnes non pas les autres.

Plin.c.9. l.2.hist. nat.

in c.8.l.2 de Cælo.

De l'Iris ou arc-en Ciel.

Chap. IX.

Aa iij

Sommaire.

*I. L'Iris a pris son nom de l'air, &
fut appellée fille de l'admiration par les
anciens. II. La cause de l'Iris : & de ses
diuerses couleurs. III. Comment est-ce
que deux ou trois arcs paroissent quelquefois ensemble. IV. Pourquoy est-ce que
l'Iris paroit en demi-rond. V. Si l'Iris
présage beau temps ou pluye. VI. Si l'I-
ris paroissoit auant le deluge.*

I.

*Plato in
Theat.*

L'Iris qui a pris son nom
de l'air, comme qui di-
roit *aëris*, selon Isidore,
& est communémét ap-
pellée à cause de sa figure *arc-en ciel,*
fut trouuée chose si admirable par
les premiers hommes qu'ils la dirét
estre fille de l'admiration. Toutefois elle ne nous semblera pas chose
si admirable ny si estrange si nous
nous ressouuenons de ce que nous
auons dit ci-deuant touchant les
couleurs qui paroissent en l'air : car
les diuerses couleurs de l'Iris paroissent pour les mesmes causes que

nous auons là deduites.

L'Iris donc se represente en l'air **II.**
lors que nous regardons le Soleil à
trauers vne nuée creuse & neantmoins transparente deuers nous à
cause qu'elle est rosoyante & disposée à se dissoudre en pluye: & grossiere du costé du Soleil, en sorte que *Arist.c.*
ses rayons ne la puissent penetrer. *4. &5.*
Car en céte façon nous y voyons *lib. 3.*
trois couleurs principales, l'orangé *Meteor.*
ou zizolin, le verd de mer, & la pour-
pre : & du meslange & confusion
de ces trois couleurs à cause de la reflexion de la lumiere du Soleil & de
nostre aspect, s'en presentent encore confusement d'autres : tout ainsi
que i'ay dit ci-dessus qu'au col d'vne
Colombe ou d'vn Paon ou mesme
en vn tafetas changeant, selon qu'il
reçoit la lumiere, s'y representent
encore diuerses couleurs qui naissent du meslãge de celles qui y sont
vrayement. Le mesme se void aussi
par experience le soir à la chandelle
mesmement en temps humide.

Quand la nuée est bien claire & **III.**
crystaline il aduient souuentque par
A a iiij

la reflexion & rebat de la lumiere
deux arcs opposites bigarrés aussi
de diuerses couleurs paroissent en
l'air: mais cela arriue encore plustot
lorsque le Soleil darde ses rais sur
deux nuées opposites & disposées
comme dessus à receuoir les mesmes impressions: de maniere qu'aucunefois s'en represente vn troisiesme arc par la reflexion des autres.
Mais tousiours ceux qui viennent
de la reflexion des autres ont les
couleurs haues & moins viues que
ceux qui reçoiuent directement la
clarté du Soleil. Bartas depeint ainsi
l'Iris en ces vers.

Mais quand vers son declin du Soleil le
    visage
Flamboye vis à vis d'vn humide nüage
Qui ne peut soustenir l'eau dont il est en-
    ceint
Plus long temps dans le flanc, sa claire face
    il peint
Dessus l'humide nüe, & d'vn pinceau
    bizarre
La courbeure d'vn arc sur nos testes bigarré
Car l'opposé nüage, & qui premier reçoit
Les traits de cet archer, les repousse tout

droit

Sur la nuë voisine, & son teint diuers mesle

Auec l'or esclatant d'vne torche si belle.

Or ces couleurs paroissent ainsi **IV.** en arc, par ce que le Soleil esclaire la nuée circulairemét & en rond : non pas qu'il puisse pourtant parfaire le rond ou le cercle entier à cause de la conuexité du Ciel : de maniere que tant plus haut le Soleil monte sur nostre horizon, d'autant l'arc paroit plus petit : mais le matin & le soir il paroit plus grand, pour la mesme cause qu'on void les ombres plus grandes le matin & le soir que vers le Midy.

Mais si l'Iris ou arc-en Ciel pre-   **V.** sage temps serain ou pluuieux, les opinions en sont si diuerses qu'il n'y a pas moyen d'y asseoir jugement. Seneque dit que le matin il signifie beau temps, sur le midy pluye, & le soir tonnerre. Pline, qui à mon ad- uis en auoit mieux obserué l'incer- titude, escrit qu'il ne presage pas certainement ny serenité de temps ny pluye : toutefois que s'il est dou-

Senec. l. 1. nat. quæ. cap. 6. Plin. l. 2. hist. nat. cap. 9. Idem ibi. 18. cap. 35.

A a   V

ble il sera suiui de pluye. Et la raison
de cela me semble estre que la nuée
est fort humide & rosoyante lors
qu'vn second arc paroit par reflexion , de sorte qu'elle est proche à
se fondre en pluye. L'Escale tout au
rebours de Seneque dit auoir appris
des mariniers & des laboureurs, qui
obseruent plus diligément ces choses que nuls autres, que le matin il
presage pluye:& le soir beau temps,
comme il peut auoir ouy dire en cōmun prouerbe en Gascoigne, où ce
qu'il s'est tenu long temps , & fini
ces jours:

> *Arcolan de sé*
> *Plouge nous bé :*
> *Arcolan de matin*
> *Nou hé pas bonne fin.*

Les Theologiens sur le chap. 9.
de Genese, où ce qu'il escrit que Dieu
promit à Noë qu'il n'enuoyeroit jamais plus le deluge, & qu'en signe
de ce il mettroit son arc és nuées, fōt
céte questiō, à sçauoir-mon si l'Iris
parut jamais auant le deluge : & sōt
contraires en leurs resolutions, les
vns soustenant l'affirmatiue, les au-

tres la negatiue. Pour moy ie ne voy point de doubte ny difficulté à cela. Car le Soleil ny les corps celestes n'ayāt jamais receu alteration ny changement, & roulāt toufiours d'vne mefme façon , attirant auffi bien des exhalaifons & vapeurs des corps inferieurs deuant qu'apres le deluge : ie croy fermement que cét arc paroiffoit auffi bien deuant que Dieu fit céte promeffe, qu'apres : mais pourtant qu'il n'eftoit pas encore le figne & la remarque de la promeffe diuine.

De la Voye ou cercle de laict , dict communement, le chemin de Sainct Iaques.

CHAP. X.

Sommaire.

I. *Pourquoy le cercle dont eft queftion, eft appellé cercle de laict & chemin de S. Iaques* II. *Ariftote a eftimé qu'il fuft caufé de l'embrafement de certaines exha-*

Aa vj.

laisons. **III.** *Refutation de céte opinion*
IV. *La vraye cause de ce cercle c'est vr̄*
lumiere confuse de plusieurs petites estoiles.

I. NVl des anciens Philosophes n'a sceu cognoistre
la vraye cause de ce cer-
cle blanc qui paroit la
nuit en temps serain, que les Grecs
à cause de sa blancheur semblable à
celle du laict ont appellé *Galaxie* : &
nous en France *le chemin de S. Iaques,*
par ce qu'il semble guider de France
en Espagno vers S. Iaques de Galice
dont Ouide parloit en ces vers:

Ouid. 1. *Vn grand chemin courbé se void là haut*
Metam. *en l'air*
Aussi blanc que du laict, lors que le Ciel
est clair.

II.
Aristot. Aristote mesme qui a surpassé
cap. 8. & tous les autres en la recherche & co-
9. l. 1. gnoissance des causes naturelles, s'y
Meteo. est grandement mescompté : disant
que céte blancheur extreme n'est
autre chose que certaines exhalaisons chaudes & seches attirées de
plusieurs estoiles qui respondent à
céte plage du Ciel, au droit de la-

quelle paroit ce cercle blanc lors
que ces exhalaisons là viennent à
s'enflammer.

Mais céte opinion a esté à bon
droit reprouuée & rejettée n'estant III.
fondée ny sur raison ny apparence
de raison. Car si céte blācheur estoit
causée par l'embrasemēt ou inflammation d'aucunes exhalaisons, se-
roit-elle d'vne mesme grandeur, &
de mesme façon, en esté, en hiuer, &
de tout temps ? Seroit-il possible
que ces estoiles-là attirassent tant &
tant d'exhalaisons que mesme l'air
estant par tout ailleurs balié espuré & nettoyé, il en demeurast seulement au dessoubs d'elles ? Certes si
cela estoit il y a long temps que la
terre seroit du tout dessechée & ren-
duë inhabitable, mesmement és regions où ces estoiles-là influent dauantage. IV.

Laissant donc les erreurs des anciens nous disons que céte blācheur *scaliger*
qui paroit tout d'vn trait en ligne *exercit.*
courbée pendant les nuicts claires *7ᵃ. in*
& serenes, procede d'vne lumiere *Cardan.*
confuse de plusieurs petites estoiles,

lefquelles font en céte plage du ciel,
& ne pouuant tomber en noftre af-
pect à caufe de leur petiteffe & di-
ftance grande du Firmamét où elles
font fixes iufqu'à nous, à tout le
moins nous en voyons vne clarté
confufe. Et voilà comment ce n'eft
pas ici vn vray meteore & de la matiere des autres.

Des embrafemens du mont Ætna, & autres.

CHAP. XI.

Sommaire.

I. *Embrafemens du mont Ætna & autres montaignes vers la cofte de Sicile.* II.
*Embrafemens des môts Chimere & d'He-
pheftia en Lycie.* III. *Fontaines bruflan-
tes.* IV. *La caufe des embrafemens des
fufdites montaignes.* V. *La caufe des feus
qui fortent des fufdites fontaines.*

I.  E mont Ætna à prefent
appellé le mont-Gibel, a
efté eftimé des anciens
comme vne des merueil-

les du Monde : si bien que les Cosmographes, Philosophes, Historiés
& Poëtes l'ont celebré par leurs escrits. Il brusloit jadis incessamment
estant neantmoins tout l'hyuer cou-
uert de neiges : mais son embrasement a cessé il y a long temps : toutefois il y a encore d'autres montaignes vers la coste sicilienne & isles
voisines, où ce que les mesmes effects paroissent : comme à Strongy-
le, ou Naxe, Lipare, Brocano : lesquelles estoient à céte cause appellées Vulcanienes & sacrées à Vul-
cain Dieu du feu selõ la superstition
payenne. Vesuue pres Naples a esté
aussi fort renommée pour les mes-
mes causes : de laquelle Dion racõ- *Dio in*
pte des effects prodigieux. *Tito.*

    En Lycie est le mõt Chimere qui II.
brusle le jour & la nuict : & les montaignes d'Hephestia, qui sont d'vne
matiere toute ignée : de sorte que si
on y touche seulemét auec vn flambeau allumé elles s'embrasent soudain auec vne telle rapidité du feu,
que les pierres, & les sables mesmes
bruslent dans les ruisseaux.

III.
Plut. in
Alexan.
strabo.
lib. 1. *&*
6.*Georg.*
*Plin.l.*2.
*cap.*104.
105.
106.

En Babylone il y a certaine fontaine dont l'eau s'allume aux rayós
du Soleil. A Scandiglia, que les anciens appelloient Scantia certaine
fontaine jette du feu, qui s'amorce
de l'eau contre la nature de ces deux
elemens. Strabon, Pline, & autres
remarquent plusieurs semblables
merueilles, qu'on peut voir dans
leurs œuures: car mon but n'est pas
de faire ici l'historien, ains d'exposer principalement la cause de tels
embrasemens.

IV.

Ces embrasemens donc viennent
de ce que les exhalaisons encloses&
serrées dans les cauernosités de la
terre taschãt à se dõner voye à force
s'allument par l'allision & attrition
de la terre & des corps qu'elles rencontrent, & vomissent ainsi du feu
par les fentes & creuasses de la terre: laquelle estant de soy souffreuse,
viscuse, gluáte & susceptible du feu
s'y entretient d'autant plus long-
temps respirant tousiours & vomis-

Georg.
Agricola
lib. 4. *de*
nat. foss.
*Inst.l.*4.

sant des flammes, des fumées & des
cendres. C'est la raison qu'en rend
Georg.Agricola, & auant luy Pom-

peius Tropus parlāt du mont Ætna,
ainsi que nous lisons dans l'abregé
de Iustin.

Pour le regard des susdites fontaines & autres semblables il faut
presupposer qu'elles coulent par vn
terroir souffreux & d'vne matiere
aisee à s'embraser: dont les plus subtiles exhalaisons sortant dans les
concauités de la terre, & s'embra-
sant comme dessus, eschaufent mesme l'eau: laquelle en est comme tiede, & de là viennent aussi les bains
naturels.

Des vents & des tourbillons.

CHAP. XII.

Sommaire.

I. *Merueilleux effects des vents.* II.
La generation des vents. III. *Pourquoy
le remuement des nuées preuiēt les vents.*
IV. *Pourquoy les vents & la pluye ne durent gueres ensemble.* V. *Que les vents
ne soiẽt pas impetueux pendant les extre-*

mes chaleurs & froideurs. VI. Qu'ils sont plus chauds ou plus froids selon les climats desquels ils soufflent vers nous. VII. Que les anciens ne marquoient pas tant de vents qu'on fait auiourd'huy. IIX. Les noms des vents en termes de marine. IX. Tous les vents dependent des 4. principaux. X. La generation des tourbillons. XI. Trois sortes de tourbillons, Ecnephias, Typhon, *&* Præster. *XII. L'vtilité des vents.*

I.

Pres auoir difcouru des impreffiõs ignées, c'eft à dire, qui tiennent du feu & de l'inflammation , il faut parler des aërienes , exemptes d'inflammation, & qui tiennent le plus de l'air : à fcauoir des vents, qui font des chofes les plus admirables de la nature, foit pour leur origine , foit pour leur remuëment , foit pour leurs effects : que les anciens ont fi admiré & redoubté tout enfemble qu'ils les ont adorés comme diuinités, leur ont dreffé des autels, & offert des facrifices. Car qui n'ad-

Plin. lib. 2.nat.q. hift. cap. 47. Sene. lib. 4. na tu.quæft. Virgil.1. Æneid.

mireroit que certaines legeres exhalaisons, comme des fumées, puissent par leur souffle esmouuoir &
agiter tout l'air, esbranler la terre
& ce qui est en icelle dedans & dehors, & faire des flots de la mer cōme des jouëts ores les eleuant en
guise de hautes montaignes, ores
les rabaissant en guise de vallées &
rases campaignes: & puis entassant
les vns sur les autres auec vn tel tin-
tamarre & tempeste qu'il semble
que tous les Elemens se doiuent
confondre & meslanger comme en
vn nouueau chaos : qui nous doibt
faire vrayement admirer, non pas
les vents, mais l'auteur de toute la
nature qui a voulu nous manifester
ses merueilles en choses d'vne matiere si legere, si vile & abjecte.

Les vens donc s'engendrent des II.
exhalaisons ou fumées chaudes &
seches (non pas tant que celles qui
s'enflamment) lesquelles s'esleuant
haut en la moienne region de l'air
& rencontrant là des nuées froides
sont repoussées en bas par le rencontre de leur contraire, & en se re-

Arist. ca.
6. li. 2.
meteor.

tirant entrainent auec elles, à cause
de leur sympathie, les autres exhalaisons qui s'esleuoient aussi en
haut selon leur nature, & vagant
& girant ainsi en l'air le poussent &
agitent çà & là si bien qu'il est battu iusques ça bas, comme nous le
ressentons. Car tout ainsi que sur
la mer vn flot pousse l'autre iusques
au bord : ou comme quand nous
jettons vne pierre dans l'eau il s'y
fait vn petit rond au lieu qu'elle a
frappé, & de celuy-ci vn autre plus
grand, & puis encore vn autre
plus grand, & ainsi tous-jours iusqu'au bord : de mesme ces exhalaisons agitées en l'air agitent aussi
l'air mesme, lequel est encore beaucoup plus mobile que l'eau, si bien
que cête agitation paruient iusques
ça bas, les parties superieures mouuant les inferieures.

    Or ces exhalaisons, qui sont la
III. matiere des vens, ne cedent pas
pourtant soudain aux nuées qu'elles rencontrent là haut, ains les cô-
battent quelque temps taschant à
les forcer pour se faire voye &

s'esleuer plus haut : & de là vient qu'auant que nous ressentions ça bas les vens nous voyons mouuoir là haut les nuages agités par iceux.

Et d'autant que les vens sont composés d'vne matiere contrai- **IV.** re en qualités à celle de la pluye, ils ne peuuent gueres durer ensemble, ains se font guerre continuelle jusques à ce que le plus fort a destruit ou dissipé l'autre. Mais encore la pluye emporte ordinairement le dessus, si du tout le vent n'est tres-fort & muni d'vne grand' quantité de matiere.

Les vens ne peuuent non plus se maintenir contre l'ardeur des ex- **V.** tremes chaleurs, ny contre la rigueur aussi des extremes froideurs: par ce qu'ils sont dissipés par celles là, & par celles-ci congelés & resserrés auec les nuées & en fin reduites en pluye auec elles.

Ils sont plus chauds ou plus froids les vns que les autres suiuant la con- **VI.** stitution du lieu duquel ils soufflent vers nous : de maniere que ceux qui

soufflent du costé de Midy sont
chauds, & ceux qui soufflent du costé de Septentrion sont froids, & les
autres plus ou moins tēperés selon
qu'ils voisinent de plus pres les climats chauds ou froids.

VII.   Les anciens ne cognoissoient que
quatre vens principaux respondans
aux quatre plages ou coigns du
Monde, & representans les quatre
elemens en la participation de leurs
quatre qualités premieres : à sçauoir le vent de Leuant qui est chaud
& sec, comme le feu : le vent de
Midy, qui est humide & chaud,
comme l'air : le vent de Ponant,
qui est humide & froid, comme
l'eau : & le vent de Septentrion,
qui est sec & froid comme la terre:
Les François sont si peu expers à la
nauigation qu'à grand' peine peu-
uent-ils marquer par des mots propres trois ou quatre vens: tellement
que par succession de temps les hō-
mes ayant remarqué huict vens
diuers, puis douze, & despuis seize,
& les mariniers modernes les diuisant encore en trente-deux, il nous

faut setuir des noms que leur ont attribué les nations estrangeres.

Nous appellons donc à la façon XII. des mariniers le vent de Leuant *Est*: le vent de Midy, *Su* : le vent de Ponant, *Ouest* ou *VVest* : le vent de Septentrion, *Nord* : & de ces quatre vens principaux douze autres reçoiuent leur denominaison doublant ou redoublant ces mesmes noms selon qu'ils approchent des quatre susdits. Car premierement on double les noms des vens en mettant deux ensemble, pour signifier quatre vens qui sont egalemét entre les susdits 4 principaux : & appelle-on *Su-est* celuy qui est egalement entre le *Su* & l'*Est* : & *Su-ouest* celuy qui est entre le *Su* & l'*Ouest* : & *Nor-ouest* celuy qui est entre le *Nord* & l'*Ouest* : & *Nord-est* celuy qui est entre le *Nord* & l'*Est*. Apres cela il faut redoubler le nom de l'vn des deux vens, à sçauoir du plus proche pour marquer encore huict vens, nommant *Est-su-est* celuy qui est entre l'*Est* & le *su-est* : & *su-su-est* celuy qui est entre le *su-est* & le *su* : & ainsi des autres, comme nous les auons peints en la figure ci dessoubs descrite. Et pour le regard des autres seize restans qui ne sont pôint marqués d'aucun nom, les mariniers les appellent *quarts* de quelqu'vn des precedens : comme *quart d'Est* celuy qui est entre *Est* & *Est-su-est*: quart de *Su-est* celuy qui est entre *Su-est* & *Su-su-est*, & de mesme de tous les autres.

SEPTENTRION.

LEVANT

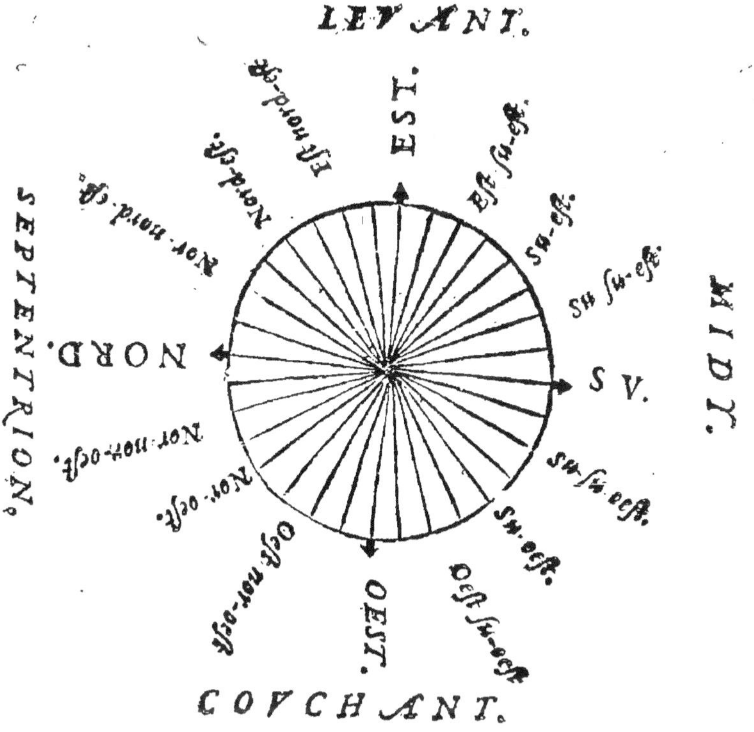

LEVANT.

EST.

Est-su-est.

Su-est.

Su-su-est.

MIDY.

S.V.

Su-su-oest.

Su-oest.

Oest-su-oest.

OEST.

COUCHANT.

Oest-nor-oest.

Nor-oest.

Nor-nor-oest.

NORD.

SEPTENTRION.

Nor-nord-est.

Nord-est.

Est-nord-est.

Bb

IX. Voilà comment on diuise & sub-
diuise maintenant les vens iusques
au nombre de trente-deux : qui se
pourroient encore subdiuiser d'a-
uantage en demi quarts de vens:
mais apres cela il est notoire qu'ils
tiennent, dependent & releuent
tous des quatre premiers. Ce que
Bartas à bien obserué disant ainsi
sur ce subjet,

Non que iusqu'à present nous n'ayons ap-
perceu
Plus de vens que l'Ouest, le Nord, l'Est,
& le Su.
Celuy qui void sur mer or l'vn or l'au-
tre pole
En marque trente-deux sur la docte bouf-
sole :
Bien qu'ils soient infinis comme infinis les
lieux
D'où sort l'exhalaison qui vetele les Cieux,
Mais tous, de quel costé que prompts ils se
desbandent,
Ainsi que de leurs chefs de ces quatre de-
pendent.

X. Les tourbillons sont de la mesme
matiere que les vens, & s'engendrét
lors que l'exhalaison estant pressée

dans la nuée eschape, & poussée
en bas vient battre auec impetuosité sur la terre girant & pirouettant
ça & là, sousleuant la poudre, frois-
sant les arbres, abbattant & destrui-
sant les edifices, & bouleuersant
tout ce qu'ils rencontrẽt sur la terre:
& pareillement sur la mer fracassant
les masts des vaisseaux, & renuersant
les vaisseaux mesmes: voire agitant
la mer de telle sorte qu'il semble
(comme i'ay desia dit) qu'elle ne soit
que le iouët des vés & de leurs tourbillons: lesquels aussi descendent
quelquefois de telle impetuosité
que par l'allision de l'air ils s'enflamment.

Les Naturalistes font trois sortes de tourbillons: L'vne qu'ils appellent en Grec *Ecnephias*, comme
qui diroit, *descendant de la nuée:* & céte forte de tourbillon agite bien,
meut & bouleuerse, mais ne fracasse
point. La seconde plie, tord, & frois-
se ce qu'elle rencontre: & de là a pris
son nom de *Typhon.* La troisiesme, est
celle que nous auons dit s'enflammer quelquefois, & à céte cause est

XI.

appellée *Praster*, comme qui diroit
inflammation: toutefois c'est sans tonnerre precedent, à la difference du
foudre & de l'esclair.

XII.   Or l'vtilité des vens est inestima-
ble en ce que tantost ils moderent
l'extreme chaleur, tantost l'extreme
froideur de l'air : qu'ores ils humectent l'air trop sec, ores ils le desse-
chent quand il est trop humide : aucunefois ils le chargent de nuées
qu'ils y poussét d'ailleurs pour nous
preparer de la pluye : & puis ils l'en
deschargent & chassant loign de
nous tous les nüages, le balient,
l'espurent & le purgent de toute in-
fection : Ioinct que sans eux nous
n'aurions point de commerce auec
les nations separées de nous par la
mer, estant certain que les vens sont
l'ame de la nauigation.

Voilà ce que font les vens & les
tourbillons en l'air & sur la face de
la terre ou de la mer. Voyons maintenant comment est-ce qu'ils gron-
dent & soubs l'eau & sous la terre.

Du tremblement de terre & bouïl-
lonnement des eaux.

Chap. XIII.

Sommaire.

I. *La cause efficiente & matiere des tremble-terres.* II. *Autres causes des tremble-terres.* III. *Leurs merueilleux effects.* IV. *Pourquoy la peste suit ordinairement les tremble-terres.* V. *Pourquoy ils arriuent plustot aux saisons temperées que l'Esté ny l'Hyuer, & moins encore l'hyuer.* VI. *La cause des bouillonnemens des eaux: & des presages des treble-terres.* VII. *Il y a des vents enfermés au dessoubs de certaines eaux.*

NOvs auons enseigné I. ci-deuant que les ex- *Arist.* halaisons chaudes & *7. li. 2.* seches sont attirées de *meteo.* la terre par la chaleur *sene. l. 6.* du Soleil & des astres. Toutefois *natur. q.* parce qu'il aduiét quelquefois que *Pli. l. 2. c. 79. 80. 81. 82.*

Bb iij

ces exhalaisons estant esmeuës dans
les entrailles de la terre ne peuuent
pas sortir, ou à cause qu'elles sont
trop grossieres, ou à cause que la terre est si vnie & serrée qu'il n'y a
point de voye ny ouuerture pour
leur frayer le passage : elles qui sont
de leur nature extremement mobiles, mouuantes, & d'ailleurs agitées
par la chaleur du Soleil, s'efforçent
à sortir, bruyent là dedans, murmu-
rent, sonnent, tonnent & tempestet
si fort qu'elles font trembler la terre au dessus d'elles. Car puis que les
vens peuuét aucunefois faire si grad
effort & si grand degast qu'ils ren-
uersent les arbres & mesmes les edifices les plus forts & les mieux assis :
il n'y a point de doubte que la mesme matiere, voire les vens mesmes
(car ils sont bien souuent la cause
des tremble-terres) estans enclos &
enfermés ne facét plus d'effort qu'e-
stant libres parmy l'air.

II.   Ie dy que les vens mesmes sont
aucunefois la cause des treblemens
de terre, par ce qu'ils s'enferment
dans les cauernositês d'icelle, &

n'en pouuant trouuer l'issuë libre
produisent ces concussions, eslo-
chemens, & tremblemens. Il peut
aussi arriuer que des matieres arides soulfreuses s'embraseront dans
les entrailles de la terre, & produi-
ront ces mesmes effects, cõme font
les mines que les guerriers font
jouër & esclater auec grand' quantité de poudre à canon.

Les Historiens, Naturalistes, & **III.**
Cosmographes recitent des merueilleux accidens, effects de ces trẽ-
ble-terres : comme de celuy qui se
fit en la contrée de Modene par le- *Pli.c.82.*
quel deux montaignes furent soul- *l.2.hist.*
leuées en l'air & s'estant choquées *natu.*
auec grand bruit se retirerent derechef laissant entre-deux de la flamme, de la fumée & des cendres en
grand quantité. Strabon escrit que *strabo*
des isles ont esté soudain produites *l.1.Geog.*
en la mer la terre estant soufleuée
par ces esprits ou exhalaisons enfermées : & presque tousiours cela ar-
riuoit auec des embrasemens & fumées estranges. Il recite aussi que
souuent les riuieres en changent

Bb iiij

leur cours, comme il est fort vray-
semblable, les eaux estant destour-
nées de leurs canaux ordinaires
par la disruption & ruine de la
terre qui les bouche & par ce
moien les force de fluer ailleurs.
Quelquefois ils engloutissent des
villes entieres, esbranlent toute vne
contrée, renuersant & bouleuersant
la terre & tout ce qui est assis sur
icelle : ainsi que chante tres-bien
Bartas adressant à Dieu les vers qui
s'ensuiuent:

Oros.l.7.
hist.c.7.

Soumës ta main cholere esloche vne parcelle
Et non le corps total de la terre rebelle,
S'aydant des Aquilons, qui comme em-
prisonnés
Dans ses creux intestins grommelent fou-
cents :
La peur gele nos cœurs, & blesmit nos
visages,
Le vent sans faire vent fait trembler les
boscages:
Les tours croulët de peur : & l'enfer irrité
Engloutit quelquefois mainte riche cité.

IV. Il est certain que la peste suit ordi-
nairemët les tremblemens de terre:
d'autant que ces esprits enfermés

ne pouuãt estre espurés qu'en vn air
libre, se corrompent dans les entrailles & cauernosités de la terre:&
puis sortant au dehors infectent nostre air. Plutarque recite que certain
coffre lequel auoit demeuré fermé
pendant vne longue suite d'années,
ayant esté ouuert par quelques soldats, il en sortit vn air si corrompu
qu'il infecta presque toute la terre:
tellement que la plus grand part des
hommes & des bestes en mouru-
rent.

Les tremble-terres peuuent ad- V.
uenir en toutes saisons & lors qu'il
plait à Dieu nous affliger & chastier
pour nos pechés, mais naturellemét
ils se font aux saisons temperées côme au Printemps & à l'Automne
plustot qu'en Esté ou Hyuer: d'autant que l'extreme chaleur de l'Esté
consume & dissipe ces exhalaisons
là, qui en sont la cause, tant au dedans qu'au dehors de la terre: ou
bien par ce que le Soleil fait lors
creuasser la terre & leur donne par
ce moyen issuë libre. Mais encore
moins arriuent-ils l'Hyuer, par ce

B b v

que le froid extreme enferre leur
matiere auec des vapeurs froides &
humides qui se tournent en eau &
puis s'escoulent toutes ensemble.

VI. Les bouillonnemens d'eau, tem-
pestes, & orages qui suruiennent
quelquefois en la mer, aux riuieres
ou aux puys, sans qu'il y ait du vent
en l'air, procedent aussi de ces mesmes esprits ou vens enfermés au dessoubs des eaux, & sont comme les
auant-coureurs des tremble-terres.
ainsi que remarquent les auteurs ci-
dessus allegués à la marge : mesmement lors que les eaux en changent
de saueur, & que l'air demeure serain & tranquille de tous vens : car
cela monstre que les vens & leur
matiere sont enclos au dessoubs des
eaux & de la terre : de sorte que les oiseaux s'enuolêt ailleurs, & les bestes
à quatre pieds s'enfuyêt en quelque
autre contrée presageant par quelque instinct naturel le mal-heur fort
proche : côme par experience les rats
ont accoustumé de desloger lors
qu'ils sentêt la ruine prochaine d'v-
ne maison.

Toutefois il y a des eaux esquelles ordinairement & comme naturellement arriuent de tels bouillonnemens & sousleuemens des flots:
comme à vn certain abysme que
Pline marque vers la coste de la Dal-
matie, où ce que iettant quelque
chose tant soit-elle legere pourueu
qu'elle s'enfonse, il en resjalit soudain des tourbillős auec vne grand'
impetuosité: qui monstre bien qu'il
y a tousiours des vens enfermés au
dessoubs de l'eau, lesquels à la moindre ouuerture qu'on leur face se
sousleuent & montent à leur lieu
naturel.

De l'Echo.

CHAP. XIV.

Sommaire.

I. *Comment l'Echo se fait, & en quels
lieux.* II. *Quand est-ce que l'Echo repete plusieurs fois vne mesme voix auec plusieurs exemples notables.* III. *comment*

*l'Echo retentit és vallons. IV. comment
dãs les lieux voutés, ou polis & bien vnis:
& pourquoy on se peut mirer és corps bien
polis. V. Pourquoy l'Echo repete plus clai-
remẽt les dernieres syllabes que les premieres. VI. Qu'elle peut deceuoir, mesmemẽt
la nuict.*

I.   **P**Our ce que l'Echo se fait
ordinairement és lieux
cauerneux & remplis
d'air par le moyen de la
reflexion de la voix ou du son, ie l'ay
voulu mettre entre les impressions
aërienes. Car l'air enfermé dans telles cauernosités, ou dãs des rochers,
ou des vieilles masures, qui d'ailleurs sont seches, sert comme d'vn
tabour, contre lequel l'air battu &
poussé de nostre respiration & vo-
ciferation, ou du son de quelque instrument ou cloche, venant à frap-
per, rapporte les mesmes paroles
qui ont esté proferées, ou le mesme
son en mesme ton.

II.   Or d'autãt plus qu'il y a des creux
& destours en vne mesme cauerne,
d'autant plus de voix sont rapor-

tées par l'Echo. Pausanias remar- *Pausan.*
que certain portique où ce qu'il y *in Corin.*
auoit vne echo, laquelle reseroit 3.
fois la voix proferée. Plutarque fait *Plutar.*
mention d'vne autre echo és tát re- *lib. 2. de*
nommées pyramides d'Egypte, qui *plac.*
redisoit les paroles iusques à quatre *Philos.*
& cinq fois : & encore d'vne autre *Idem lib.*
en certain lieu appellé *Heptaphone,* *de garru.*
c'est à dire *à sept voix,* à cause que l'e-
cho y repetoit sept fois vne mesme *Lucret.*
voix. Le poëte Lucrece dit aussi en *lib 4. de*
auoir ouy vne de mesme : *natura.*

I'ay veu que proferant seulement vne
    voix,
L'Echo la raportoit iusqu'à six & sept
    fois,
La voix rebatant l'air qui frappe les colines,
Et faisant retentir les vallées voisines.
Cardan recite qu'à Pauie il y en a *Cardan.*
bien de plus merueilleuses, & entre *lib. 8. de*
autres en certain lieu appellé *Ticinũ,* *subtil.*
où ce qu'on entend treize voix distinctes, & mesmes quelquefois
sans nombre.

    L'Echo respond aussi ordinaire- **III.**
ment és vallons, à cause de la reflexion des collines voisines, esquelles

il y a des creux, concauités ou cauernes : car autrement on entendroit
bien vn resonnemēt & retētissemēt,
mais non pas que la voix en fust di-
stinctement raportée.

IV. Dans les temples voutés & lieux
bien polis & vnis on entend aussi
resonner la voix (quoy que non pas
repeter comme és lieux cauerneux)
à cause de la reflexion de la voix par
la rencontre de ces corps-là bien
polis& vnis:lesquels reluisēt aussi&
representent,quoy q̄ plus sombres,
leurs objects,comme des miroüers:
à cause qu'il n'y a point de creualles,
fentes ny entr'ouuertures, dans lefquelles l'air ou les rayons de nos
yeux se puissent asseoir.

V. L'Echo repete les dernieres syllabes plus clairement que les premieres,par ce que les premieres font in-
terrompuës par les dernieres : ou
bien si nous sommes trop prés c'est
que nous proferons les dernieres en
mesme temps qu'elle nous redit les
premieres.

VI. Elle refere aucunefois si naïfuement la voix que les plus aduisés en

peuuent estre deceux mesmemēt la
nuict, la prenant pour vne voix humaine. Cardan en recite vn exemple
notable d'vn sien ami, lequel paísāt
de nuict tout seul à cheual pres d'v-
ne riuiere, & ayant failli le guay, par
ce qu'il faisoit fort noir, n'osoit se
hazarder à cause qu'il oyoit bruire
l'eau en ce lieu-là, où ce qu'il y auoit
vn gouffre tres-dangereux, comme
il fut despuis recognu : de maniere
qu'il se prit à crier en son langage
Italien, *oh*, c'est à dire, *holà*, pour
sçauoir s'il y auroit quelqu'vn qui
luy respondit : & vne Echo qui e-
stoit là aupres luy respondit soudain
de mesme, *oh* : Luy pensant que ce
fust vn homme luy demanda, *debo*
passa qui ? c'est à dire, *doibs-ie passer-là ?*
l'Echo raportant les dernieres syl-
labes luy repliqua, *passa qui* : & luy
repetant plusieurs fois vn mesme
mot, disoit, *qui ? là ?* & l'Echo aussi redisoit, *qui.* Toutefois cét homme entra en fin en doubte de ce
qu'on luy respōdoit d'vne voix aguë
de mesmes qu'il interrogeoit, & nō
pas d'vn accent graue & responsif.

Cardan.
Ibidem.

Ioinct que le bruit & murmure de
l'eau qui estoit là fort impetueuse le
tenoit en ceruelle, & en fin le fit retirer, quoy qu'il luy sem blast qu'vn
homme luy persuadoit par derriere
(c'estoit vn malin esprit, dit Carda)
qu'il passast outre. Mais ie croy que
l'apprehension, la crainte du dáger,
& l'estonnement luy pouuoit aussi
tost donner céte impression que le
malin esprit. S'il n'a pas voulu passer outre céte riuiere: passons nous
outre àtrauers les gresles, les neiges,
la pluye, la rosée, la gelée, les broüees,
la mer, les fleuues, les fontaines, les
ruisseaux, & autres impressiõs aquatiques, qui sont sur nostre chemin.

Des nuées, & de la pluye, gresle & neige.

CHAP. XVI.

Sommaire.

I. *Les vapeurs sont la matiere de tou-*
tes les impressions aqueuses. II. *Qu'est-*

ce que la nuée. III. Comment la pluye
s'engendre. IV. La matiere de la neige
& de la gresle. V. Comment la neige
s'engendre. VI. Pourquoy il ne neige
point en Esté. VII. Qu'est-ce que la gresle. IIX. Quand est-ce qu'elle s'engendre.

Vsques ici nous auõs
discouru des metec-
res & impressions
ignées & aërienes,
c'est a dire, tenant le
plus du feu & de l'air : maintenant
il faut parler de celles de l'eau.

I.

Toutes les sortes de meteores
aqueuses, comme la pluye, neige,
gresle, rosée, gelée, s'engendrent de
vapeurs, lesquelles dés le commencement de ce liure nous auons dit
estre de leur nature froides & humides, comme estant extraites de
l'eau: neantmoins chaudes ou plustot eschaufées par les rais du Soleil
& des astres qui les attirent en haut:
car sans la chaleur elles ne sçauroiét
s'esleuer en l'air.

Estant donc la haut en la moien- II.

ne region de l'air, la chaleur qui les
auoit esleuées les delaisse, se dissi-
pant ou montant plus haut, ou bien
plustot estant esteinte par l'extreme
froid qu'il y fait ordinairement : de
maniere qu'elles sont condensées,
ramassées & congelées en nuées : &
par ainsi la nuée n'est autre chose
qu'vn ramas de vapeurs en la moiē-
ne region de l'air.

III. Et lors que le Soleil vient à dissoudre les nuées par sa chaleur, ou
que le vent les faisant choquer l'vne
contre l'autre elles se fondent en
eau, céte effusion d'eau tōbant çà bas
c'est la pluye : laquelle ne coule pas
en fleuue & en gros, ains goute à
goute à mesure que la nuée se resoud
peu à peu en eau. Et quād biē la nuée
se fondroit en fleuue (ce qui arriue
tres-rarement) si est-ce qu'en descendant de si haut elle est entre-
coupée par l'allision & attrition de
l'air, si bien qu'il faut qu'elle fonde
en bas goute à goute, comme d'vn
alembic.

IV. La neige & la gresle sont presque de mesme matiere que la pluye :

ie di presque, par ce qu'en la nuée,
d'où descéd la neige, il y a de l'air &
des exhalaisons encloses & messan-
gées auec les vapeurs, comme sa blá-
cheur en est indice tres certain. Car
les choses fort blanches & d'ailleurs
aussi fort legeres, ont beaucoup d'air
enclos en elles, comme l'escume, le
bausme, & le cotton.

V.

La neige donc s'engendre d'vne
nuée gelée par le froid, laquelle se
dissoluant tombe à flocons, non pas
si durs que la gresle, par ce qu'ils ne
sont pas si gelés & serrés qu'icelle.

Quelquefois il aduient que la force du
        froid
Gele toute la nue: & c'est à lors qu'on
        void
Tomber à grands flocons vne celeste
        laine.

disoit Bartas à ce propos.

VI.

Or l'Esté ou quand il fait fort
chaud, quoy que la nuée soit gelée,
la neige ne peut pas venir iusqu'à
nous, par ce que passant par l'inferieure region de l'air, qui est eschaufee, elle est aisement fonduë en
eau : mais elle peut bien tomber sur

les coupeaux des hautes montaignes sans se fondre en pluye, parce
qu'il y fait tousiours froid.

VII. La gresle n'est autre chose que la
pluye serrée, condensée ou congelée
en l'air à mesure qu'elle descoule de
la nuée, ainsi que le mesme Poëte a
chanté en ces vers.

D'autrefois il aduient qu'aussi tost que la
*   nue*
Par vn secret effort en gouttes d'eau se
*   mue,*
Que de l'air du milieu l'excessiue froi-
*   deur*
Les durcit en boulets, qui tombent de ru-
*   deur.*
Quelquefois, ô pitié ! sans faucille moisson-
*   nent,*
Vendengent sans couteau: les fruictiers
*   esbourgeonnent.*

IIX. Ce qui aduient principalement
lors que la terre est eschaufée par le
Soleil & que par l'antiperistase le
froid se retire plus haut en la moïen-
ne region de l'air. Toutefois au plus
fort de l'Esté & pendant vne extreme chaleur cela n'arriue guéres, par
ce qu'encore que la moyenne regiõ

de l'air soit lors extremement froide, l'inferieure est si chaude que la
gresle y passant, est fondue en tout
ou en partie. C'est pourquoy nous
voyons souuent en Gascoigne, qui
est vne prouince fort subiecte à la
gresle, que parmi la gresle tombe
aussi de l'eau : qui monstre que la
chaleur n'a peu la resoudre toute en
eau, parce qu'elle estoit trop serrée
& endurcie.

Des pluyes prodigieuses.

Chap. XVII.

Sommaire.

I. *Pourquoy certaines pluyes sont ap-*
pellées prodigieuses. II. *Opinion de*
Cardan niant qu'il pleuue des animaux.
III. *Opinion de l'Escale contraire à la pre-*
cedente. IV. *L'opinion de l'auteur.* V.
Quand est-ce qu'il semble plouuoir du sãg.
VI. *Quand est-ce qu'il semble plouuoir du*
luct. VII. *Il faut raporter à Dieu la*
cause des pluyes du vray froment, orge, le-

gumes, & autres choses semblables, comme
celle de la manne des Israëlites.

I.

Plin. lib.
1.cap.56
Tit. Liui.
lib.3 Dec.
1. Athen.
ca.2.li.8
dipnosop.
Orosi.c.
l.4.histo.
Alber. l.
2. tract.
1.ca.2.
Vincent.
l.23.cap
148. &
li.24.ca.
97.

ES pluyes appellées *pro-*
digieuses ont pris leur nõ
de ce que les payens
croyoient anciénement
qu'elles augurassent & presageas-
sent quelque mal-heur: comme lors-
qu'il plouuoit des Grenoüilles, des
petits poissons, des pierres, du fer,
de la laine, du sang, du laict, du bled,
& autres choses estranges. Ce que
Pline & autres ont remarqué estre
quelquefois aduenu: & les Philosophes n'en doubtent pas: mais pourtant ils ne demeurent pas d'accord
de la cause, ny du lieu de la generation.

II.

Cardan.
l.16 subt.

Cardan dit que quand ces choses (notamment les animaux) tombent auec la pluye, c'est par ce qu'elles auoient esté emportées & rauies
en haut au precedent par quelque
tourbillon de vent impetueux, cõm-
me fut vn veau, ainsi que tesmoigne Auicenne: & qu'au demeurant
telles choses ne se peuuent enger-

drer en l'air dans les nuées.

Mais la pluspart des Philosophes
tient l'opinion contraire , & particulierement l'Escalé son antago-
niste , & soustient qu'en plusieurs
lieux , mesmement en temps ora-
geux, auec des guilees ou horées qui
sont des grosses goutes de pluyes
que les Latins appellét *nimbos*, tombent de petites grenoüilles ou cra-
paux, lesquels en peu de temps disparoissent par ce qu'estás d'vne matiere crasse, ils se tournent & dissoluent aisément en limon : & que le
mesme peut aduenir des souris des
poissons selon que la matiere y est
disposée pour receuoir diuerses formes : & que pareillement le fer, les
pierres, & autres corps durs & solides s'y peuuent produire selon que
la matiere terrestre se condense &
consolide.

Pour moy ie trouue toutes ces raisons là apparentes & fort vray-sem-
blables ; mais ie croy que quant à
ces petis animaux ils s'engendrent
plustot sur la terre , qu'en l'air , du
mestange de ces horées auec le plus

III.

Scaliger.
exer. 323
in Carda.

IV.

gras limon de la terre: de sorte qu'on
les void ordinairement à demi formés seulement, ainsi que Bartas a
tref-bien remarqué disant ainsi:

Le limon escumeux se transforme souuent
En vn verd grenoüillon, qui formé du de-
uant
Non du derriere encor' dans la bourbe se
ioüe,
Moitié vif, moitié mort, moitié chair, moi-
tié boüe.

V.   Pour le regard du sang & du laict
ie ne pense pas qu'il en puisse vrayement plouuoir: mais il semble qu'il
pleuue quelquefois du sang lors que
les vens emportent de la poudre de
terre rouge, laquelle se meslant auec
quelque goute de pluye luy cómu-
nique sa rougeur: ou que des exhalaisons & vapeurs esleuées d'vne terre rouge retiennent céte rougeur, &
venát à se resoudre en pluye ressem-
blent des goutes de sang : comme
Plut. in   Plutarque escrit estre aduenu du
Romulo   temps de Romulus: & le mesme ad-
Card. ibi.   uint en l'an 1554 en Suisse.

VI.   Les goutes de laict peuuent proceder de certaines vapeurs qui ont
reçeu

receu par le meſſage de l'air céte impreſſion blanche : car (comme i'ay
dit ci-deuant) les choſes aeriénes
ſont ordinairement tres-blanches:
de maniere que céte pluye n'eſt pas
vrayemét laict , & n'a point le gouſt
de laict.

Mais d'autant que ceux qui eſcri-
uent que lors qu'il a pleu du bled, de
l'orge, des legumes ou choſes ſemblables, il s'en faiſoit de la farine &
du pain treſ bon pour la nourriture
des hommes, ie voudrois m'arreſter
à la premiere cauſe & à la cauſe des
cauſes , qui eſt la bonté & grace de
Dieu, ſans en rechercher les cauſes
ſecondes & naturelles. Car tout ainſi qu'il fit anciennement plouuoir
la manne l'eſpace de quarante ans
ſur les Iſraelites, il fait auſſi decouler   *Exod. 16*
ſur nous ſes graces quand bon luy
ſemble.

Cc

De la rosée, gelée, broüée, & glace.

Chap. XVII.

Sommaire.

I. Comment & de quelle matiere s'engendrent la rosée & la gelée. II. La matiere des broüées ou broüillars & leurs effects nuisibles. III. Comment & de quelle matiere est engendrée la glace.

I.   LA rosée & la gelée ne different point de la pluye & de la neige en ce qui est de la matiere, ains seulement en la quantité d'icelle & au temps & lieu de la generation. Car la pluye & la neige s'engédrent des grandes nuées ramassées le plus souuent des attractions de plusieurs journées en la moyenne region de l'air, qui est beaucoup plus ample & vaste q̃ l'inferieure: en laquelle s'engendrent la rosée & la gelée du peu

de vapeurs attirées par les corps celestes pendant vne nuict lesquelles à
faute de chaleur ne pouuant s'esleuer gueres haut, viennent à se dissoudre en petites gouteletes d'eau,
qui reluisent à la cime des herbes
& des feuilles des arbres comme
des perles, que nous appellons *la rosée*:& ce en la saison la plus temperée.
Car lors qu'il fait fort chaud il n'y
peut auoir de rosée par ce que la matiere estant eschaufée s'esleue aisément en haut, ou bien est dissipée
par la chaleur & s'il fait fort grand
froid, elle se congele & ramasse, &
de là vient *la gelée*.

Les brouées, bruines, ou brouil- II.
lars sont ordinairement des vapeurs
& exhalaisons grossieres & terrestres meslangées & ramassées ensemble; voilà pourquoy elles espessissent & troublent l'air, & tombant
sur les fleurs ou sur les fruits bien
souuent les corrompent : mais la
plus dangereuse, c'est celle qui a
moins d'humidité, laquelle estant
d'autant plus grossiere, aride & terrestre, seche, ternit, & mesme brusle

quelquefois les bourgeons, les fueil-
les, les fleurs, & les fruits les plus
tendres : tombant fur iceux comme
de la rouïlle, ou nielle, que les Latins appellent proprement *rubigo*, à
caufe de fa couleur rouge lors que
le Soleil a paffé deffus : à laquelle
(tant ils eftoient fuperftitieux) ils fa-
crifioient comme à vne diuinité,
afin qu'elle ne leur fuft point nuifi-
ble.

III. La glace ne fe fait pas feulement
par vn froid extreme, qui ferre l'eau
& la fait prendre & congeler : mais
il faut de neceffité qu'il y ait auffi
des exhalaifons terreftres & groffieres meflées enfemble, & mefme
felon le dire des Philofophes, & en
la glace & en la neige, & en la gelée,
il y faut outre tout cela quelque peu
de chaleur pour fortifier céte con-
denfation : de maniere que l'eau en
fon pur element eftant tref froide,
neantmoins eft fluide & liquide &
non glacée : & toutefois il faudroit
qu'elle fuft glacée & toute prife fans
aucune fluidité, fi la glace ne procedoit que de la feule froideur.

Ariftot.
c.5.& 9.
lib. 4.
Meteor.
Auerroès
4. de
Cælo
commen.
3.2.

De l'origine & source des fontaines, riuieres, lacs, & estangs.

CHAP. XVIII.

Sommaire.

I. L'opinion d'Aristote touchant la generation des fontaines, ruisseaux, & riuieres. II. La resolution de cête question se doibt prendre de l'escriture sainte. III. Pourquoy les anciens ont appellé l'Ocean pere de toutes les eaux. IV. De la diuerse saueur des eaux.

C'Est bien sans doute qu'il y a dans la terre, mesmemét és lieux montueux & releués vne infinité de creux & de cauernes remplies d'air & de vapeurs, lesquelles estant conden-sées, prises & congelées par la froi-deur qui y est perpetuelle, se tour-nent en eau, & se donnant voye par les veines de la terre se font ouuer-ture en quelque part, & produisent

I.

par ce moyen des sources des fontaines, des ruiſſeaux, & quelquefois
des riuieres. Mais que toutes les
fontaines du mõde viennent de céte
conuerſion & changement d'air ou
de vapeurs en eau, & de ces fontaines tous les ruiſſeaux, & du ramas
de ces ruiſſeaux, toutes les riuieres
& fleuues, ainſi que dit Ariſtote, ie
ne me le puis perſuader. Car ſi cela
eſtoit, attendu la grand' quantité
des fleuues, riuieres, lacs, ruiſſeaux,
eſtangs, & fontaines, il faudroit que
la terre fuſt toute creuſe, cauerneu-
ſe & groſſe de telles vapeurs, & en
perpetuelle production de tous co-
ſtés.

Ariſtot.
cap. 13.
lib. 1.
Meteor.

II.   Et pour couper broche à tous
doubtes & difficultés ſur ce ſubjet,
il ſe faut tenir à ce que l'oracle diuin
nous en a enſeigné, diſant *que tous les*
fleuues entrent dans la mer ſans que la mer
s'enfle aucunement pour cela: & qu'il faut
qu'ils s'en retournent au lieu d'où ils ſont
partis pour couler derechef.

Ecclef. 1.

De là nous apprenons donc la vraye
origine des fontaines, riuieres, fleuues, lacs, & eſtangs : & par meſme

moyen que la mer ne s'enfle aucunement par l'accés & descharge de
toutes ces eaux-là, les renuoyant par
des canaux soubsterrains afin qu'ils
coulent & arrousent derechef la
terre.

A quoy semble se raporter la fa- III.
ble des anciens Poëtes qui appelloient l'Ocean le pere de toutes les
eaux, comme venant toutes de luy.

Que si les eaux des fleuues & des IV.
fontaines sont douces, quoy qu'elles
viennent de la mer, qui est salée: c'est
d'autant qu'elles laissent cête saleure & acrimonie en coulant par les
veines de la terre : de laquelle mesmes elles reçoiuent d'autres impressions nouuelles, selon les qualités
de la terre & corps terrestres par où
elles passent: comme les choses liquides retiennent l'odeur des vaisseaux où ce qu'elles sont enfermées.
Ainsi donc les eaux qui coulent par
le soufFre & bitume sont chaudes :
celles qui coulent par le nitre ou
salpetre, salées: celles qui arrousent
les mines d'or, nutritiues: celles qui
arrousent les mines d'argent, sauou-

reuſes: celles qui fluent par les fer-
rieres, reſtrictiues: celles qui paſſent
par l'argile & le limon, douces, graſ-
ſes, & fades: & ainſi des autres.

Du flux & reflux, & ſaleure de la mer.

CHAP. XX.

Sommaire.

I. *La commune reſolution touchant le flux & reflux de la mer eſt qu'il en faut attribuer la cauſe à la Lune.* II. *Premier doubte.* III. *2.* IV. *Doubte 3.* V. *Doubte 4.* VI. *Reſolution du 1 doub-te.* VII. *Du 2.* IIX. *Du 3.* IX. *Aucuns ont faulſement eſcrit qu'Ariſtote ſe precipita dans l'Euripe.* X. *Le 4 doubte n'eſt point encore bien reſolu.* XI. *Merueilleux tombeau à Bordeaux où il y a de l'eau qui croiſt & diminue auec la Lune.* XII. *La vraye cauſe de la ſaleure de la mer.*

IL n'y a rien qui ait tant creusé le cerueau aux Philosophes anciens & modernes que la cause du flux & reflux de la mer. Car il y a tant & tant d'opinions toutes differentes & pleines d'incertitude touchant ce subjet, qu'il est aisé à voir que ce sont plustot des imaginations & des coniectures que des raisons fortes & asseurées : lesquelles ayant esté diligemment recherchées & colligées par M. Duret President de Moulins en Bourbonnois, homme de tres grande leçon, ie renuoieray les plus curieux à son liure n'agueres publié : & diray seulemét ici qu'en fin la commune resolution a esté qu'il faut attribuer la cause du flux & reflux de la mer principalement à la Lune, laquelle montant en six heures de nostre horizon au meridien entraine quãd & soy les eaux de la mer & les fait enfler. & descendant en autres six heures de nostre meridien au couchant, elles se retirent & rabaissent. Et derechef montant en six heures de là au meridien

I.

Cic. l. 2.
de nat.
Deor.
Plin. l. 2.
cap. 97.
Plutar.
lib. 1. c.
12. de
plac.
Philos.
Auct. 2.
meteo.

des antipodes, elles croiſſent auſſi
derechef : & puis deſcendant en autant de temps au couchant des antipodes pour reuoir noſtre horizon,
elles decroiſſent : & ainſi touſiours
inceſſamment. Ce qué Bartas a doctement exprimé en ces vers:

Et de fait ſur nos bords on void mónter
   Neptune
Si toſt qu'en noſtre ciel on void monter la
   Lune:
On le void refloter ſitoſt que le Croiſſant
Par la pente du Ciel vers l'Eſpaigne deſ-
   cend,
Puis ſi toſt que ſon front conſtant en incon-
  ſtance
Deſſus l'autre horizon reparoiſtre com-
  mence
Il reſſort en campagne : & qu'en ſon feu
  penchant
Paſſe l'autre midy Neptun' ſe va cachant:

   Contre cela on fait ordinairemēt
II. pluſieurs doubtes. Le premier, ſi
la Lune eſtoit la vraye cauſe du flux
& reflux de la mer il faudroit qu'il
fuſt cōmun à toutes les mers du mōde & qu'elles creuſſent en ſix heures
cōme il a eſté dit ci-deſſus & decreuſ-

sent en autres 6. heures, ainsi q̃ fait la
grand' mer Oceane & la mer Adria-
tique. Car la Lune agit egalement
sur toutes les mers. Or il y a des mers
sans aucun flux ny reflux remarqua-
ble, comme la mer Mediterranée, &
la mer Rouge: D'autres qui croissent
pendant cinq heures & decroissent
en sept, comme fait la mer Oceane
à l'emboucheure de la Garonne:
D'autres qui s'enflent quatre heures
durant & reflotét huit heures: comme fait la mer Erythrée vers l'Afrique. En la coste de Cambaie la mer
fait son flux en deux heures & son
reflux en autres deux. La mer du Ia-
pon s'enfle lors que la mer Oceane
decroist, & au contraire decroist lors
que la mer Oceane s'enfle. Et pourtant toutes ces differences de mouuement nous font voir qu'il y a difference des causes du flux & reflux
de la mer.

 Le second doubte c'est que l'hy- III.
uer on voit des marées plus grandes & des flux de la mer beaucoup
plus puissans qu'és autres saisons,
quoy que la Lune soit tousiours la

C c vj

mesme. Dont il s'ensuit qu'il y a
quelqu'autre cause cooperante.

IV. Le troisiesme c'est que les eaux
des fleuues, des riuieres, des lacs &
des estangs quoy que la Lune influe
aussi bien sur eux que sur la mer, &
que leurs eaux viennent de la mer,
n'ont pas pourtant ce flux & reflux.
Ce qui deuroit estre si la Lune en e-
stoit la seule ou la principale & pre-
dominante cause.

V. Le quatriesme: c'est que les eaux
de la mer ne montent pas en mesme
temps que la Lune, ny tous les jours
à certaine heure. Car chasque jour
la marée retarde d'vne heure: & non
fait pas la Lune.

VI. On peut faire plusieurs autres
telles objections à ce propos, lesquelles ie passeray soubs silece pour
estre moins considerables & resoudray seulement ces quatre doubtes
selon la commune doctrine des Naturalistes. Au premier donc ie dy
que tout ainsi que le Soleil a tous-
jours vne mesme faculté d'attraire
par tout des exhalaisons & vapeurs,
qui sont la matiere des vens, & des

pluyes & autres meteores, comme
no° auōs ci-deuant mōstré; & toute-
foisil y a des regions & des contrées
où ce qu'il ne pleut jamais ou bien
raremēt; & en aucunes plus en d'autres moins: par ce qu'elles y sont diuersement disposées. De mesme la
Lune a bien mesme vertu sur toutes les mers; toutefois elles ne sont
pas egalement susceptibles de ses
impressiōs: & aucunes n'y sōt point
du tout disposées. Et pour cète mesme cause nous voyons que l'aymāt
attire bien le fer, & non pas aucune
autre sorte de metal.

Au 2 on peut respondre que la Lu- **VII.**
ne passe en hiuer par des signes aqua
tiques, desquels estant fortifiée (car
elle est fort humide & aquatique) le
flux de la mer en est d'autant plus
accreu.

Au troisiesme, que comme tou- **IIX.**
tes les mers n'ont point cète dispo-
sitiō naturelle de s'enfler & rabaif-
ser, de croistre & decroistre; aussi
n'ont pas les fleuues, riuieres, lacs,
estangs, & autres eaux douces: toutefois que plusieurs l'ont, soit que

cela vienne par la communication
de la mer, soit de la disposition des
lieux & canaux soubsterrains par
lesquels les eaux coulent: entre tous
lesquels est fort celebré le fleuue
Liuius l. Euripe lequel flote & reflote sept
8. Dec. 3. fois le jour, selon la commune opinion, ou plustot (comme dit Tite
Liue) qui se meut & agite à la façõ
du vent sans que son mouuement
soit reglé à certaines heures.

IX. Il y a quelques reueurs qui ont
publié dez long temps qu'Aristote
n'ayant sceu conceuoir la cause du
flux & reflux de ce fleuue Euripe s'y
estoit precipité dedans, en disant ces
mots: *Si Aristote ne peut cõprendre l'Eu-*
ripe, l'Euripe prẽdra Aristote. Mais tous
les bons auteurs qui ont escrit sa vie
racomptent qu'il mourut de maladie, & ne disent rien d'vne si grande
folie, & d'vn despit si indigne d'vne
si belle ame.

X. Au quatriesme doubte ie ne voy
point de resolution ny response pertinente : & mesmes toutes les raisons que i'ay iusqu'ici raportées sur
ce subjet me semblent assez fres-

les. Car quoy qu'il soit tref certain & manifeste que la Lune a
beaucoup de pouuoir sur tous les
corps inferieurs, & mesmement
sur la mer : si est-ce que nous ignorons les vrayes & particulieres causes qui sont concurrentes en cela
auec elle : & aurons plustot fait d'accorder ingenüement nostre ignorance que de nous alembiquer le
cerueau à la recerche d'icelles. Mais
il faut tirer du profit de cela, & en
cognoissant nostre foiblesse recognoistre la puissance de l'auteur &
conseruateur de la Nature, duquel
les merueilles sont incomprehensi-
bles.

Il y en a qui raportent sur ce sub- **XI.**
jet plusieurs merueilles de certaines
fontaines dont les vnes ont le flux
& reflux semblable à la mer : d'autres rejettent & regorgent les far-
deaux pesans : d'autres sont froides
le jour, & chaudes la nuict : d'autres
r'allument les torches esteintes.
Mais ie ne trouue rien de tout cela *Plin. cap.*
plus esstrage que ce que i'ay souuent 103. l. 2.
veu, obserué & admiré auec plu-

sieurs autres à Bordeaux dans le ci-
metiere S. Seuerin, où ce qu'il y a
vn petit tombeau esleué, lequel est
plein d'eau à la pleine Lune, & croist
& diminue infalliblemét auec elle.

XII.   Quànt à la cause de la saleure de
la mer aucuns Philosophes ont tenu
qu'elle procedoit de la sueur de la
terre, comme Empedocles: d'autres
ont dit que dans la mer il y a des
montaignes de sel qui rendent ainsi
la mer salée : lesquelles opinions &
autres encore plus absurdes ont esté
rejettées, & celle d'Aristote receüe:
lequel nous enseigne que le Soleil
attirant grand' quantité d'exhalaisons grossieres de la terre sur laquelle la mer est assise, icelles ne pouuát
pas monter à cause de leur crassitu-
de, demeurent sur la surface de la
mer: & estát là bruslées par le Soleil,
& meslangées auec les vapeurs attraites de la mer mesme, engédrent
céte saleure en icelle. Car les choses
adustes & bruslées apportent tous-
jours quelque espece d'acrimonie
& saleure, comme nous en voyons
par experience diuers effects. Ainsi

Arist. c.
3. lib. 2.
meteo.
Plin. li 2.
ca. 100.
Plut. c. 16
lib. 3. de
plac. Phi.

les cendres rendent la lesciue salée
& les humeurs adustes au corps humain, rendent aussi l'vrine acre &
salée.

Des Mineraux.

Chap. XXI.

Sommaire.

I. *La liaison du subject.* II. *Diui-*
sion des mineraux. III. *Etymologie de*
ce mot metal. IV. *Quelle est la matiere*
des metaux. V. *Que les metaux sont plus*
aqueux que terrestres. VI. *Que les Alchi-*
mistes se trompent, establissant le soulfre
& l'argent vif pour la matiere des mine-
raux. VII. *Pourquoy les metaux estant*
fondus & liquides ne humectent point: &
mis dans vn corps humide & liquide
ne s'imbibent point de son humidité ny li-
queur. IIX. *Les especes des metaux.* IX.
Pourquoy les vns sont plus excellens que les
autres. X. *Pourquoy l'or est si pesant, &*
si mal-aisé à fondre: & le plomb aussi pe-
sant, & neantmoins aisé à fondre. XI. *De*

bargent vif. XII. Des pierres. XIII.
De la troisiesme espece de mineraux, cõ-
me soulfre, alun, vitriol, arsenic, sel, cry-
stal, verre.

I.

E s mineraux ne sont
point meteores, ny corps
mixtes imparfaits com-
me les meteores : toute-
fois par ce qu'ils sont cõposés principalement des exhalaisons & vapeurs qui sõt la matiere des meteores, il est bien à propos d'en discourir en suite. Ioinct qu'estans entrés
dãsles creux & cauernes de la terre,
visité les canaux & cõduits des eaux
sousterraines, il ne se faut pas retirer sans descouurir aussi ces riches
thresors de la terre, qui entretien-
nent le commerce entre les peuples
les plus esloignés : & pour ausquels
participer les hommes ne refusent
point de subir toute sorte de trauaux, & encourir mesmes le hazard
de la vie, plusieurs mal-heureux la
perte de leur ame.

II.

Il y a donc trois sortes principales de mineraux, les metaux, les pier

res, & vne troisiesme espece moienne, qui comprend plusieurs autres
sortes de mineraux toutes differentes.

Les metaux sont ainsi appellés des **III.**
Grecs *metalla* quasi *meta alla* : côme
qui diroit, *pres les vns des autres* : parce
qu'ils se trouuent ordinairement les
vns joignant des autres : nõ pas toutes les especes : mais pour le moins
quelques vnes.

La matiere commune de tous les **IV.**
metaux sont les exhalaisons & vapeurs encloses dans les entrailles de
la terre, lesquelles se prenent ensemble, se congelent & ramassent par le
froid joignant les pierres & autres
corps durs & solides: car les vapeurs
serrees & condensees par le froid se
tournent premierement en eau, &
les exhalaisons par le moiē de la chaleur du Soleil, qui penetre jusqu'aux
entrailles de la terre, en vne espece
de terre bruslée, & se meslans & prenans ensemble (en sorte toutefois
que l'eau y contribue le plus) de leur
concretion, assemblage & meslan-
ges engendrent les metaux: lesquels

par ce moien ne sont autre chose
que de l'eau prise & condensée par
le froid, auec quelque partie terrestre.

V. Or que les metaux soiēt aqueux,
& que l'eau contribue la meilleure
partie à leur generation, il est aisé à
juger de ce qu'ils se fondent & rendent liquides par la chaleur. Car
s'ils estoient terrestres ils s'endurci-
roient au feu comme fait la terre. Et
de la mesme raison il faut inferer
que cète matiere aqueuse est cōden-
sée par le froid, puis qu'elle est reso-
lue & fōdue par la chaleur, & qu'a-
pres estre fōdue elle se prēd derechef
& se consolide, la chaleur en estant
retirée: par ce que des effects cōtraires les causes doiuēt estre contraires.

VI. Ie sçay bien que les Alchimistes
soustienent que les metaux sont cō-
posés de soulfre & d'argent vif qu'ils
appellēt Mercure: par ce que (disent-
ils) tous les deux se trouuēt dans les
mines ioignant les metaux: & que
d'ailleurs les metaux se resoluēt en
iceux. Mais leurs raisons sont aussi
trompeuses que la pluspart de leurs

auteurs. Car outre ce que le soulfre
& l'argent vif ne se trouuent pas
tousiours joignāt les metaux, il s'ensuiuroit tout aussi bien q̃ les pierres
& autres mineraux seroiēt la matiere des metaux, par ce qu'il s'en trouue dans les mines joignant les metaux, Quāt à ce qu'ils disent que les
metaux se resoluent en ces deux mineraux, ie le veux bien ; mais le soulfre mesmes & l'argent vif qui se tire
des metaux se resoudra aussi apres
en vapeurs & exhalaisons adustes,
qui sont par consequent la premiere
& originaire matiere des metaux.

Les metaux estāt fondus & liquides **VII.**
ne humectent pas pourtāt les corps
par lesquels ils coulent, comme feroit de l'eau, du vin, ou de l'huile, par
ce qu'il y a en eux beaucoup de siccité qui empesche la humectation : &
pour céte mesme cause ils ne s'imbi-
bēt nō plus d'aucune liqueur en lieu
humide, par ce que le meslange du
sec qui est en eux y resiste.

Les Naturalistes ne demeurent **IIX.**
point d'accord touchant les especes
distinctes des metaux. Car les vns en

mettent neuf, à sçauoir l'or, l'argent,
l'electre, le laiton, le cuiure, l'estain,
le plomb, l'acier, & le fer. D'autres
disent qu'il n'y en a que sept, qui respondent au nombre des sept planetes: l'or au Soleil, l'argent à la Lune,
le cuiure à Venus, l'estain à Iupiter,
le fer à Mars, le plõb à Saturne, l'argent vif à Mercure. Laquelle analogie a esté introduite par les Platoni-
ciens auec plus de gentillesse & subtilité que de verité. D'autres enco-
res n'en font que cinq especes principales, l'or l'argent, le cuiure, le fer,
& le plõb : disant que l'electre se fait
du meslãge de l'or & de l'argét: que
l'estain est vne espece de plomb blãc:
le laiton vne espece de cuiure : & l'a-
cier vne espece de fer espuré. Tant y
a que tous sont metaux, & les vns
plus excellens & plus precieux que
les autres.

IX. Ceux qui participent plus de l'eau
estans d'ailleurs fort solides, comme
l'or & l'argét, sont plus excellés que
ceux qui participent plus de la terre,
comme tous les autres, & principalemét le cuiure & le fer, ainsi qu'on

peut juger de ce qu'eſtãt eſpurés par
le feu, ils laiſſent grand quantité de
craſſe & d'ordure terreſtre.

Que ſi on m'obijce qu'il ſemble
q̃ l'or doit eſtre fort terreſtre à cauſe
de ſa peſanteur: & le plõb & l'eſtain
fort aqueux à cauſe qu'ils ſont aiſément fondus & diſſouts en liqueur:
ie reſpõs que l'or n'eſt pas peſant à
cauſe de ſa matiere, ains à cauſe de la
ſolidité d'icelle, qui eſt ſi extrememẽt cuite qu'il ne peut eſtre rẽdu liquide. C'eſt pourquoy les Alchimi-
ſtes ſoufflent en vain à la recherche
de l'or potable. Mais le plõb eſt peſant à cauſe qu'il eſt fort terreſtre, &
neãtmoins aiſé à fondre, cõme auſſi
l'eſtain, à cauſe qu'il eſt mal cuit &
d'vne matiere moins meſlée & conſolidée que les autres metaux.

X.

L'argent vif eſt treſ aqueux, mais
moins pris & condenſé que nul autre: voire meſmes ce n'eſt preſque
rien que de l'eau congelée non par le
froid, car il ſeroit plus pris & ſerré
qu'il n'eſt: ny par la chaleur auſſi, par
ce qu'il ſeroit plus dur & ſolide: ains
pluſtot par quelque petite portion

XI.

terreſtre, toutefois pure & ſubtile:
qui eſt cauſe qu'il eſt ennemi du ſec,
& ne ſe peut arreſter ſur les choſes
arides de peur de ſi prendre par ſon
humeur gluante. Voilà quant aux
metaux.

XII. Les pierres qui ſont la ſeconde
eſpece des mineraux, s'engendrent
de meſmes cauſes que les metaux, à
ſçauoir des exhalaiſons & vapeurs
qui ſont dans les entrailles de la terre, leſquelles ſe condenſent par la
froideur, & ſe cuiſent & deſſechent
par la chaleur : mais elles different
beaucoup des metaux, par ce qu'elles participent beaucoup plus de la
terre que de l'eau. C'eſt pourquoy
elles ne ſe peuuent pas fondre, ny
eſtédre auec le marteau , comme les
metaux, ains ſeulemét fendre, briſer
& reduire en poudre. Toutefois les
pierres precieuſes qui ſont plus
aqueuſes que les autres pierres, ſe
diſſoluent & fondent par la vehe-
mence du feu.

XIII.] La troiſieſme ſorte des mineraux
eſt comme d'vne nature moyenne
entre les metaux & les pierres, par-
ticipante

ncipate de toutes les deux, & differente aussi en quelque chose, & conuient plusieurs especes de diuers mineraux, dont aucuns sont succulens
& ont quelque goust & saueur, comme le soulfre, l'alun, le vitriol, l'arsenic & orpin, le sel, salpetre, glu, bitume; d'autres sont sans aucun suc,
goust, ny saueur, comme le crystal
& le verre. D'ailleurs les vns se fon-
det dans les choses humides, les autres seulement par le feu. Ils participent tous de la nature des metaux
& des pierres en ce qu'ils sont tous
composes de mesme matiere, à sçauoir les exhalaisons & vapeurs condensees & congelées ensemble : &
neanmoins different des metaux
en ce qu'ils ne sont pas si humides,
& des pierres en ce qu'ils ne sont pas
si terrestres.

Il y a plusieurs belles & riches cõ-
siderations sur ce subjet des mineraux, dont plusieurs grands personnages ont escrit des volumes entiers ausquels ie renuoie les plus curieux.

Fin du septiesme liure.

*Plin. l. 33.
& 34.
Alber.
mag. de
minera-
libus.
Georg.
Agrico.
de re m-
de m̄
& ca. P.
subterra.
de nat.
fossil.
Cardan.
lib. 5. de
subtil.*

Le huictiesme liure contenant le
discours de l'ame est en vn volume
separé de celuy-ci : où ce que ie re-
mets aussi le discours des causes de la
generation des monstres que i'ay promis dés le commencement de cét œuure.

Extraict du Priuilege du Roy.

PAR grace & Priuilege du Roy, il est permis à Laurent Sonnius marchant libraire iuré en l'Vniuersité de Paris & à Geneuiefue Palleux vefue de feu Dominique Salis aussi marchãt libraire iuré deladite Vniuersité d'imprimer ou faire imprimer par tel Imprimeur que bõ leur semblera vn liure intitulé (*La Physique Françoise auec sa suitte ou discours de l'Ame. Composé par M. scipion du Pleix Conseiller du Roy, & Aduocat pour sa Majesté en la seneschaussée de Gascoigne, & siege presidial de Condom.*) Et sont faites deffences par sa Majesté à tous Libraires & Imprimeurs de ce Royaume, & à toutes autres personnes de quelque estat & condition qu'ils soient de n'imprimer ou faire imprimer, vendre ny distribuer lesdits liures si ce n'est du vouloir & consentemēt desdits Sonnius & de Palleux pendant le temps & espace de neuf ans finis & accomplis à acheuer du iour que lesdits liures seront acheuez d'imprimer à peine de confiscation desdits liures qui se trouuerõt d'autre impression que desdits Sonnius & de Palleux, & d'amende arbitraire & veut ladite Maiesté que en mettãt vn extrait dudit Priuilege au commencement ou à la fin desdits liures il soit pour deuement notifié & veu en la cognoissãce de tous Libraires, Imprimeurs & autres comme plus amplemēt est declaré au Priuilege ii est dõné à Paris le dixiesme iour d'Octobre. 1603.

Signé

Par le Roy   REMBOVILLET.

Et seellé à simple queuë de cire iaune.

Acheué d'Imprimer le vnziesme iour d'Octobre 1603.